Learn Adobe InDesign CC for Print and Digital Media Publication

Adobe InDesign CC 标准教程

[美] 乔纳森 · 戈登（Jonathan Gordon） 康拉德 · 查韦斯（Conrad Chavez） 罗勃 · 舒瓦茨（Rob Schwartz） 著

侯晓敏 唐仕鹏 白会肖 译

人 民 邮 电 出 版 社

北 京

图书在版编目（CIP）数据

Adobe InDesign CC标准教程 / (美) 乔纳森·戈登著；(美) 康拉德·查韦斯，(美) 罗勃·舒瓦茨 著；候晓敏，唐仕鹏，白会肖译. -- 北京：人民邮电出版社，2021.5

ISBN 978-7-115-55861-9

Ⅰ. ①A… Ⅱ. ①乔… ②康… ③罗… ④候… ⑤唐… ⑥白… Ⅲ. ①电子排版－应用软件－教材 Ⅳ. ①TS803.23

中国版本图书馆CIP数据核字(2021)第004662号

版权声明

◆ 著　[美] 乔纳森·戈登　康拉德·查韦斯　罗勃·舒瓦茨
译　候晓敏　唐仕鹏　白会肖
责任编辑　赵　轩
责任印制　王　郁　陈　犇
◆ 人民邮电出版社出版发行　北京市丰台区成寿寺路 11 号
邮编　100164　电子邮件　315@ptpress.com.cn
网址　https://www.ptpress.com.cn
临西县阅读时光印刷有限公司印刷
◆ 开本：800×1000　1/16
印张：15.5　2021 年 5 月第 1 版
字数：240 千字　2021 年 5 月河北第 1 次印刷
著作权合同登记号　图字：01-2020-2157 号

定价：128.90 元

读者服务热线：(010) 81055410　印装质量热线：(010) 81055316
反盗版热线：(010) 81055315
广告经营许可证：京东市监广登字 20170147 号

中文版前言

Adobe是当下多媒体制作类软件的主流厂商之一，媒体设计从业者的日常工作，基本都离不开Adobe系列软件。Adobe系列软件中的每一款都可以应对某一方向的设计需求，并且软件之间可以配合使用，实现全媒体项目。同时，Adobe公司一直紧跟时代的潮流，结合最新技术，如人工智能等，不断丰富和优化软件功能，持续为用户带来良好的使用体验。

在各色媒体平台迅猛发展的信息时代，图像和音视频处理能力已经成为当代职场人必不可少的能力之一。比如，“熟练掌握Photoshop”已经成为设计、媒体、运营等行业招聘中重要的条件之一。

Adobe标准教程系列特色

Adobe标准教程系列图书是Adobe公司认可的入门基础教程，由拥有丰富设计经验和教学经验的教育专家、专业作者和专业编辑团队合力打造。本系列图书主题涵盖Photoshop、Illustrator、InDesign、Premiere Pro和After Effects。

本系列图书并非简单地罗列软件功能，而是从实际的设计项目出发，一步一步地为读者讲解设计思路、设计方法、用到的工具和功能，以及工作中的注意事项，把项目中的设计精华呈现出来。除了精彩的设计项目讲解，本书还重点介绍了设计师在当前的商业环境下所需要掌握的专业术语、设计技巧、工作方法与职业素养等，帮助读者提前打好职业基础。

简单来说，本系列图书真正从实际出发，用最精彩的案例，让读者学会像专业设计师一样思考和工作。

此外，本系列图书还是ACA认证考试的辅导用书，在每一章都会给读者“划重点”，在正文中也设置了明显的考试目标提示，兼顾了备考读者和自学读者的双重需求。通过学习目标，可以了解本章要学习的内容；

通过 ACA 考试目标，可以知道本章哪些内容是 ACA 考点。只要掌握了本书讲解的内容，你就可以信心满满地参加 ACA 认证考试了。

操作系统差异

Adobe 软件在 Windows 操作系统和 macOS 操作系统下的工作方式是相同的，但也会存在某些差异，比如键盘快捷键、对话框外观、按钮名称等。因此，书中的屏幕截图可能与你自己在操作时看到的有所不同。

对于同一个命令在两种操作系统下的不同操作方式，我们会在正文中以类似 Ctrl+C/ Command+C 的方式展示出来。一般来说，Windows 系统的 Ctrl 键对应 macOS 系统的 Command（或 Cmd）键，Windows 系统的 Alt 键对应 macOS 系统的 Option（Opt）键。

随着课程的进行，书中会简化命令的表达。例如，刚开始本书描述执行复制命令时，会表达为“按下 Ctrl + C（Windows）或 Command + C（macOS）组合键复制文字”，而在后续课程中，可能会将描述简化为“复制文字”。

目　录

第 1 章　InDesign 入门 …………………………………………… 1

1.1　启动 InDesign ……………………………………………… 1
1.2　使用“起点”工作区 ………………………………………… 2
1.3　了解 InDesign 工作区 ……………………………………… 3
1.4　了解工具面板 ……………………………………………… 11
1.5　使用面板 …………………………………………………… 22
1.6　使用工作区 ………………………………………………… 27
1.7　导览页面 …………………………………………………… 29
1.8　导览文档 …………………………………………………… 35
1.9　使用快捷键更快速地工作 ………………………………… 38
1.10　练习………………………………………………………… 41

第 2 章　设计活动海报 ………………………………………… 43

2.1　启动项目 …………………………………………………… 43
2.2　使用图层组织文档元素 …………………………………… 50
2.3　添加参考线和更改首选项 ………………………………… 55
2.4　向文档添加对象 …………………………………………… 58
2.5　给形状上色 ………………………………………………… 59
2.6　为图层分配对象 …………………………………………… 66
2.7　使用路径查找器创建形状 ………………………………… 74
2.8　移动、缩放和锁定对象 …………………………………… 77
2.9　添加文本 …………………………………………………… 85
2.10　移动文本和调整文本大小………………………………… 92
2.11　打包完成的项目以便输出………………………………… 98
2.12　练习……………………………………………………… 105

第 3 章　彩色杂志封面设计 ………………………………… 107

3.1　杂志封面项目简介 ……………………………………… 107
3.2　开始杂志封面设计 ……………………………………… 108
3.3　将特色图片放在封面上 ………………………………… 112

3.4 添加摘要文本 115
3.5 创建标题报头 119
3.6 增添标题报头 125
3.7 完成标题报头 132
3.8 添加封面行 133
3.9 添加主封面行 138
3.10 将插页应用于文本框架 141
3.11 添加多边形 143
3.12 预检文档 146
3.13 练习 147
第4章 设计杂志版面 149
4.1 设置【新建文档】对话框 150
4.2 设置主页 151
4.3 应用主页 154
4.4 在印刷设计中使用专色 157
4.5 使用文本框架和栏 158
4.6 创建首字下沉效果 159
4.7 调整段落间距 160
4.8 设置缩进 161
4.9 设置制表符 161
4.10 调整连字 162
4.11 在对象周围绕排文本 163
4.12 创建项目符号列表和编号列表 165
4.13 通过文本框架串接文章 167
4.14 将文本转换为图形 170
4.15 置入图形而不使用占位符 171
4.16 添加引用 172
4.17 在单个文档中使用不同的页面大小 172
4.18 创建交互式表单 174
4.19 编号和章节 178
4.20 添加页面过渡效果 180
4.21 创建交互式 PDF 180
第5章 设计食谱版式 183
5.1 准备食谱 183

5.2 使用渐变色板设置文本样式 …… 185
5.3 在文本框架中垂直对齐文本 …… 186
5.4 设置角样式 …… 186
5.5 使用样式更快地进行格式设置 …… 188
5.6 添加来自其他应用程序的文本 …… 198
5.7 使用表格 …… 202
5.8 使用内容传送装置 …… 206
5.9 自己设计食谱的第 5 页 …… 209
5.10 创建目录 …… 210

第 6 章 创建交互式设计 …… 215

6.1 数字媒体的类型 …… 215
6.2 为创建数字媒体文档做准备 …… 217
6.3 使用库 …… 218
6.4 发布主页上的项目 …… 221
6.5 精确布置按钮 …… 222
6.6 使用动画和计时 …… 222
6.7 拼写检查 …… 228
6.8 查找和更改内容 …… 228
6.9 置入媒体文件 …… 230
6.10 创建幻灯片 …… 232
6.11 导出项目 …… 237

本章目标

学习目标

- 识别并了解 InDesign 界面的构成。
- 了解常用面板及其用途。
- 了解工具及其功能。
- 浏览 InDesign 文档并更改缩放级别。
- 组织和自定义 InDesign 工作区。

ACA 考试目标

- 考试范围 2.0
  项目设置与界面
  2.2、2.3

第 1 章

InDesign 入门

作为一个行业标准的版面设计应用程序，InDesign 是全球平面设计师用来设计和制作印刷与数字媒体出版物的强大工具。

您可能看到过一些使用 InDesign 创建的内容，例如报纸、杂志、年鉴、报告、时事通讯和传单。平板电脑或智能手机上的电子书、数字杂志，以及 PDF 文档和表格，可能都是在 InDesign 中设计的。InDesign 文档可能是所有这些印刷品和数字媒体的来源。

无论您是在传播、营销、广告、公共关系还是其他领域的设计工作室担任平面设计师，很可能都会被要求熟练使用 InDesign。

现在，打开 InDesign，了解如何使用该程序。在本章中，您将了解常用的工具和面板，并学习如何根据自己的需求自定义 InDesign 的外观。

1.1　启动 InDesign

★ ACA 考试目标 2.2

与其他应用程序一样，启动 InDesign 有多种方法。在日常工作中，选择最简单、最快速的方法即可。

为什么打开 InDesign 会有这么多种方法呢？因为每个人都有自己喜欢的工作方式。有些人可能习惯于从任务栏（Windows）或程序坞（macOS）打开应用程序，有些人则可能喜欢通过桌面上的快捷方式打开应用程序。您不必记住所有方式，只需使用您觉得最舒适的方式即可。

要启动 InDesign，请执行下列操作之一。

- 在 Windows 操作系统中，单击“开始”菜单、“开始”屏幕或任务栏（如果有的话）上的 InDesign 应用程序图标。如果桌面或文件夹窗口中存在 InDesign 的快捷方式图标，则双击该图标。

  还可以在 Cortana（Windows 操作系统的智能助理）中搜索

InDesign，当 InDesign 应用程序出现在搜索结果中时，双击它或按 Enter 键。

> **提示**
> 还可以通过在 Creative Cloud 桌面应用程序中单击 InDesign 来启动它。

- 在 macOS 中，单击启动板或程序坞（如果有的话）中的 InDesign 应用程序图标。如果桌面或文件夹窗口中存在 InDesign 的快捷方式图标，则可以双击它。

  还可以在 Spotlight（macOS 的搜索功能）中输入 InDesign，当 InDesign 应用程序出现在搜索结果中时，双击它或按 Enter 键。

这样做会出现“起点”工作区。接下来我们将详细介绍“起点”工作区。

1.2 使用“起点”工作区

★ ACA 考试目标 2.2

> **注意**
> InDesign 的早期版本将显示“欢迎”界面，而不是“起点”工作区。

许多应用程序在启动时会打开一个空白工作区，但启动 InDesign 时，会出现“起点”工作区（图 1.1）。“起点”工作区旨在帮助您正确使用或学习 InDesign。

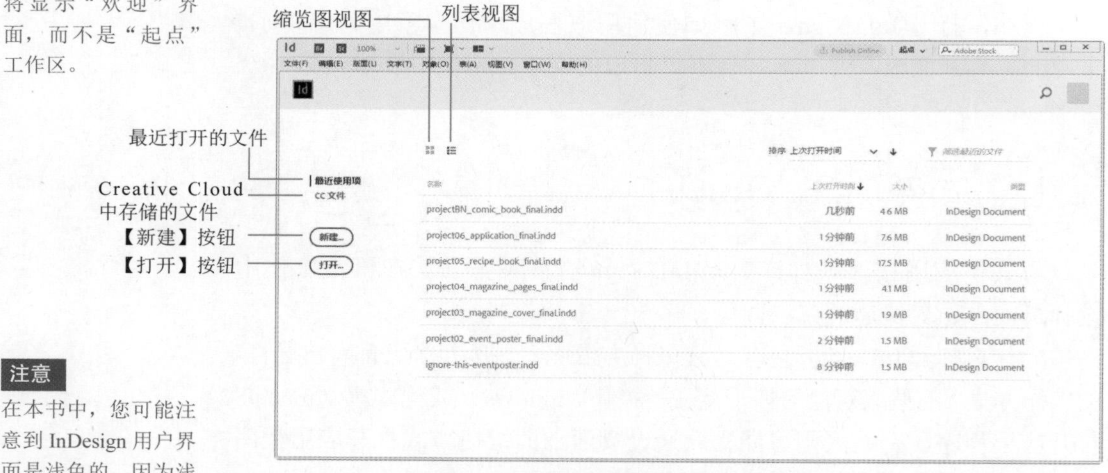

图 1.1 InDesign 中的“起点”工作区

> **注意**
> 在本书中，您可能注意到 InDesign 用户界面是浅色的，因为浅色界面在打印时更容易被看到。您可以更改 InDesign 的用户界面：在【首选项】对话框的【界面】选项卡中选择一种“颜色主题”。

在日常使用中，启动 InDesign 之后，通常要做的第一件事是继续处理当前项目。当出现“起点”工作区时，单击【最近使用项】，将显示最近打开的 InDesign 文档列表（如果您是第一次在此计算机上启动 InDesign，或者已重置 InDesign 首选项，则【最近使用项】列表可能为空）。【最近使用项】列表是【文件】>【最近打开文件】命令的快捷方式。

如果您将 InDesign 文档保存在 Creative Cloud Files 中，则可以通过单击【CC 文件】来查看它们。Creative Cloud Files 是与登录到计算机的 Adobe ID 相关联的云存储。Creative Cloud Files 的工作方式与 Dropbox、Google Drive、Microsoft OneDrive 或 iCloud Files 之类的云存储服务大致相似：在计算机、手机或平板电脑上的移动应用上，可以使用 Web 浏览器将文件传输至 Creative Cloud Files，或者从 Creative Cloud Files 下载文件。

注意

尽管“起点”工作区非常有用，但是如果由于某些原因您不希望在 InDesign 启动时看到“起点”工作区，则可以禁用它：打开 InDesign 的【首选项】对话框，然后在【常规】选项卡中取消选中【在没有打开的文档时显示主屏幕】复选框。

1.3　了解 InDesign 工作区

注意

如果您使用的是共享计算机，无法登录您自己的 Adobe ID，则 Creative Cloud Files 可能会不可用。

打开 InDesign 文档后，您会发现自己位于 InDesign 工作区（图 1.2）中，该工作区将显示与当前工作内容相关的选项。除此之外，您还可以自定义 InDesign 工作区，使其显示您希望在最前面看到的控件，并通过隐藏不想看到的选项来腾出屏幕空间。

★ ACA 考试要点 2.2

图 1.2　InDesign 工作区

A 应用程序栏　B 控制面板　C 工具面板　D 文档窗口　E 面板

下面将介绍 InDesign 工作区中最常用的一些区域。

1.3.1 控制面板

InDesign 提供了数百种功能和选项，它们分布在菜单、面板和对话框中。在工作时，尤其是还处于学习阶段时，在应用程序的多个位置来回操作可能很困难。

控制面板（图 1.3）可以为您正在做的工作提供方便。当您选择了一个工具时，控制面板将显示该工具的特定选项。当您选择了某些内容时，控制面板将着重显示对文档中所选对象有用的选项。例如，如果选择了图形对象，则控制面板将显示图形选项。如果选择了文本，则控制面板将提供文本控件。如果选择了多个对象，则控制面板将添加用于对齐它们的选项。

图 1.3 控制面板显示与当前活动对象有关的常用选项

控制面板的作用还不仅如此。例如，当控制面板显示与所选文字相关的选项时，如果还打开了“字符”面板（图 1.4），则您会看到“字符”面板与控制面板中有许多相同的选项。重点是，如果您想要的文字选项已经显示在控制面板中，则您仅需要花 30 秒的时间即可处理完文本，就不需要打开“字符”面板了。

图 1.4 控制面板上的选项取自专业的面板，因此您可以在打开更少面板的情况下完成更多的工作

> **注意**
> 您在控制面板中看到的选项可能与本书中所显示的不同。因为当控制面板位于较小的 InDesign 应用程序框架内，或在较窄的计算机显示器上显示时，显示的选项较少。

1.3.2 更改工具面板布局

首次启动 InDesign 之后，工具面板始终呈单列显示在工作区左侧。但是，对于一些较小的屏幕来说，工具面板可能太长了。出现这种情况时，可以单击工具面板顶部的双箭头，将其切换为其他布局（图 1.5）。这样做可以让工具面板更好地适应您的屏幕，方便您轻松查看工具面板中的一些有用按钮。

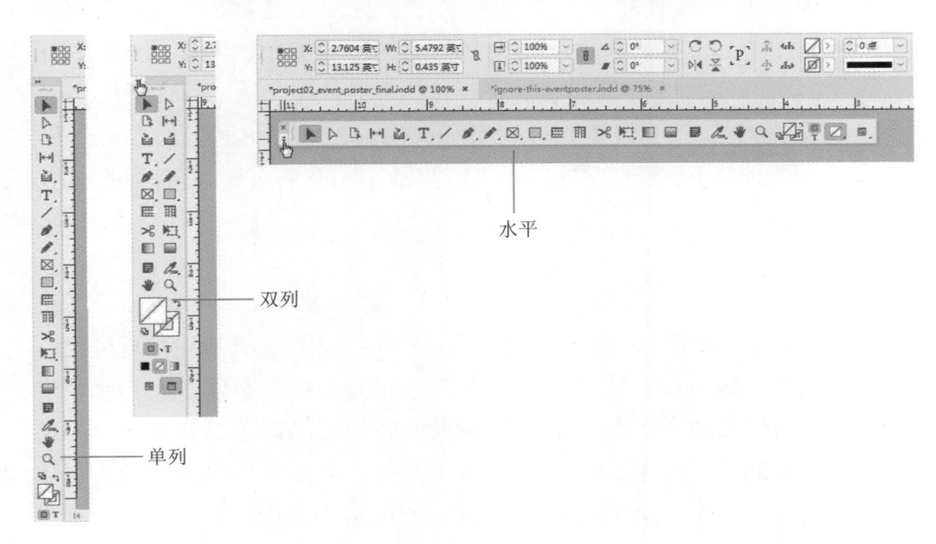

图 1.5 要尝试使用工具面板的其他布局，请单击此面板顶部的双箭头

1.3.3 切换工作区

到目前为止，我们介绍了 InDesign 的工作区、工具和选项，还提到了如何更改工具面板布局。InDesign 面板有很多，您可以保存不同的面板配置，将其作为自己的工作区。

您可以在 InDesign 工作区顶部的应用程序栏右侧、搜索字段的左侧更改工作区。单击工作区切换器（图 1.6），查看随 InDesign 一起安装的预设工作区。如果您创建了自己的工作区，它们将显示在该下拉列表框的顶部。

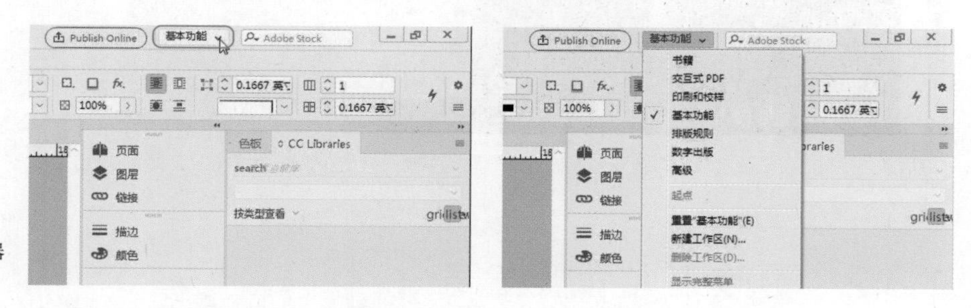

图 1.6 工作区切换器允许您更改活动工作区

您还可以在【窗口】>【工作区】子菜单下找到工作区列表。

下面是一些使用工作区的技巧。

- 如果您创建了自己喜欢的面板布局并想要保存，请从工作区切换器中选择【新建工作区】选项。
- 如果您正在使用自己的工作区，并且想要更新它，请再次选择【新建工作区】选项，并为它指定与您要更新的工作区相同的名称，InDesign 会询问您是否要替换现有的工作区。
- 如果您在一个自定义工作区中重新排列了一些面板，可以从工作区切换器中选择【重置 [工作区名称]】选项，工作区将恢复为您保存的方式。

1.3.4 屏幕模式

InDesign 文档窗口的一大优点是，它可以为您显示各种视觉辅助工具，帮助您了解所要查看的内容并高效地布置文档。对象上有指示器和控件，页面有页边距、参考线和网格来使您的版面满足制作需求。虽然这些视觉辅助工具都不会出现在最终文档中，但是当您只想单独查看设计外观时，它们可能会妨碍您并分散您的注意力。因此，InDesign 提供了多种屏幕模式（图 1.7），可以隐藏或显示工作区中的不同元素。

- 正常。“正常”屏幕模式通常是您的日常工作模式，因为您可以看到所有对象和参考线，甚至是页面边缘外部非打印纸板上的参考线。
- 预览。“预览”屏幕模式是一种很好的方式，您可以实时查看文档设计在打印或导出时的外观，而不会受到纸板、各种参考线和屏幕指示器的干扰。
- 出血、辅助信息区。您可能不会立即使用“出血”和“辅助信息区”屏幕模式，但是它们对于某些印刷项目很有用。您可以选择【文件】>【文档设置】命令，在弹出的【文档设置】对话框中找到出血和辅助信息区值。出血是页面周围的区域，其中包含打印后将被修剪的元素，而辅助信息区是用于打印文档信息的额外空间（也将被修剪）。“出血”和“辅助信息区”屏幕模式显示了页面边缘之外的区域。

正常

演示文稿

预览

出血

辅助信息区

图 1.7 InDesign 中的屏幕模式

- 演示文稿。如果您想将 InDesign 文档显示为屏幕幻灯片，则可以采用“演示文稿”屏幕模式。它会隐藏除设计之外的所有内容，修剪页面边缘以外的所有内容，并在黑色背景上显示页面。可以使用箭头键或 Page Up 和 Page Down 键翻页。

您可以在多个位置更改屏幕模式，执行以下任一操作即可。

- 在应用程序栏中，单击【屏幕模式】按钮（图 1.8），然后选择一种屏幕模式。

图 1.8 单击“屏幕模式”按钮可立即访问屏幕模式

提示

您是否想在“正常”和“预览”屏幕模式之间快速切换，以观察最终文档的效果？按 W 键即可在这两种屏幕模式之间切换。这是一个单键快捷键，只有在没有活动文本光标时才能使用它。

- 在工具面板中，单击【屏幕模式】按钮（图 1.9），然后选择一种屏幕模式。请注意，如果工具面板为两列布局，则有两个【屏幕模式】按钮：单击左侧按钮可将屏幕模式重置为“正常”，而按住右侧按钮可以切换到“正常”以外的任何屏幕模式。
- 选择【视图】>【屏幕模式】命令，从子菜单中选择一种模式。

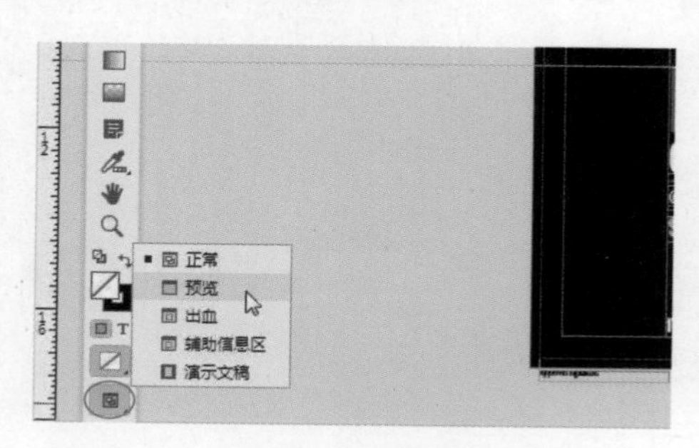

图 1.9 工具面板中的“屏幕模式”按钮

1.3.5 管理文档窗口选项卡

在 InDesign 中打开多个文档时，文档窗口顶部会出现一系列选项卡（图 1.10）。如果您曾经在其他应用程序（例如 Web 浏览器）中使用过选项卡式文档，则会对 InDesign 中的文档窗口选项卡的工作原理有所了解。

- 要切换到其他文档，请单击其选项卡。
- 要重新排列选项卡，请向左或向右拖动选项卡。

图 1.10　如果打开了多个 InDesign 文档选项卡，可以排列这些选项卡

提示

要使用快捷键切换文档选项卡，请按 Ctrl+`（Windows）或 Command+`（macOS）组合键。` 键是英语键盘左上角的重音符键，有时也将它称为波浪号键。

如果希望 InDesign 文档窗口自由浮动，则可以取消停靠它。方法是向上或向下拖动文档选项卡，确保应用程序框中没有蓝线（否则当您释放鼠标左键时它将变为选项卡），然后释放鼠标左键。

选项卡式文档的一个缺点是一次只能看到一个文档。想要并排查看文档，在应用程序栏中单击【排列文档】图标（图 1.11），即可选择所需的窗口排列方式。

- 第一行图标显示了拼贴选项，其中所有打开的文档都具有相同的大小。
- 剩余 4 行图标显示了使用不相等区域进行的各种排列方式。其中一些排列方式可能无法使用。例如，您只打开了两个文档，那么就不能选择涉及 3 个或 4 个文档的排列方式。
- 单击【全部在窗口中浮动】会将所有文档从工作区中分离出来，

使它们成为独立的浮动窗口。与此相反的是【全部合并】，这将把所有浮动窗口合并为一行选项卡。

- 单击【新建窗口】可以为当前活动的文档创建第二个窗口。当您想查看同一文档的两个不同视图时，这很有用。

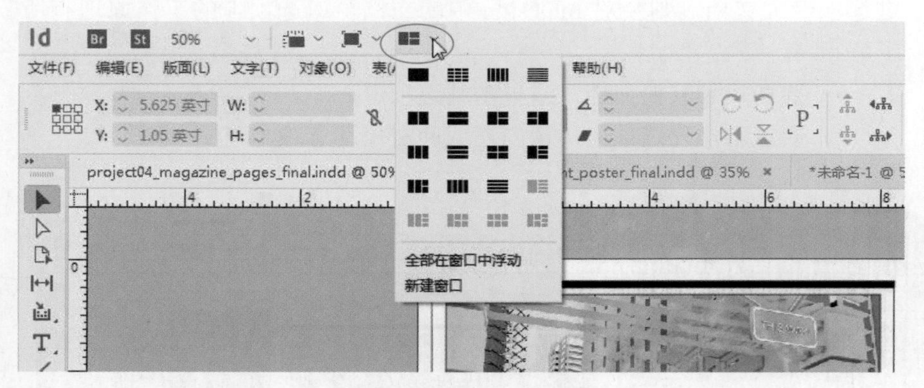

图 1.11 “排列文档”图标允许您组织打开的文档窗口

1.3.6 调整应用程序框

与当今的许多应用程序一样，InDesign 工作区包含在一个应用程序窗口（也称为应用程序框）中。刚启动 InDesign 时，应用程序框可能会遮挡计算机屏幕上的其他所有内容，但是您可以将 InDesign 应用程序框（图 1.12）与您正在使用的其他程序和窗口排列在一起。

- 要查看或进入应用程序框遮挡的程序或窗口，只需拖动应用程序框的一个角使其变小即可。
- 要重新定位应用程序框，请拖动应用程序栏。

如果您使用 macOS，希望使用旧方法，即让文档窗口在没有应用程序框的情况下浮动，请单击【窗口】菜单，然后取消选择【应用程序框】。本书在演示时开启了应用程序框。另外请注意，macOS 下的 InDesign 应用程序框和文档窗口不支持全屏模式，它们可以最大化，但不能全屏显示。此时，全屏查看 InDesign 文档的唯一方法是使用“演示文稿”屏幕模式，但是在这种屏幕模式下无法编辑文档，因为它是将 InDesign 文档显示为幻灯片。

图 1.12　可以从任意一个角调整 InDesign 应用程序框的大小，以查看计算机上的其他程序和窗口

1.4　了解工具面板

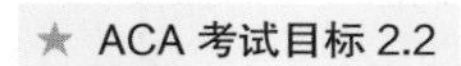
★ ACA 考试目标 2.2

★ ACA 考试目标 4.1

在“工具”面板中选择一种工具后，该工具将保持活动状态，直到您选择其他工具为止。要了解各种工具的名称及快捷方式，请将鼠标指针移至工具面板中的每个工具上，然后会出现工具提示，其中包含工具的名称和单字母快捷键（图 1.13）。

工具太多了，无法一次全部显示出来，因此一些工具被分为一组。当您看到工具的右下角有一个小三角形时，表示这是一个具有隐藏工具的组（图 1.14）。要查看整个工具组，请按住该工具，其余工具将显示在弹出菜单中。

如前所述，“工具”面板可以显示为单列、单行或双列，可单击面板左上角的双箭头进行切换。

project03_sam
文字工具 (T)

图 1.13　文字工具的提示显示了工具的名称及其单字母快捷键

A 选择工具

B 直接选择工具

C 页面工具

D 间隙工具

E 内容收集器工具（与内容置入器工具为一组）

F 文字工具（与直排文字工具、路径文字工具和垂直路径文字工具为一组）

G 直线工具

H 钢笔工具（与添加锚点工具、删除锚点工具和转换方向点工具为一组）

I 铅笔工具（与平滑工具和抹除工具为一组）

J 矩形框架工具（与椭圆框架工具和多边形框架工具为一组）

K 矩形工具（与椭圆工具和多边形工具为一组）

L 剪刀工具

M 自由变换工具（与旋转工具、缩放工具和切变工具为一组）

N 渐变色板工具

O 渐变羽化工具

P 附注工具

Q 颜色主题工具（与吸管工具和度量工具为一组）

R 抓手工具

S 缩放显示工具

T 默认填色和描边

U 互换填色和描边

V 应用颜色的填色和描边图标

W 应用颜色的容器和文本图标

X 应用颜色 / 渐变 / 无图标

Y 屏幕模式图标

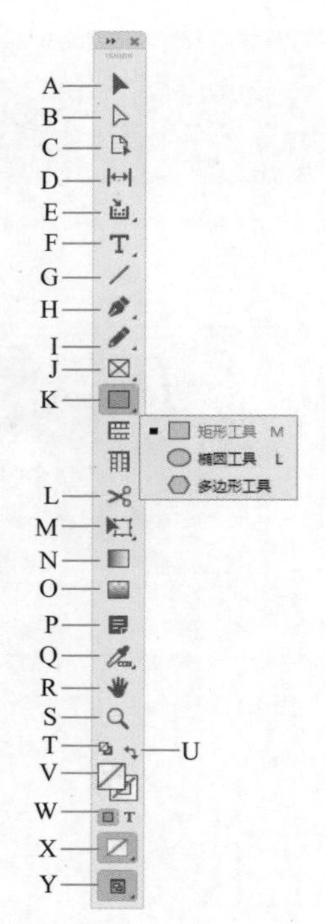

注意

当工具面板停靠（附加到工作区）时，它仅在单列和双列模式之间切换。当工具面板处于浮动状态（与工作区分离）时，它还可以切换为单行模式。

图 1.14 工具面板包含不同种类的工具，有些隐藏在工具组中

图 1.15 “工具提示”面板提供了每个工具功能的简短说明，以及修改键和快捷键

本章仅介绍最常用的工具，但 InDesign 提供的工具很多。如果忘记了某个工具的功能或对某个工具感到好奇，可以在“工具”面板中选择该工具，然后打开“工具提示”面板（【窗口】>【实用程序】>【工具提示】）以获取更多信息（图 1.15）；还可以查看 InDesign 帮助（【帮助】>【InDesign 帮助】）。

1.4.1 了解选择工具

在工具面板的所有工具中，您可能最常使用选择工具，因为可以使用选择工具选择 InDesign 文档中的大多数对象。选择对象后，即可对其进行编辑。此外，选择对象后，打开的面板（例如控制面板）中会显示其属性，您可以应用或调整其属性。例如，单击并选择一个对象时，控制面板会显示该对象的宽度和高度，您可以更改这些值。

选择工具下面是直接选择工具。当您想要处理复杂的对象或由多个对象组成的对象（例如一个组或者一个帧中的一个图像）时，它就派上用场了。刚开始您可能不会使用它，但是当您开始处理更高级的对象类型时，您就会认识到它的价值。

1. 选择对象

要选择并移动一个对象（图 1.16），请执行下列操作。

（1）使用选择工具 单击以选择它。

（2）将鼠标指针放在页面的对象上，然后单击，对象周围将出现一个具有 8 个手柄的框架。

（3）通过将选择的对象拖动到一个新位置来移动它（图 1.17）。

图 1.16 使用选择工具单击以选择对象后，手柄将出现在对象周围，对象的属性将出现在控制面板中

密切注意鼠标指针，您是否注意到在选择并移动对象时鼠标指针改变了外观？先变为一个带点的指针（用于选择对象），再到一个小三角形（用于移动对象）。是的，选择工具是一种多功能工具，鼠标指针会告诉

您它要做什么。

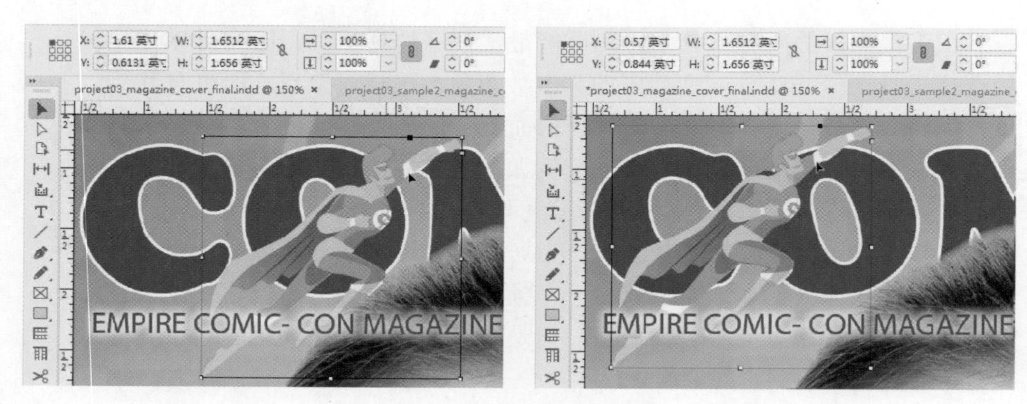

图 1.17 使用选择工具选择对象并向左移动它

2. 旋转对象

要旋转所选择的对象（图 1.18），请执行下列操作。

（1）将鼠标指针移到对象框架外部，靠近其中一个角。鼠标指针变为双向弯曲箭头时即可进行旋转。

（2）拖动鼠标指针以旋转对象。

图 1.18 使用选择工具旋转对象

3. 调整对象大小

要调整所选择对象的大小（图 1.19），请执行下列操作。

（1）将鼠标指针移动到框架的其中一个手柄上。

（2）拖动手柄。

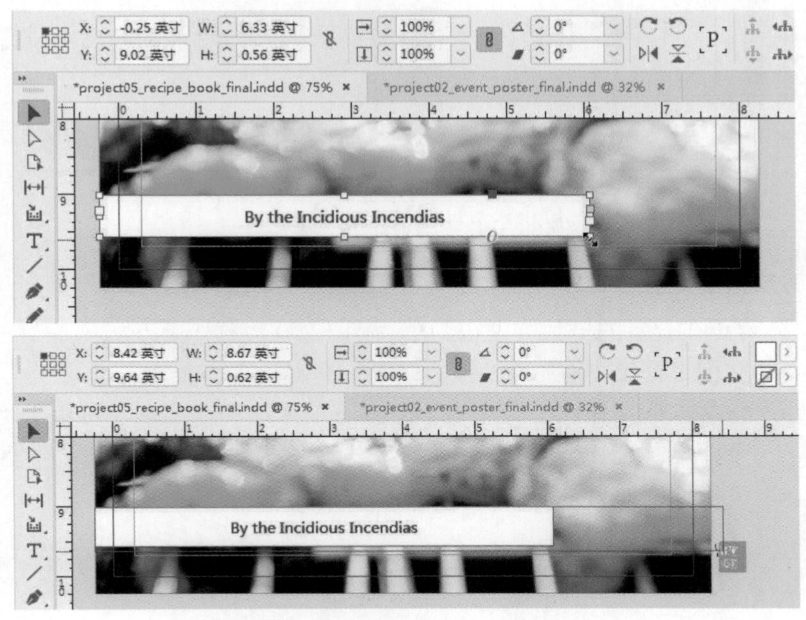

图 1.19 使用选择工具调整对象的大小

注意

导入的图形始终存在于框架中，拖动手柄会调整框架的大小，而不是图形内容的大小。要同时调整框架和图形内容的大小，请在按住 Ctrl + Shift（Windows）或 Command + Shift（macOS）组合键的同时拖动手柄。Shift 键可确保框架和内容保持原始比例。

提示

按住 Ctrl（Windows）或 Command（macOS）键可以暂时将任意工具更改为上次使用的选择工具。释放按键时，InDesign 会切换回当前使用的工具。

1.4.2 了解框架工具

创建 InDesign 布局元素的主要方法是绘制框架。空框架可以是稍后添加的文本或图形的占位符，也可以是单独的简单对象，例如以纯蓝色填充的圆。可以使用工具面板中的框架工具组创建框架（图 1.20）。

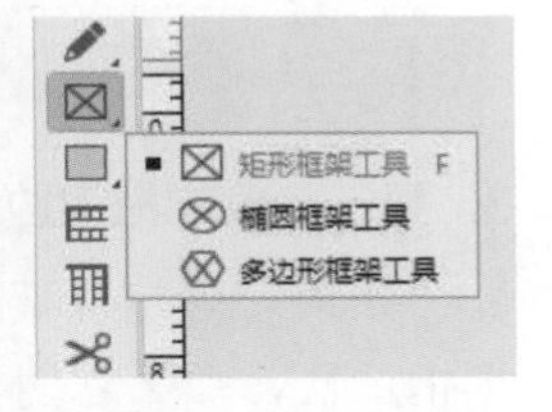

图 1.20 工具面板中的框架工具在一个工具组中

1. 创建框架

要使用其中一种工具（例如矩形框架工具）创建框架（图 1.21），请执行下列操作。

（1）选择矩形框架工具⊠。

（2）沿页面对角线拖动，然后释放鼠标左键。

提示

要创建尺寸正确的框架，请单击（不要拖动）页面空白处，在出现的对话框中输入所需的尺寸，然后单击【确定】按钮。

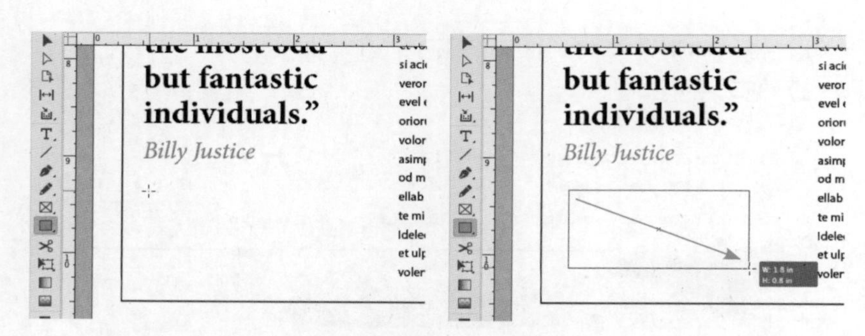

图 1.21 使用矩形框架工具绘制矩形

2. 分辨框架类型

分辨正在查看的框架类型很简单（图 1.22），有如下方法。

- 空图形框架中有一个 ×。
- 空文本框架在左上方和右下方具有输入端和输出端，可用于跨多个框架链接一整段文本。
- 未指定框架只是一个轮廓。

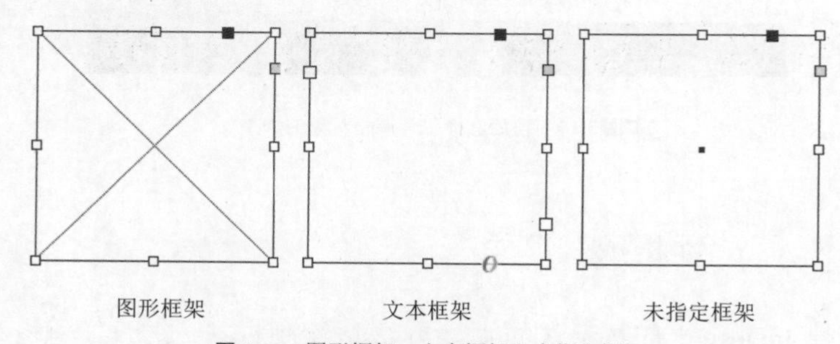

图 1.22 图形框架、文本框架和未指定框架

3. 显示隐藏的框架边缘

如果您确定框架应该是占位符，但看不到表示图形或文本框架的视觉指示器，那么它们可能被隐藏了。选择【视图】>【其他】命令，如果第一个子命令是【显示框架边缘】，则选择该命令（【隐藏框架边缘】意味着框架边缘是可见的）。此外，请记住在“预览”屏幕模式下，框架边缘是隐藏的。

4. 选择合适的框架类型

如果您想为一本印刷杂志设计一个多列页面，则可以使用矩形框架工具来绘制列，使用文本框架作为稍后的新闻文本的占位符。要想在页面上为图形和广告留出空间，可以使用矩形框架工具为其绘制框架，然后将它们设置为图形框架。

尽管您可以看到创建矩形、圆形和多边形框架的工具，但是框架并不仅限于这些形状，您可以使用其他工具（例如钢笔工具）绘制任意形状的框架。任何框架都可以包含文本或图形，并且您可以通过设置属性来自定义框架的外观，例如设置描边（轮廓）颜色、填充色和视觉效果（例如投影）。

尝试版面创意设计时，不必太在意使用的框架工具，因为之后可以轻松地更换工具。如果要更改所选空框架的类型，请选择【对象】>【内容】命令，然后选择所需的框架类型。如果框架已包含内容，则无法更改其类型。

1.4.3 设置基本框架属性

无论框架中是否有内容，都可以编辑框架属性，例如大小、位置和颜色。框架的两个主要部分是描边（或轮廓）和填色（或内部颜色）。尽管可以用鼠标拖动调整其大小，但如果想要精确的数值，则可以使用控制面板。选择对象后，就可以调整其宽度、高度和其他设置了。

1. 移动对象

要移动所选对象（图 1.23），请执行下列操作之一。

- 使用选择工具，将鼠标指针放置在对象上（避免放在边缘和中心处）并拖动。之前使用的就是这种方法。
- 选择对象，在控制面板中调整 X 和 Y 值。

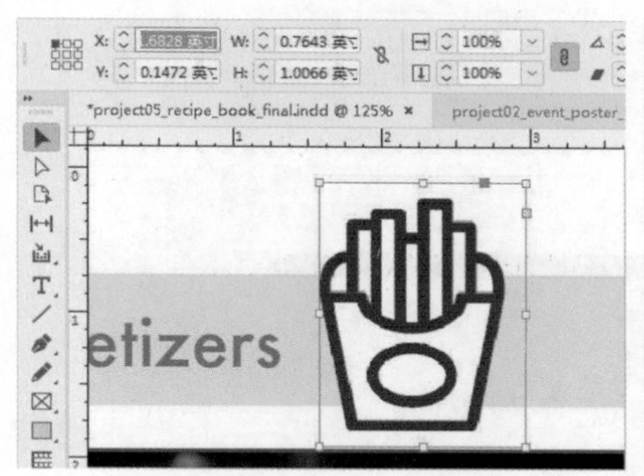

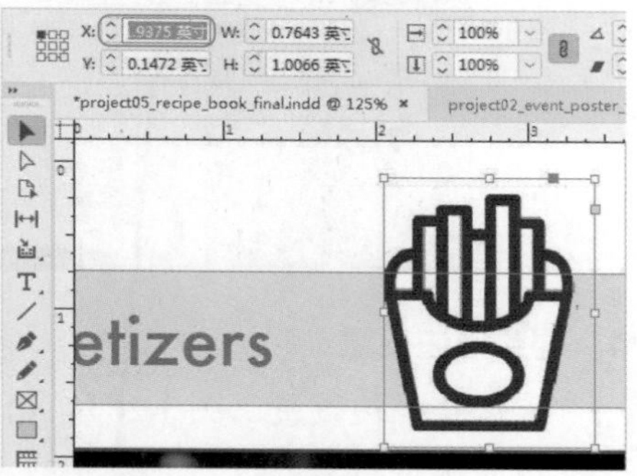

图 1.23 更改矩形的位置

2. 更改宽和高

要更改宽和高（图 1.24），请执行下列操作之一。

- 使用选择工具拖动框架的任意手柄。
- 在控制面板中输入 W 和 H 值。

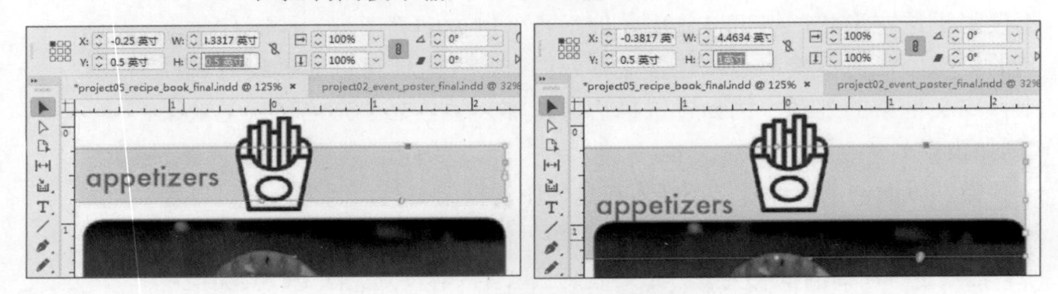

图 1.24　更改矩形的宽和高

3. 更改填色

要更改填色（图 1.25），请执行下列操作。

（1）选择对象。

（2）在控制面板中双击【填色】图标，选择一种颜色，然后单击【确定】按钮。

图 1.25　使用控制面板更改填色

4. 调整描边设置

要调整描边设置（图 1.26），请执行下列操作。

（1）选择对象。

（2）双击控制面板中的【描边】图标，选择一种颜色，然后单击【确定】按钮。

（3）在控制面板中，从描边粗细下拉列表框中选择宽度。

（4）在控制面板中，从描边类型下拉列表框中选择描边类型。

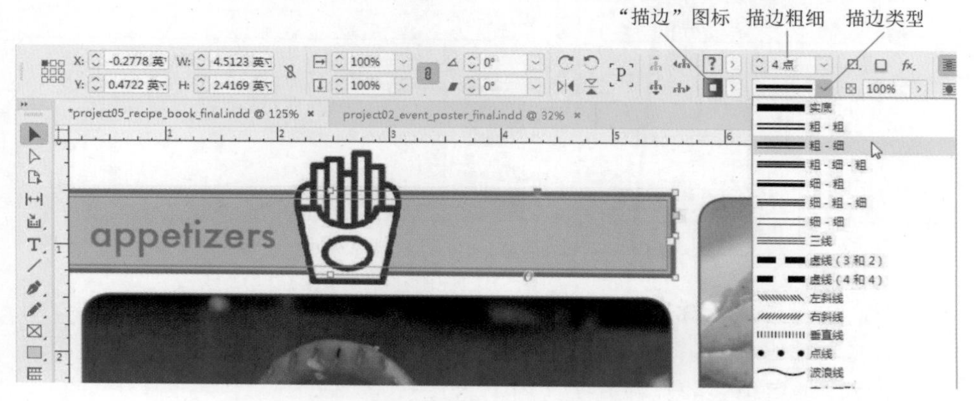

图 1.26 控制面板中可用的描边选项

5. 使用专业面板

虽然控制面板有调整属性的便捷选项，但是请注意，许多选项同时也在更专业的面板中提供。

- 在"变换"面板（【窗口】>【对象和版面】>【变换】）中也可以设置位置和大小。
- 在"工具"面板、"颜色"面板（【窗口】>【颜色】>【颜色】）和【色板】面板（【窗口】>【颜色】>【色板】）中也可以设置填色和描边颜色。
- "描边"面板（【窗口】>【描边】）中也可以设置描边。

后续章节将详细介绍各种框架和形状工具，以及使用颜色的方法。

1.4.4 通过输入向版面添加文本

现在您已经掌握了选择对象和调整其选项的窍门，您可以将这些技能应用于创建和编辑文本框架。在 InDesign 中，经常需要将文本导入现有的文本框架占位符中。若您想立即输入文本，也可以绘制一个快速文本框架并开始输入（图 1.27）。

（1）选择文字工具 T，并在页面上拖动出一个矩形。这样做会创建一个文本框架，其中有一个闪烁的文本光标，表明您可以开始输入文本了。

（2）输入文本。

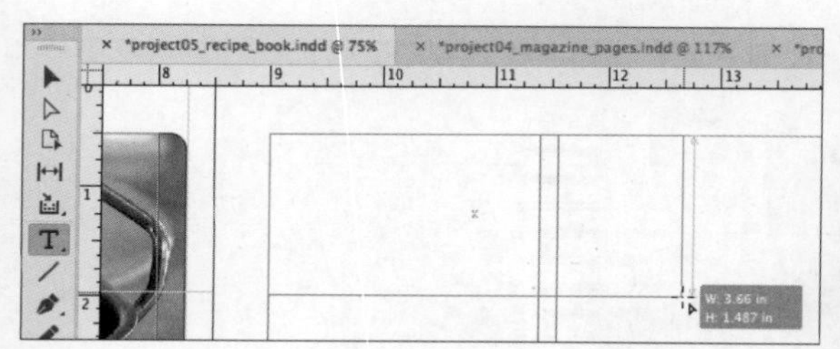

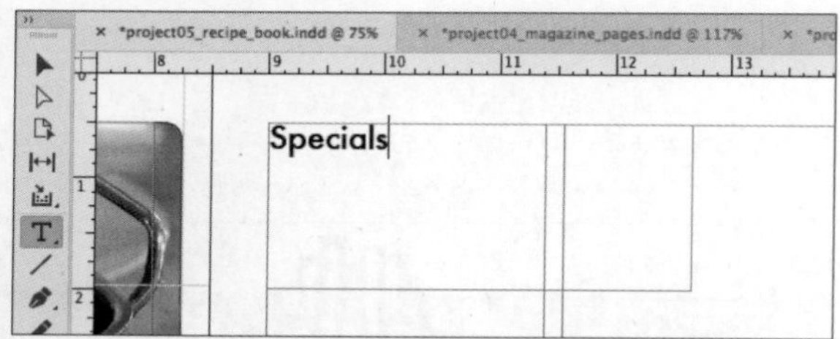

图 1.27 可以在版面上绘制的文本框架中输入文本

输入后，光标在文本框架中仍然闪烁，因此如果输入完成，则应退出文本编辑模式，这样就不会在按快捷键时意外输入文本。下面介绍退出文本编辑模式的几种方法（图 1.28）。

- 按住 Ctrl（Windows）或 Command（macOS）键以暂时切换回选择工具，单击页面的空白区域。
- 按 Esc 键。
- 选择【编辑】>【全部取消选择】命令。

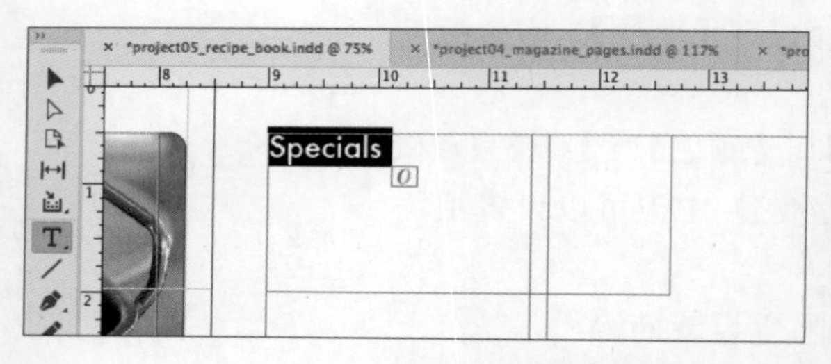

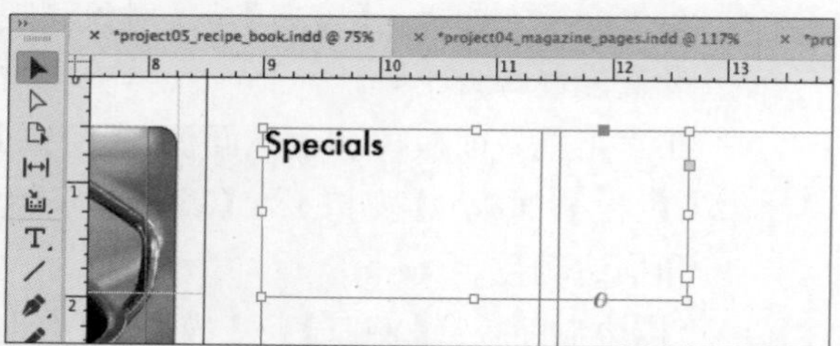

图 1.28 按 Esc 键取消选择文本时，将无法再编辑文本，但文本框架层则保持选中状态，因此您可以将其作为对象进行编辑（如果选择【全部取消选择】命令，则之后不会选择任何内容）

1.4.5 设置基本文本属性

与之前更改填色和描边颜色选项一样，选中框架内的文本时，可以使用控制面板更改文本属性（图 1.29）。

（1）使用文字工具，拖动以突出显示要更改的文本。

（2）要更改字体，请单击字体下拉列表框右侧的下拉箭头，然后从下拉列表框中选择一种字体。

如果知道所需字体的名称，只需在字体下拉列表框中输入字体名称即可。请注意，InDesign 在字体下拉列表框的右侧提供了每种字体的预览。

（3）要更改大小，请单击字体大小下拉列表框右侧的下拉箭头，然后从下拉列表框中选择一个大小。也可以在下拉列表框中输入大小，然后按 Enter（Windows）或 Return（macOS）键。

（4）使用前面介绍的任意一种方法退出文本编辑模式。

提示

如果选择工具处于活动状态，则可以通过双击文本框架来编辑框架中的文本，这省去了切换到文字工具的麻烦。

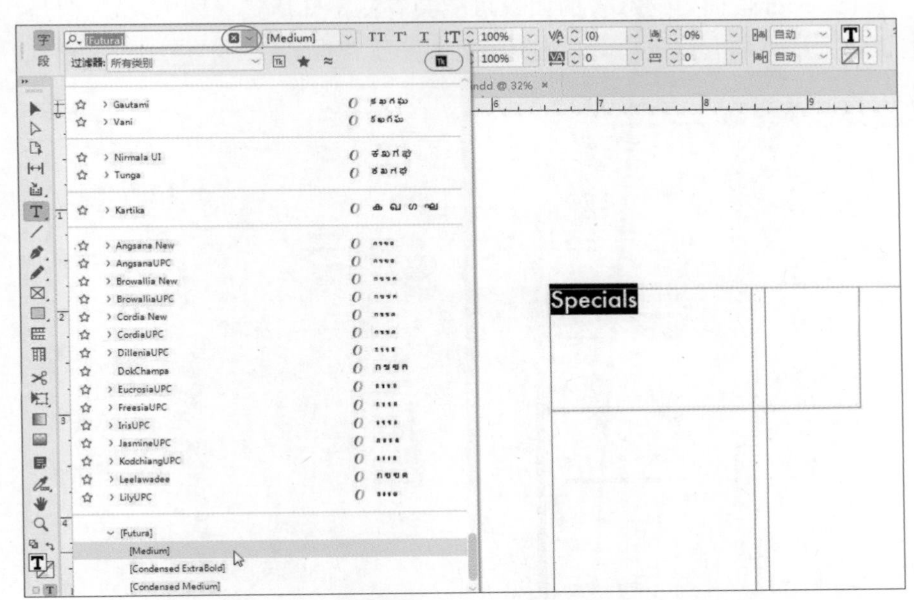

图 1.29 可以使用控制面板将字体和大小应用于所选文本

更改文本的颜色（图 1.30）类似于更改形状的填色或描边颜色。文本始终存在于文本框架中，框架本身有描边和填色，那么如何告诉 InDesign 您想要更改文本而不是文本框架的颜色呢？很简单：看“填色”图标或“描边”图标中有没有 T 图标。如果选择了内容，并且在“填色”图标或“描边”图标中看到了 T 图标，则表示将更改文本的颜色。如果在“填色”图标或“描边”图标中没有看到 T 图标，则将更改文本框架的颜色。

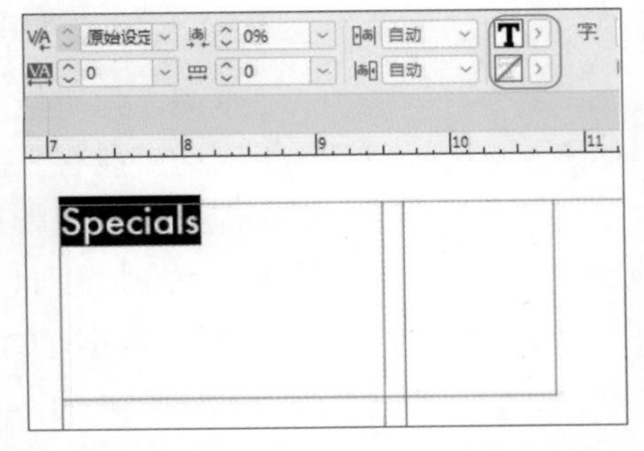

图 1.30 如果在“填色”图标或“描边”图标中看到 T 图标，则应用颜色将更改文本颜色而不是文本框架颜色

刚才在控制面板中使用的文本选项也可以在“字符”面板（【窗口】>【文字和表】>【字符】）中找到。

1.5 使用面板

为了提供专业的设计和制作功能，InDesign 拥有 50 多个面板，提供各种选项。“窗口”菜单的中间部分为调用这些面板的命令。如果您刚接触 InDesign，面对这么多的面板可能会有些不知所措（图 1.31）。但是，面板会让界面变得更简洁、更有条理且易于管理。

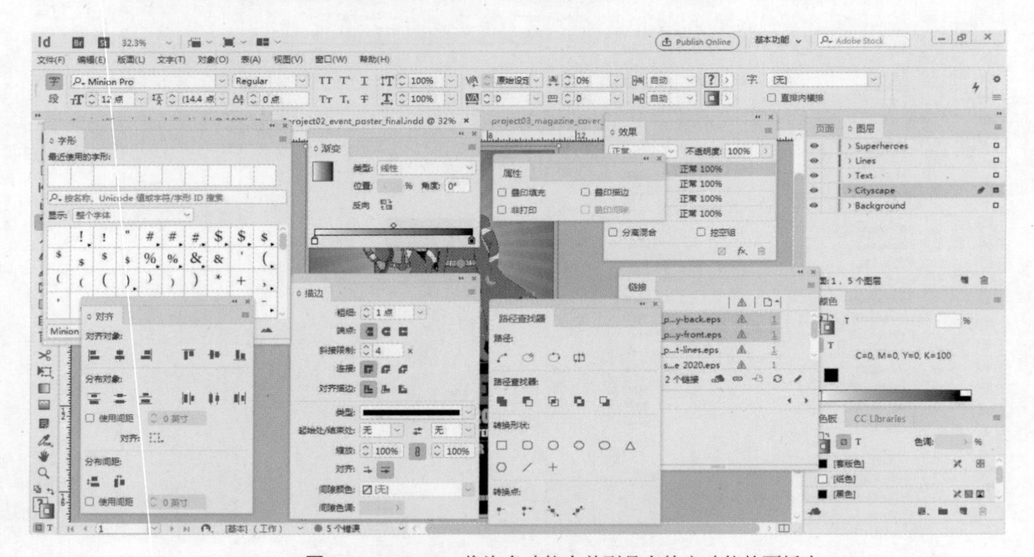

图 1.31 InDesign 将许多功能合并到具有特定功能的面板中

首先，您可能不需要使用所有的面板。许多面板仅用于特定的工作流，因此可能有一些面板您根本不需要查看。如果您不是编制索引的人，则可能永远不会使用“索引”面板。如果仅针对印刷进行设计，则您可能永远不会接触 11 个交互式面板。

其次，InDesign 的大部分工作都是在几个面板中完成的。这些面板都被 InDesign 纳入了预设工作区中。此外，最常用的选项都显示在控制面板中，因此在许多情况下，您需要的选项可能已经在控制面板中了。例如，如果想更改对象的宽度，则可以在控制面板中进行，无须打开

“变换”面板。

但是，一些面板是肯定会用到的。例如，InDesign 专业人员将花费大量时间来设置“页面”面板中的页面和“色板”面板中的色板，并维护“段落样式”面板中的文本样式标准。

打开多个面板可以让您立即获得各种工具，但有一个问题：打开的面板越多，屏幕上用于查看版面的空间就越少。这就是为什么 InDesign 面板可调整大小并具有多种大小模式，面板可以完全展开、仅显示其标题或折叠成一个图标。这种灵活性使您可以将自己喜欢的面板保留在屏幕上——但是在使用它们之前，先将它们折叠起来（图 1.32）。

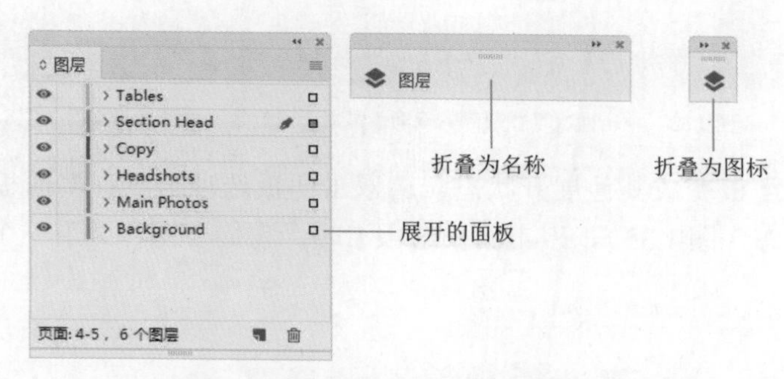

图 1.32 可以完全展开或以折叠的方式显示面板

人们并不希望面板零散地分布在屏幕上，因此 InDesign 将面板放在一起。您可以将几个面板作为一个组，一次拖动一个面板组，还可以将面板和面板组停靠在工作区的两侧。与浮动面板不同，停靠面板会被附加到 InDesign 工作区。如果移动 InDesign 应用程序窗口，则所有停靠的面板都会随之移动。

1.5.1 展开和折叠面板

要展开或折叠多个停靠的面板（图 1.33），请单击面板堆栈顶部的双箭头。

要展开或折叠一个停靠的面板（图 1.34），请单击面板的图标或名称。

当面板仅显示其标题时，要将面板堆栈折叠为图标，请将面板堆栈的左边缘向右拖动（使面板变窄），直到仅显示一个图标。使用图标视图可以在较小的屏幕（例如笔记本电脑）上节省大量空间。

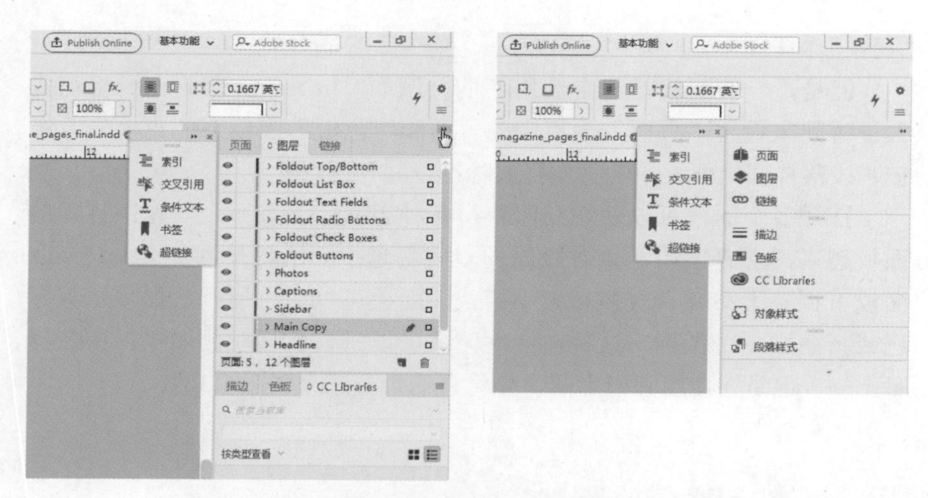

图 1.33 单击面板堆栈顶部的双箭头可展开或折叠多个停靠的面板

要将面板变成其他展开状态，请双击面板选项卡。许多面板具有两种展开状态（图 1.35），双击面板选项卡时，它们会循环到下一个状态。

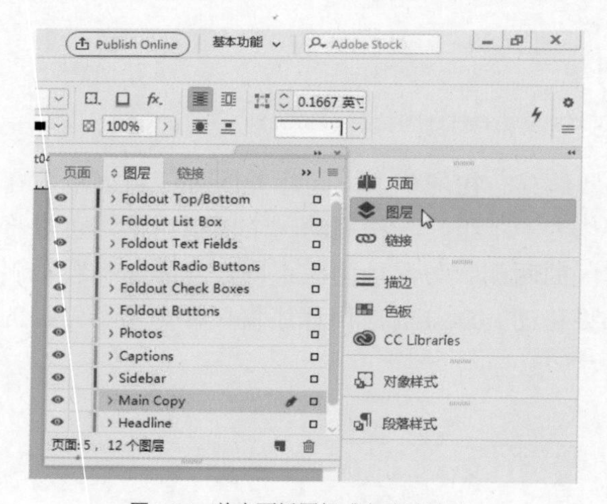

图 1.34 单击面板图标或名称以展开或折叠一个停靠的面板

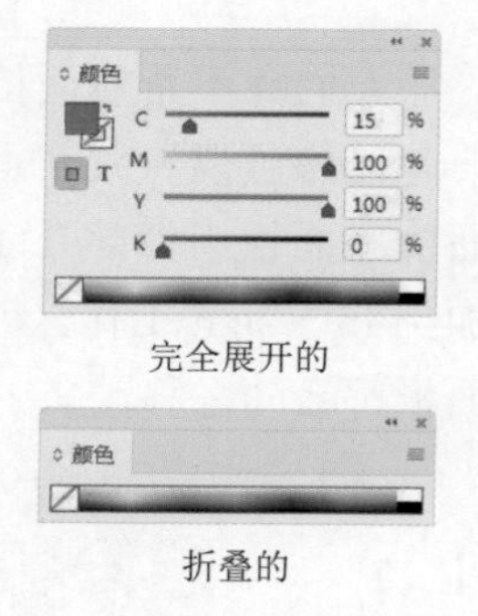

图 1.35 面板的两种展开状态

1.5.2 调整面板大小

要调整面板或面板堆栈的宽度或高度，请将鼠标指针放在面板的任意边缘上，直到出现双向箭头，然后拖动（图 1.36）。

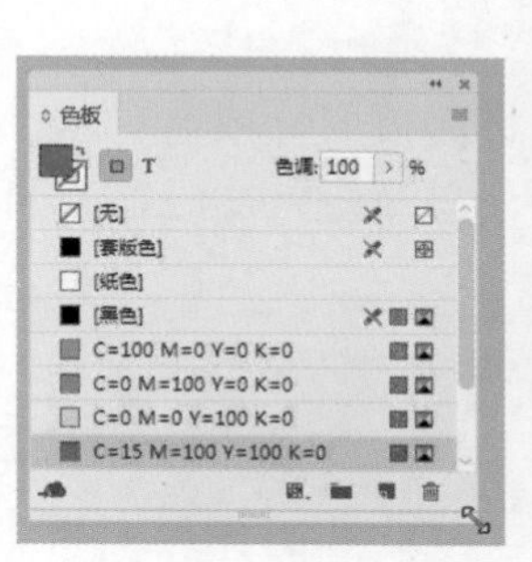

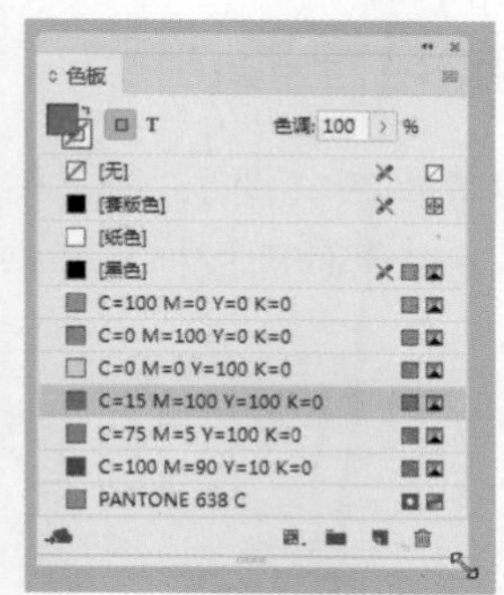

图 1.36 拖动面板边缘以调整面板大小

1.5.3 重新排列面板组

要重新排列面板组（图 1.37），请执行下列操作。

（1）拖动面板的图标或选项卡。

（2）拖动时，将鼠标指针放在另一个面板或面板组上，此时会出现蓝线。

- 如果面板周围出现蓝线，则被拖动的面板将与该面板成为一组。
- 如果蓝线出现在面板的上方或下方，则被拖动的面板将与该面板堆叠在一起。
- 如果蓝线出现在面板的侧面，则被拖动的面板将停靠在该面板旁边。

（3）释放鼠标左键即可将其与另一个面板放在一起。

提示

想寻找一个面板，但找不到，怎么办？单击【窗口】菜单，然后选择面板的名称，可以打开该面板。如果面板已打开，则会将其移动到最前面。

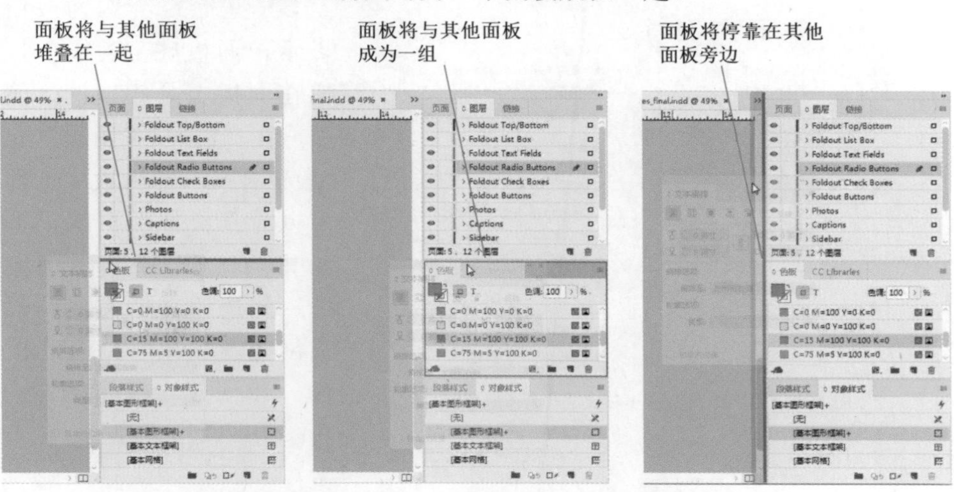

图 1.37 重新排列面板组时，请注意蓝线：它会告诉您面板将要放置的位置

1.5.4 取消停靠面板

要取消停靠面板（图 1.38），请将面板图标或名称从面板堆栈中拖出。只要您将它从其他面板拖离开来，它就会变成一个浮动面板。

快捷键

要在不查看所有面板的情况下查看设计，请按 Tab 键，屏幕上所有可见的面板都将被隐藏。再次按 Tab 键可重新显示面板。要显示和隐藏除工具面板和控制面板以外的所有面板，请按 Shift+Tab 组合键（请注意，当文本光标闪烁时，此组合键不起作用）。

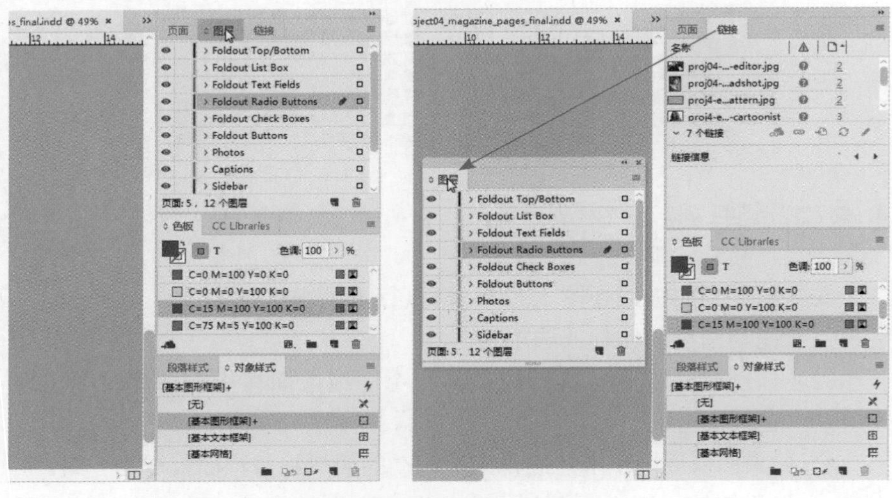

图 1.38　将面板拖离其他面板以取消停靠

许多面板都有一个面板菜单，该菜单提供了基于该面板功能的特定命令列表。看到面板菜单符号（图 1.39）时，可以单击以查看菜单。

提示

如果计算机有两个显示器，则可以在两个显示器上排列 InDesign 窗口和面板。例如，可以在第二台显示器上显示所有 InDesign 面板，然后在主显示器上显示整个文档窗口。

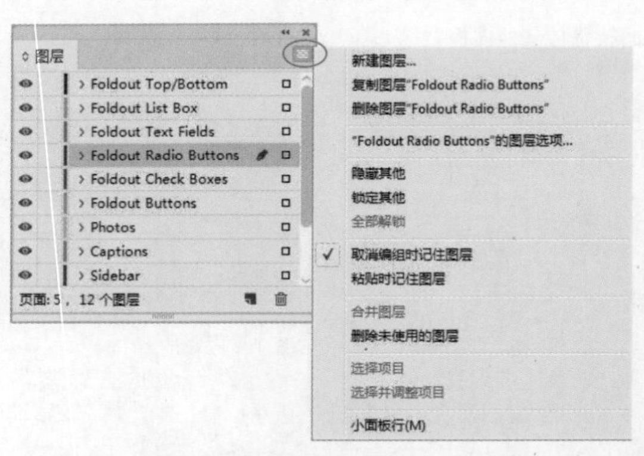

图 1.39　“图层”面板菜单包含了许多图层相关命令

一些命令会作为按钮显示在面板底部。很多按钮在面板上是相似的。例如，在“色板”“图层”和“段落样式”等面板中，都可以看到类似翻页或记事本 的按钮。在这些面板中，此按钮功能类似，就是创建新效果。单击此按钮，会创建一个新色板、新图层或新样式。

1.5.5 了解不同面板中的按钮

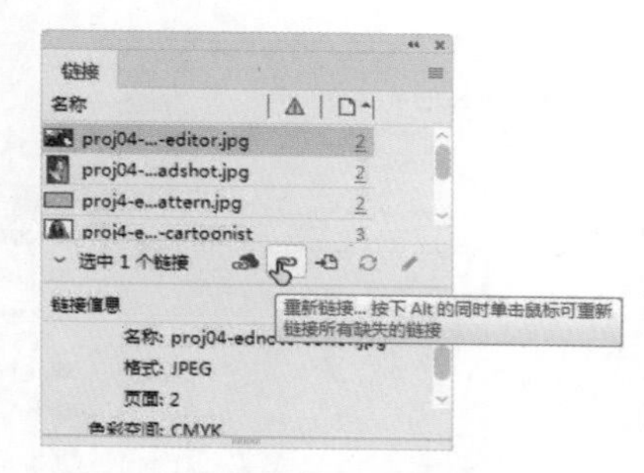

图 1.40 使用工具提示了解按钮的作用

要查看这些按钮在不同面板中的作用（图 1.40），请执行下列操作。

（1）打开面板。

（2）将鼠标指针放在按钮上，就会出现工具提示。

1.5.6 隐藏面板

图 1.41 单击【关闭】按钮以隐藏浮动面板

要隐藏浮动面板，请单击其右上角的【关闭】按钮（图 1.41）。

如果要将面板布局另存为自己的工作区，请参见下一节内容。

1.6 使用工作区

由于 InDesign 中的面板是基于特定任务的，因此一些面板只对特定的任务或工作流有用。例如，使用 InDesign 创建带有动画的交互式 PDF 或电子书时，就需要使用特定的面板，如“按钮”面板、“表单”面板或“动画”面板。Adobe 为常见工作流创建了许多预设的 InDesign 工作区，您可以从工作区切换器中选择这些工作区。

提示

还可以从【窗口】菜单中选择面板来显示或隐藏面板。若面板名称左侧有复选标记，则表示该面板已经显示。

★ ACA 考试目标 2.2

1.6.1 常用的几种工作区

要切换工作区，请执行下列操作之一。

- 从工作区切换器中选择一个工作区（图 1.42）。
- 选择【窗口】>【工作区】命令，并选择一个工作区。

尝试在可用的工作区之间切换。请注意，切换工作区时，显示的面板也会发生变化。

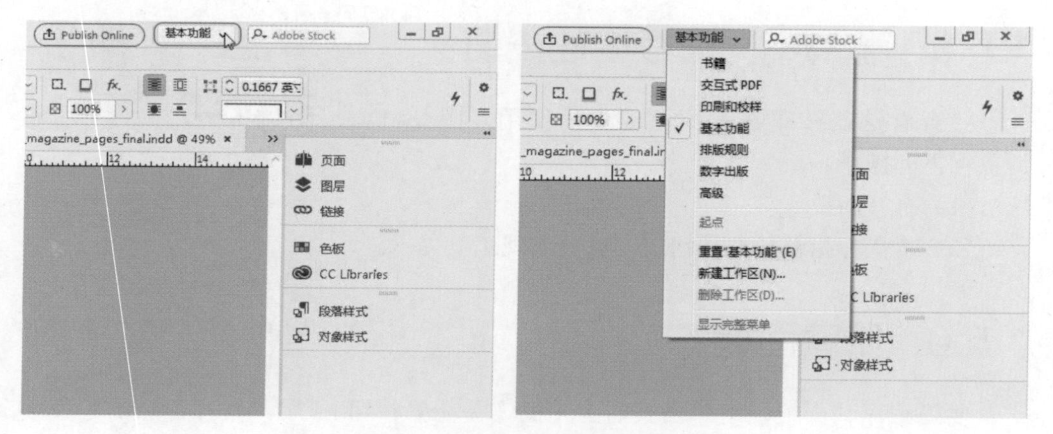

图 1.42 使用应用程序栏中的工作区切换器更改工作区

InDesign 默认的工作区包括以下几个。

- 起点。当 InDesign 没有打开任何文档时，“起点”工作区是唯一可用的工作区，并且会自动出现。打开一个或多个文档时，“起点”工作区将不可用。
- 基本功能。这是默认工作区，适用于大量的基础项目。
- 高级。此工作区包含“基本功能”工作区中的面板，同时还添加了一些面板，例如“对象样式”“段落样式”和“字符样式”面板，帮助您保持图形和印刷标准。
- 书籍。此工作区中的面板布局针对创建和管理长文档进行了优化，添加了适用于长文档的面板，例如“交叉引用”“条件文本”“索引”和“书签”面板。
- 数字出版。此工作区包含创建交互式数字文档所需的面板，例如“动画”“计时”“媒体”“按钮和表单”和“超链接”面板。
- 交互式 PDF。此工作区包含支持创建交互式 PDF 文件的面板，例如“页面过渡效果”“按钮和表单”和“媒体”面板。
- 印刷和校样。此工作区中的面板侧重于商业印刷的印前工作流，例如“分色预览”“陷印预设”和“印前检查”面板。
- 排版规则。此工作区包含具有强大的文本设置和排版功能的面板，例如“字符”“字符样式”“段落”“段落样式”“字形”和“文章”面板。

预设工作区只是为您提供参考，您可以随时使用任何工作区。例如，如果您正在处理目录，则可以先使用“高级”工作区进行页面的常规排版，再切换到“排版规则”工作区来调整文本，然后切换到“印刷和校样”工作区来获取印刷品的目录，最后切换到“交互式 PDF”工作区来准备目录的可下载 PDF 版本。

随着 InDesign 使用经验的增加，您可能会发现自己更喜欢一种新的面板排列方式，这时候就需要保存自己的自定义工作区了。

1.6.2 创建自定义工作区

要创建自定义工作区（图 1.43），请执行下列操作。

（1）关闭所有不需要的面板。

（2）将希望保存到工作区的面板打开并进行排列。

（3）在工作区切换器中选择【新建工作区】选项。

（4）为工作区命名，确保选中了【面板位置】复选框，然后单击【确定】按钮。

图 1.43 创建了自定义工作区后，它会出现在工作区切换器的顶部

您可能希望创建一个自定义工作区。最好的工作区是最适合您的工作区，这取决于您使用的显示器尺寸。如果同时在台式机和笔记本电脑上工作，则您可能会为大型台式机创建一个工作区，为笔记本电脑创建另一个工作区。

1.7 导览页面

★ ACA 考试目标 2.3

设计和制作文档的过程涉及在版面细节和整个页面或跨页的大视图之间反复切换，并不断在页面和跨页之间移动，因此 InDesign 提供了多种平移和缩放文档的方法。

1.7.1 更改当前视图的放大倍率

到目前为止，您可能已经知道有许多方法可以更改 InDesign 当前视图的放大倍率。和往常一样，您可以选择最适合自己的方法。

要使用缩放显示工具更改当前视图的放大倍率，请执行下列操作。

（1）选择缩放显示工具 。

（2）单击想要放大的对象。

每单击一次，放大倍率就增加一次。可能需要单击几次才能将页面的某个部分放得足够大。

（3）要缩小文档，请按住 Alt（Windows）或 Option（macOS）键单击想要缩小的对象。

要放大文档，使特定区域占满文档窗口（图 1.44），请执行下列操作。

（1）选择缩放显示工具。

（2）在要放大的页面区域周围拖动以创建矩形选择框。现在，矩形选择框包围的区域将占满文档窗口。

图 1.44　使用缩放显示工具在要放大的区域周围拖动选择框来放大页面的一部分

两个经常使用的预设的放大级别是【实际尺寸】和【使页面适合窗口】。虽然这两个放大级别都有相应的菜单命令，但您可能想要记住它们的快捷键，以便可以随时转到任意一个视图。

- 若要将文档窗口中的活动页面缩小并居中显示，请选择【视图】>

【使页面适合窗口】命令，或者按 Ctrl +0（Windows）或 Command+0（macOS）组合键。

- 若要将缩放级别设置为 100%，请选择【视图】>【实际尺寸】命令，或者按 Ctrl+1（Windows）或 Command+1（macOS）组合键。

设计要印刷的报告、书籍或杂志时，查看对开页（左右页面并排放置）将有助于放置设计元素，把握节奏感、平衡感与和谐感。对开页也称为跨页。

要让活跃的跨页居中显示在文档窗口中（图 1.45），请选择【视图】>【使跨页适合窗口】命令或按 Ctrl+Alt+0（Windows）或 Command+Option+0（macOS）组合键。

快捷方式

选中其他工具时，要临时访问缩放显示工具，请按 Ctrl+Space（Windows）或 Command+Space（macOS）组合键。再按住 Alt（Windows）或 Option（macOS）键单击可以缩小视图。

图 1.45 处理多个跨页时，可以将一个跨页置于文档窗口的中心

【视图】菜单包含所有放大和缩小命令及其快捷键（图 1.46）。使用放大和缩小命令将以预设的增量对文档进行缩放。

更改文档的缩放级别的另一个方法是在应用程序栏的【缩放级别】下拉列表框（图 1.47）中进行设置。只需选择任何一个预设的缩放级别，或输入一个自定义的缩放级别即可对文档进行缩放。

使用命令或快捷方式进行缩放时，请记住，如果在页面上未选择任

快捷方式

要将文档快速缩小到 50%，请按 Ctrl+5（Windows）或 Command+5（macOS）组合键。要将文档快速放大至 200%，请按 Ctrl+2（Windows）或 Command+2（macOS）组合键。

何内容，则缩放将以当前视图为中心；如果选择了对象或插入点位于文本中，则缩放将以该元素为中心。

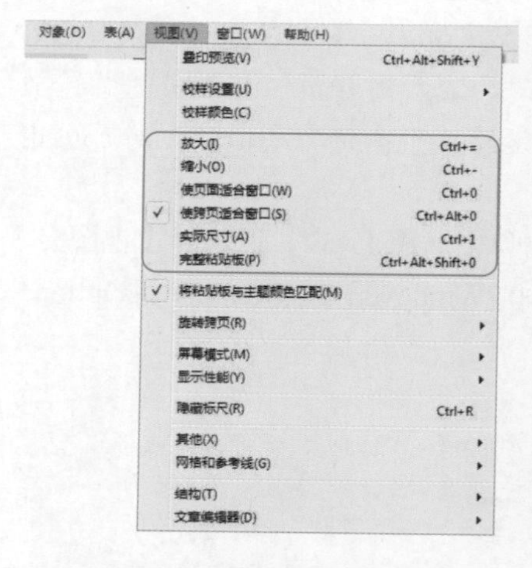

图 1.46 【视图】菜单包含所有放大和缩小命令及其快捷键

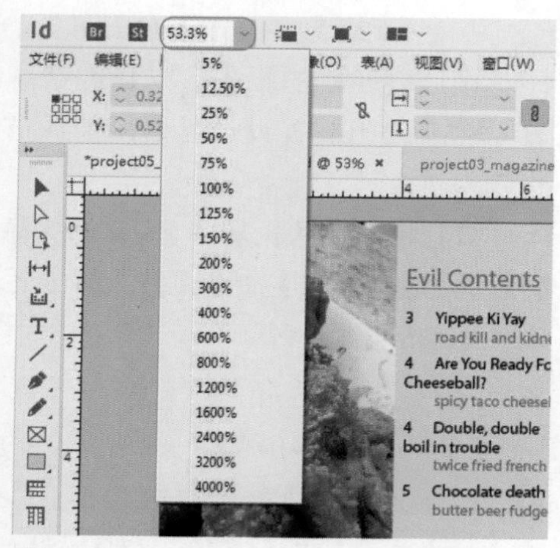

图 1.47 应用程序栏中的【缩放级别】下拉列表框

1.7.2 使用动态缩放

可以通过单击和拖动来使用缩放显示工具，在某些新版本的 macOS 中还能以另外一种方式使用缩放显示工具：动态缩放（也称为细微缩放）。

前面介绍了通过拖动缩放显示工具来放大或缩小页面的特定区域，而动态缩放是拖动缩放显示工具的另一种方式，它更像是一个不可见的水平缩放滑块。

动态缩放的好处之一是您无须切换模式即可放大或缩小页面，向左拖动可以缩小页面，向右拖动可以放大页面；另一个好处是不会锁定到预设的放大倍率，而是可以平滑连续地进行缩放。

动态缩放是图形加速的一个附带好处，目前只有一些新版本的 macOS 支持该功能。有关完整的系统需求，请阅读帮助文档。

由于 InDesign 对图形加速的支持是最近才出现的，因此将来可能会有更多的 macOS 和 Windows 操作系统支持它。

要设置动态缩放（图 1.48），请执行下列操作。

（1）在支持 InDesign 图形加速的计算机上，选择【InDesign CC】>【首选项】>【GPU 性能】命令。

（2）确保选中了【GPU 性能】复选框。

（3）单击“确定”按钮。

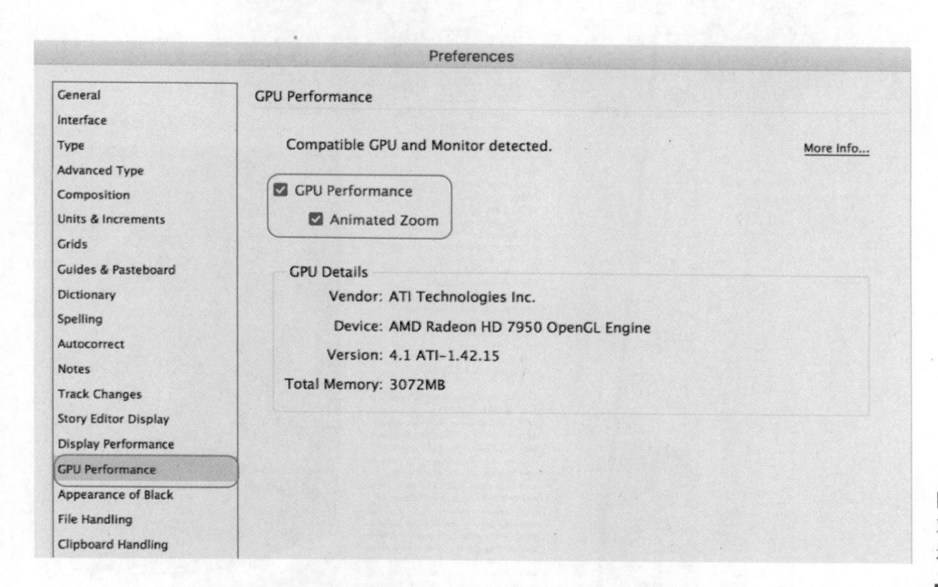

图 1.48 在【首选项】对话框的【GPU 性能】选项卡中设置动态缩放

要使用动态缩放，请将缩放显示工具放置在要放大或缩小的位置，然后执行下列操作之一（图 1.49）。

- 要减小页面，请向左拖动直到获得所需的效果。
- 要增大页面，请向右拖动直到获得所需的效果。

由于动态缩放是连续且交互式的，因此缩放会立即开始，看到想要的效果后立即停止。

注意

如果您习惯通过拖动缩放显示工具来放大或缩小页面，则启用动态缩放功能会从根本上改变拖动缩放显示工具时执行的操作，这一开始可能会让您感到困惑。如果您想要同时使用这两种方法，请保持选中“动态缩放”复选框，当您想要用拖动缩放显示工具的方式来放大或缩小页面时，按住 Shift 键并拖动缩放显示工具即可。

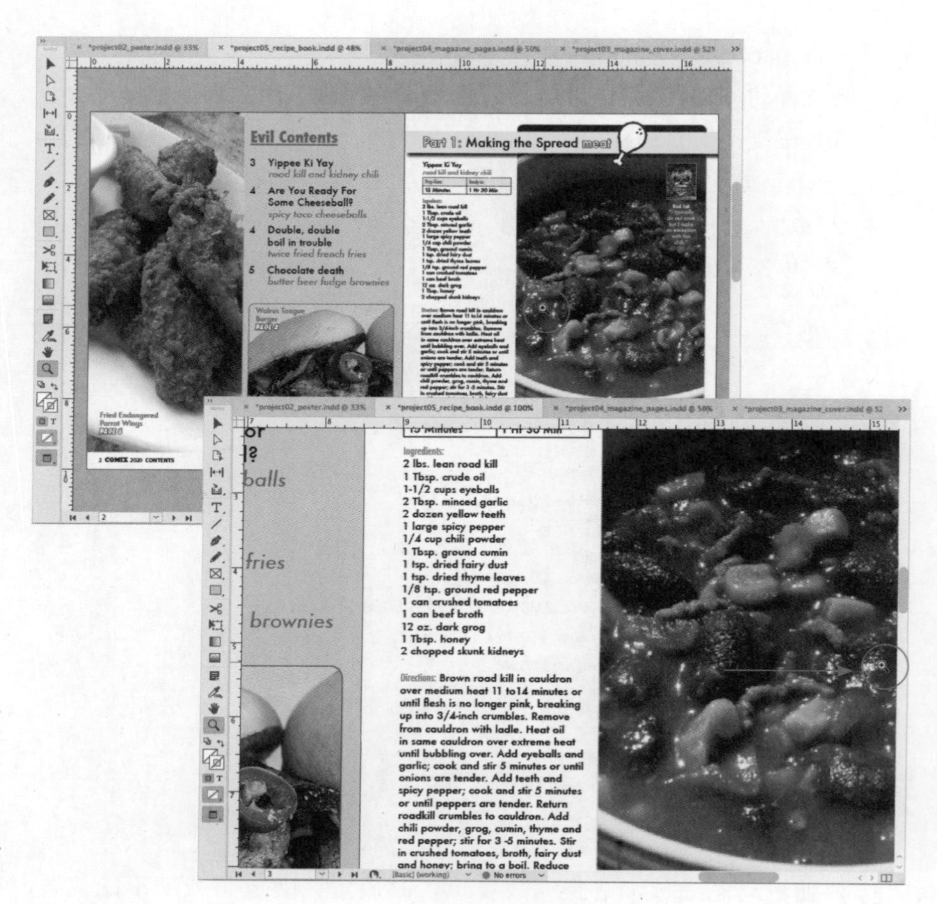

图 1.49 水平拖动以使用动态缩放功能

1.7.3 使用抓手工具

> **快捷方式**
>
> 按住 Space 键可以将任意工具临时更改为抓手工具。释放 Space 键时，InDesign 会切换回当前使用的工具。如果碰巧正在使用文字工具编辑文本，请按 Alt+Space（Windows）或 Option+Space（macOS）组合键。

放大页面的一小部分后，可以使用抓手工具 移动到页面的其他部分。抓手工具可替代文档窗口中的滚动条。

要查看超出文档窗口边缘的页面区域（图 1.50），请选择抓手工具，将它放置在文档窗口内，然后拖动。

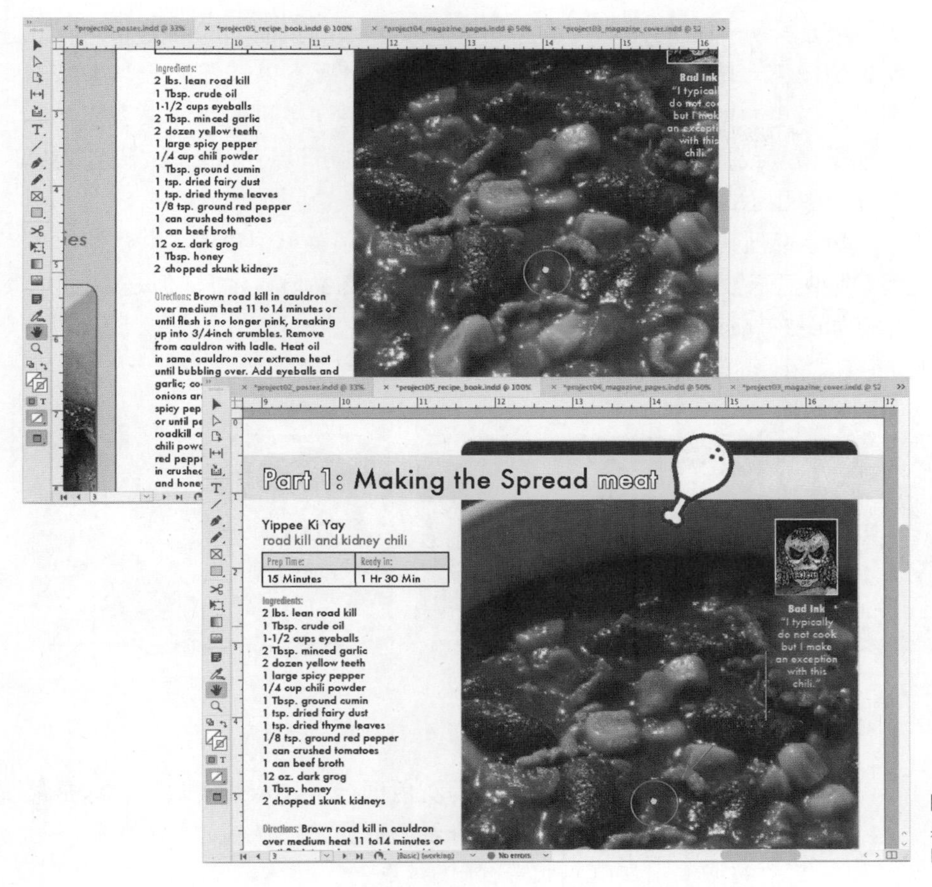

图 1.50 使用抓手工具拖动以移动到页面的其他区域

1.8 导览文档

★ ACA 考试目标 2.3

本书将讲解如何平衡显示速度和显示质量，如何快速地从一个页面移动到另一个页面，以及如何跳转到 InDesign 文档中的任意页面，从而可以在 InDesign 中更高效地工作。

1.8.1 使用显示性能设置

放大图形时，可能会出现锯齿或像素化，不是很清晰。这可能与显示设置有关，并不一定表明存在技术问题。在性能一般或较旧的计算机上，显示全分辨率的图形可能会使 InDesign 绘制页面的时间更长。因此默认情况下，InDesign 会在保持图像品质的情况下以较低的分辨率显示图形，以更快的速度绘制图形，这样做能满足许多目的。如果需要绝对的视觉精度或拥有一台性能较好的计算机，则可以将 InDesign 设置为以全分辨率显示图形。

显示品质可以从【视图】>【显示性能】子菜单中设置，默认情况下为【典型显示】。可以将【显示性能】更改为【高品质显示】，但是请记住，这可能会在您逐页移动时减慢屏幕重绘的速度。

【显示性能】有以下 3 种模式（图 1.51）。

快速显示

典型显示

高品质显示

图 1.51 【显示性能】命令通过更改您看到的细节程度来管理显示速度

- 快速显示：图形和图像显示为灰色框，不显示透明效果。这是最快的显示模式，对于不需要查看图形的工作（例如文本编辑、拼写检查或编制索引）非常有用。
- 典型显示：图形、图像和透明效果以低分辨率显示。默认情况下，当您忙于设计时，此显示模式很合适。与【高品质显示】相比，它为您提供位置和图像裁剪的快速预览，以及更快的屏幕重绘速度。
- 高品质显示：图像以完整分辨率显示。矢量图形显得清晰细腻，使您可以在设计中更精确地定位它们。当向客户展示设计时，这种显示模式可提供最佳品质的视图。

就像您将看到的许多 InDesign 功能一样，显示性能设置分为 3 个级别：新 InDesign 文档的默认设置、文档和对象。

要更改显示性能的级别，请执行下列任一操作。

- 针对文档：从【视图】>【显示性能】子菜单中选择一个命令。
- 针对对象：从【对象】>【显示性能】子菜单中选择一个命令。

1.8.2 在多页文档中移动

处理较长的文档（例如时事通讯、报告、书籍或电子杂志）时，使用“页面”面板（图 1.52）可以插入新页面、移动页面或在文档窗口中快速显示页面。

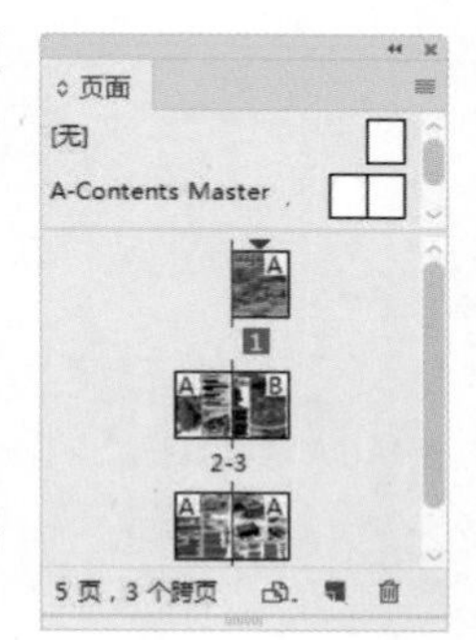

图 1.52 “页面”面板

要使用“页面”面板转到页面和跨页，请执行下列操作。

- 要转到页面，请双击页面缩览图。
- 要转到跨页并使此跨页适合文档窗口，请双击跨页下方的数字。

在第 4 章中，您将使用“页面”面板来管理主页并将其应用于文档页面。主页可以向页面添加常见的设计元素，例如页码、页眉和页脚。

除了“页面”面板外，InDesign 还提供了其他几种导航到文档中不同页面的方法。

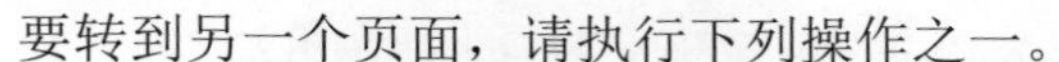

要转到另一个页面，请执行下列操作之一。

- 拖动文档窗口的垂直滚动条和水平滚动条。
- 在文档窗口左下角附近的状态栏中，单击下拉箭头并选择页码，或者输入页码，然后按 Enter（Windows）或 Return（macOS）键（图 1.53）。
- 选择【版面】>【转到页面】命令，输入页码，单击【确定】按钮。
- 在【版面】菜单的中间部分选择一个命令（图 1.54）。

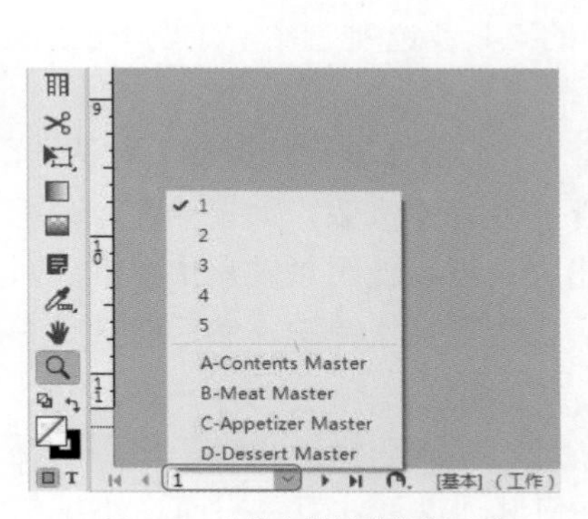

图 1.53 从状态栏转到其他页面

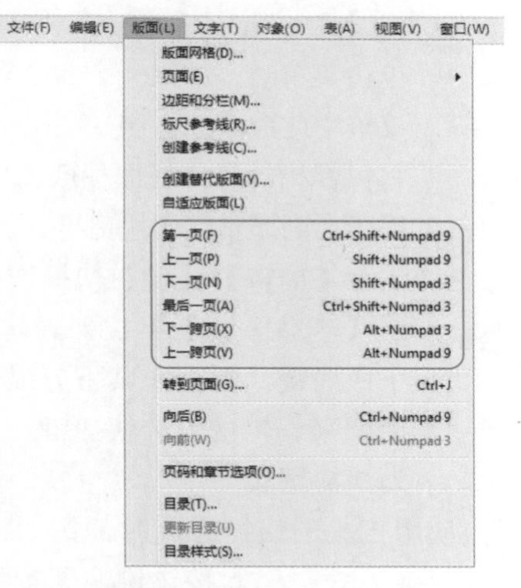

图 1.54 【版面】菜单的中间部分提供了用于浏览多页文档的命令

快捷方式

可以按 Page Up 或 Page Down 键分别移至文档的上一页或下一页。可以按 Home 键转到第一页，然后按 End 键转到最后一页。如果您使用的键盘没有这些按键，则可以使用向上箭头、向下箭头、向左箭头和向右箭头键，同时按住 Fn 键。

1.9 使用快捷键更快速地工作

在 InDesign 这类专业应用程序中，许多功能被隐藏在菜单和对话框的深处。另外，一些功能可能会被频繁地使用，如果单独使用鼠标，则需要在工作区边缘的控件和实际工作的设计之间频繁地反复移动。使用快捷键是一种省时省力的方法。

★ ACA 考试目标 2.2

- 剪切：Ctrl+X（Windows）或 Command+X（macOS）。
- 复制：Ctrl+C（Windows）或 Command+C（macOS）。
- 粘贴：Ctrl+V（Windows）或 Command+V（macOS）。

提示

如果您只想学习一个快捷键，则应学习【存储】命令的快捷键：Ctrl+S（Windows）或 Command+S（macOS）。养成每隔几分钟按该快捷键的习惯，这样如果计算机出现问题，您也不会损失太多！

1.9.1 了解 InDesign 的快捷键

InDesign 有大量自己的快捷键，是否有必要记住所有 InDesign 的快捷键来提高工作效率呢？答案是否定的，原因如下。

尽管使用快捷键可以提高工作效率，但并不是每个人都喜欢使用或想要学习它们。InDesign 通常会提供多种方法来完成一个任务：如果一个人更倾向于使用鼠标，他可能更喜欢使用菜单命令和单击来完成工作；如果一个人更倾向于使用键盘，他可能会主动学习更多的快捷键，这样就可以减少使用鼠标的次数。

此外，InDesign 中有好几个位置提供了快捷键以供快速参考。

- 单击菜单时，如果一个命令有快捷键，则此命令的快捷键会显示在菜单中此命令的右侧（图 1.55）。
- 将鼠标指针悬停在面板或窗口中的工具或选项上时，如果弹出工具提示，则通常包含快捷键。
- 选择【编辑】>【键盘快捷键】命令，打开【键盘快捷键】对话框。在【产品区域】下拉列表框的下方是命令列表，如果为命令分配了快捷键，则会在其下方显示出来。可以使用“键盘快捷键”对话框来编辑现有的快捷键，也可以自定义快捷键，然后将其另存为快捷键集。

使用工具的快捷方式时，例如按 V 键切换到选择工具时，使用的是单键快捷方式：仅需按该键，无须按任何其他键。注意，只有在不编辑文本时才能使用单键快捷键，否则，按 F 键将在文本中输入字符 F，而不会切换工具。

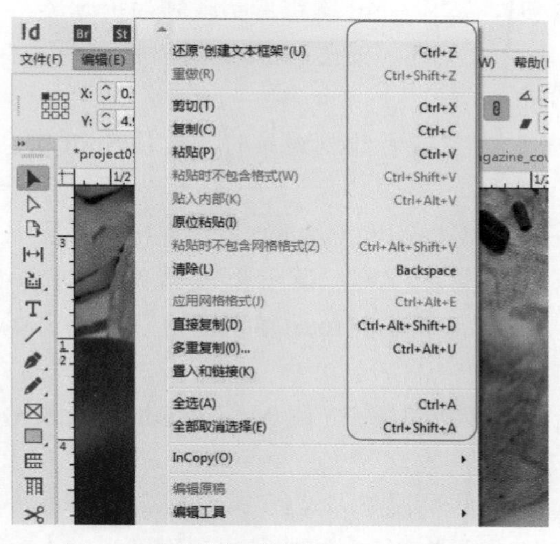

图 1.55 在菜单中，快捷键显示在命令的右侧

1.9.2 使用修饰键

到目前为止，本节中介绍的快捷键在按下时会直接执行某些操作。但是，还有另一类快捷键：按下该快捷键时，它不会自行执行任何操作，它会修改正在执行的操作，这种快捷键被称为修饰键。每个修饰键的用法是一致的，这样您就可以在各种情况下使用它，并了解该键对所使用的工具或功能所做的更改（图 1.56）。

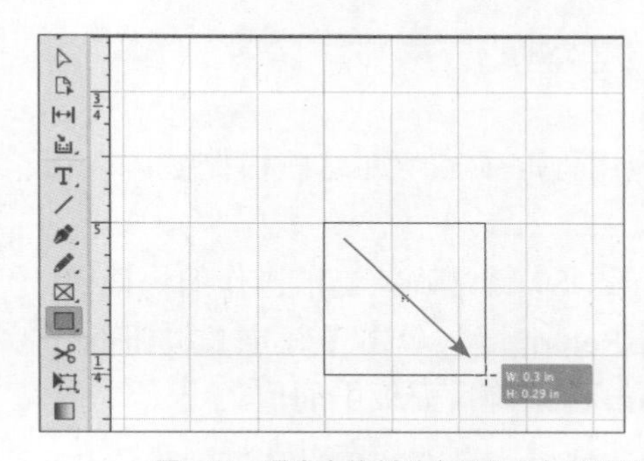

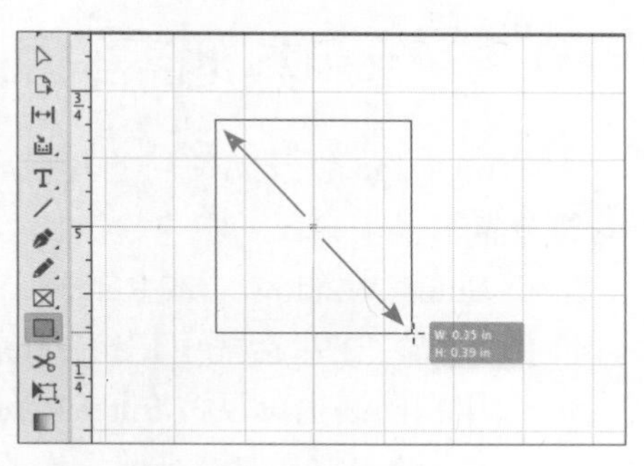

图 1.56 通常在绘制时会从左上角开始绘制形状，但按住 Shift+Alt（Windows）或 Shift+Option（macOS）组合键时，将从中心开始绘制形状

Shift 键通常用于约束动作。

- 绘制形状时，按住 Shift 键将形状限制为正方形。
- 调整对象的大小时，按住 Shift 键可以将形状限制为原始比例以免变形。
- 移动或旋转对象或者绘制线条时，按住 Shift 键会将角度限制为 45 度。

Alt（Windows）或 Option（macOS）键通常用于居中显示或复制。

- 绘制框架或线条，或者调整框架或线条的大小时，按住 Alt（Windows）或 Option（macOS）键可从中心开始调整框架或线条大小。
- 移动或旋转对象时，按住 Alt（Windows）或 Option（macOS）键会创建一个副本。

顾名思义，在某些情况下，Alt（Windows）或 Option（macOS）键会将您使用的工具或功能切换到该功能的备用模式或选项。

在面板中输入值时，这些修饰键通常会起作用。例如，如果在选择对象后在控制面板中输入新的 X、Y 位置，然后按 Alt+Enter（Windows）或 Option+Return（macOS）组合键，则会在新位置创建一个副本，就像按住 Alt（Windows）或 Option（macOS）键并使用鼠标拖动对象一样。

提示

许多用户喜欢一只手在鼠标上，另一只手在键盘上，随时准备按修饰键或其他快捷键。

可以组合使用修饰键。如果按住 Alt+Shift（Windows）或 Option+Shift（macOS）组合键并拖动某个形状拐角的手柄，则可以从中心调整该形状的大小（因为按了 Alt/Option 键）并保持其原始比例（因为按了 Shift 键）。

1.9.3 使用其他系统快捷键

在 InDesign 以及您使用的其他应用程序中，下面这些快捷键可以帮助您节省很多步骤。

- Enter（Windows）或 Return（macOS）键是确认当前操作的快捷键。例如，在对话框中，按 Enter/Return 键与单击【确定】按钮的作用相同；也可以按 Enter/Return 键来确认面板中的值。
- Esc 键通常是取消当前操作的快捷键。例如，在对话框中，按 Esc 键与单击【取消】按钮的作用相同。

- Tab 键是在对话框或面板的输入字段之间移动的便捷方法。例如，要编辑“字符”面板中的各属性值，通常的做法是输入值后单击下一个字段，然后输入值，再单击下一个字段。这需要在鼠标和键盘之间多次切换。如果使用 Tab 键，则可以输入一个值后，按 Tab 键将插入点移至下一个字段。这样一来，无须使用鼠标，双手停留在键盘上就可以编辑面板中的值。

1.10 练习

现在，您已经了解了 InDesign 的工作区和工具，可以自己尝试一下了。

打开本章的 InDesign 项目文件，请选择【文件】>【存储为】命令，生成一个测试副本，更改文件名，然后单击【保存】按钮。

练习本章所介绍的内容，例如以下内容。

- 自定义面板，保存自己的工作区。
- 使用选择工具对对象进行基本编辑，例如移动、缩放和旋转。
- 在多页文档的页面之间移动。

稍作练习，这对于在下一章中制作可打印的 InDesign 文档将大有帮助。

本章目标

学习目标

- 创建一个新项目，并了解用于不同发布项目的正确文档设置。
- 为文档添加参考线。
- 通过绘图创建形状，并组合常见的形状，如椭圆、矩形和直线。
- 了解基本的文档查看选项，例如使用屏幕模式和窗口排列。
- 使用“图层”面板组织对象的堆叠顺序。
- 添加图像并调整其大小。
- 添加文本并设置其格式。
- 创建色板和渐变，并将它们应用于对象和文本。
- 将已完成的文件打包，以便在专业印刷服务机构最终输出。

ACA 考试目标

- 考试范围 2.0
  项目设置与界面
  2.1、2.3、2.5
- 考试范围 3.0
  文档组织
  3.1、3.3
- 考试范围 4.0
  创建和修改视觉元素
  4.1、4.2、4.4、4.5
- 考试范围 5.0
  发布数字媒体
  5.2

第 2 章

设计活动海报

在本章中，您将设计一张活动海报，该海报将进行专业印刷。作为该项目的一部分，您将学习如何在 InDesign 中创建新文档，添加各种视觉元素、图像和文本，并将颜色应用于对象。您还将了解如何将设计作为便携式文档格式（PDF）提交给客户进行审核，并将设计作为可打印的 PDF 提交给印刷机构进行制作。

2.1 启动项目

当您开始从事平面设计工作时，很可能会创建许多不同的 InDesign 文档。您可能需要设计印刷文档，例如海报、报告或时事通讯；或者您可能需要设计电子杂志，杂志包含互动式幻灯片或视频，会在平板电脑或移动设备上供大家阅读；或者您可能需要设计以交互形式阅读的电子书。您可以使用 InDesign 创建所有这些设计。下面先来设计用于印刷的文档，本章将设计一张活动海报（图 2.1）。

图 2.1 海报设计成品

2.1.1 规划新文档

★ ACA 考试目标 2.1

创建新文档时，首先询问自己打算在何处发布此文档。InDesign 提供了 3 种文档发布选项：【打印】【Web】和【移动设备】。在设置文档时选择正确的选项，才能以适合目标交付平台的方式设置文档格式。

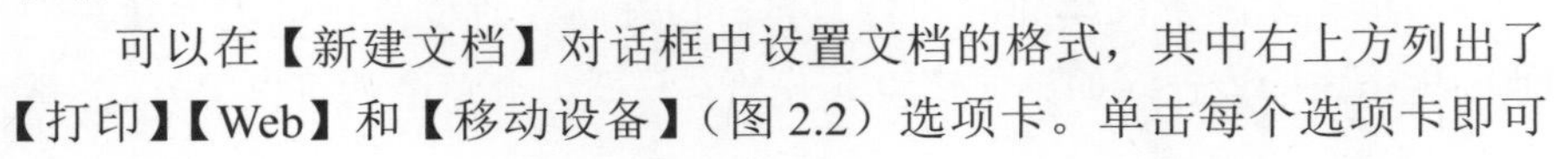

可以在【新建文档】对话框中设置文档的格式，其中右上方列出了【打印】【Web】和【移动设备】（图 2.2）选项卡。单击每个选项卡即可

轻松查看其效果。

- 打印。这里的预设将提供标准打印页面的尺寸，该尺寸是使用派卡（传统的印刷出版单位）定义的。该文档最初是用打印机和印刷机使用的CMYK（青色、洋红、黄色和黑色）颜色模式来定义颜色的。
- Web。这里的预设将提供标准网页尺寸，该尺寸是使用像素（网页设计度量单位）定义的。该文档最初是用网页设计常用的RGB（红色，绿色，蓝色）颜色模式来定义颜色的。
- 移动设备。这里的预设将提供移动设备（如智能手机和平板电脑）上常用的显示尺寸，单位也是像素。由于移动设备显示器基于RGB颜色模式，因此该预设默认使用RGB颜色模式。

图 2.2 【新建文档】对话框顶部列出了文档发布方式

本章中创建的活动海报将张贴在商店橱窗或公告板上，因此适合使用“打印”预设。尽管您并不打算自己打印文档，但您可以在网站上发布一个Adobe PDF文件，供其他人打印和发布。

设置要打印的文档时，请在进入程序之前先询问自己以下关键问题。

- 裁切后，印刷出版物的最终页面大小是多少？
- 是否将所有设计元素（例如背景图形和照片）一直打印到页面边缘？
- 多页文档的页面会被装订吗？较小的新闻通讯可以使用骑马订，该装订法通过将订书钉穿过书脊的方式来装订折叠的纸张。
- 是否将使用印刷色油墨、专色油墨，或同时使用两者印刷文档？

如果您不确定这些问题的答案，可以和负责打印文档的人谈谈，向他们展示您的设计（如果您还没有开始，只要一个草图就可以了），然后和他们讨论。有时他们可以发现潜在的制作问题，有时他们可能会建议设置文档的方法。总之，讨论的目的是为了让您在打印时节省时间和金钱。

2.1.2 创建新文档

确定了文档的规格之后，就可以在 InDesign 中为项目创建新文档了。对于要打印的单页海报设计，新文档的设置相对简单，执行以下操作即可。

（1）选择【文件】>【新建】>【文档】命令，打开【新建文档】对话框（图 2.3）。

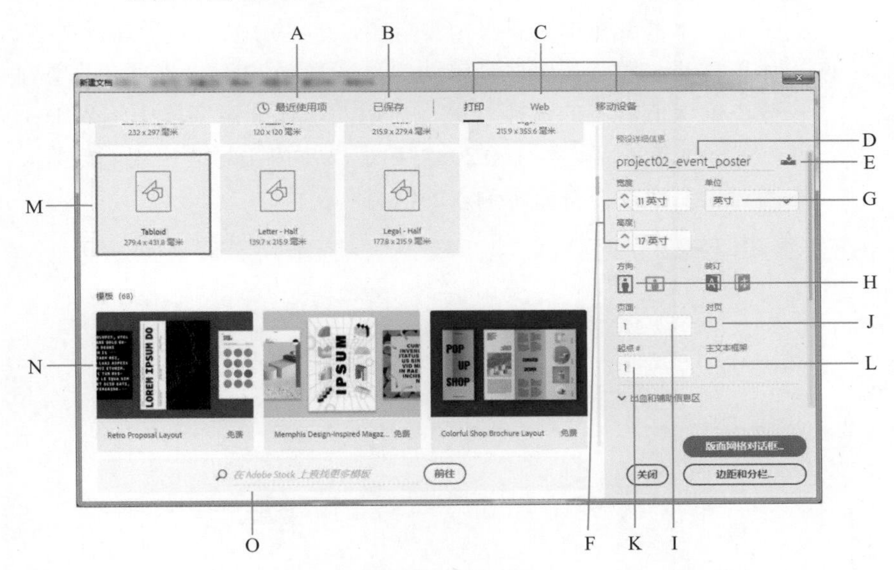

图 2.3 【新建文档】对话框（1）

A 最近使用的预设和模板 B 自定义和保存的预设和模板 C 文档用途 D 文档名称 E【存储文档预设】按钮 F 文档大小 G 文档度量单位 H 页面方向 I 页面数量 J“对页”复选框 K 起点页码 L【主文本框架】复选框 M 空白文档预设 N 模板 O 在 Adobe Stock 上查找更多 InDesign 文档模板

> **注意**
> 即使您在【新建文档】对话框中输入文档名称，该文件实际上也不会被保存，除非您创建文档后，选择【文件】>【存储】命令。名称旁边的图标用于保存新文档预设，而不用于保存文档。

（2）单击【新建文档】对话框顶部的【打印】选项卡。

（3）在【预设详细信息】的名称文本框中，输入文件名 project02_event_poster。

（4）从文档预设中选择【Tabloid】，并将【方向】设置为【纵向】。

（5）从【单位】下拉列表框中选择【英寸】选项。

尽管派卡是印刷出版的传统度量单位，但许多设计师会混合使

> **提示**
> 要查看设置如何影响文档页面，请在【新建文档】对话框中选中【预览】复选框。

用英寸和派卡，InDesign 可以轻松处理这种情况。

（6）取消选中【对页】复选框，因为只有一个页面。

海报或传单会被设计成独立的页面，书籍或杂志等类似出版物会使用对页。对页被放置在书脊或折页的两侧。选中了【对页】复选框，创建新文档时文档的左右页面会并排显示，中间是书脊。

（7）将【页面】和【起点 #】设置为 1。

（8）取消选中【主文本框架】复选框。

此设置会在每个页面添加一个文本框架，以便您可以轻松地在每个页面添加文本，因此对于图书之类的长文档非常有用。但是主文本框架在单页海报中没有用，因为海报只显示几行文字。

（9）如果需要，展开【出血和辅助信息区】（图 2.4），在【出血】部分，确保值右侧的链接开关是启用的，在任意字段中输入 1p3（一个派卡 3 点，等于 0.2083 英寸）并按 Tab 键应用。现在，所有出血字段都将显示输入的值。

提示

如果一个预设或模板适用于您，请在更改【新建文档】对话框中的【预设详细信息】选项之前先选择它，因为预设或模板将为您填充许多详细信息。

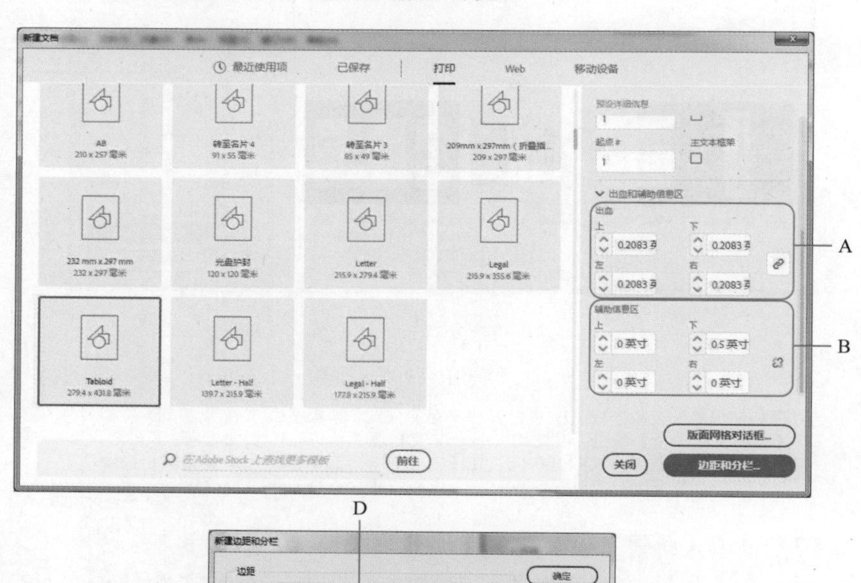

图 2.4 【新建文档】对话框（2）

A【出血】设置
B【辅助信息区】设置
C【边距】设置
D【将所有值设为相同】的链接开关

（10）在【辅助信息区】部分，确保值右侧的链接开关是关闭的（未链接），在【下】文本框中输入 3p（3 派卡，等于 0.5 英寸），然后按 Tab 键应用。

由于链接开关处于关闭状态，因此 4 个辅助信息区值未链接，可以独立设置。这就是在【下】文本框中输入 3p 而不会更改其他 3 个值的原因。

辅助信息区的 3p 仅添加到底边，因为我们要在这里为审批签名留出空间。

（11）单击【边距和分栏】按钮，确保值右侧的链接开关是启用的（意味着所有的边距值都是链接的），在任意边距文本框中输入 0.5 英寸，然后按 Tab 键应用。因为边距值是链接的，所以所有边距现在都将显示 0.5 英寸。

（12）在【栏数】文本框中输入 4。

海报实际上并没有 4 栏文本，但在一些基于网格的平面设计中，栏通常用作垂直组成单元。

（13）对于【栏间距】文本框中输入 1p11。

1p11 表示一个派卡 11 点。根据传统的印刷行业惯例，当表示比派卡小的单位时，使用点而不是十进制派卡。一派卡是 12 点，因此派卡是大单位，而点是小单位。

注意

所需的出血量始终取决于将要使用的打印设备，因此不要猜测您需要多少，要询问一下印刷公司。

提示

如果将【新建文档】对话框调大，可以减少滚动时间。

分栏和边距

分栏和边距的设置为文档添加了有用的非打印参考线，使您可以更轻松地定位设计元素，将它们与顶部、底部、左侧和右侧的边缘参考线或栏参考线对齐，在设计中创建一种平衡与和谐感。

边距定义页面上的图像区域。图像区域是页面上由页边距参考线标记的矩形区域。它包含大部分内容，例如文本和图像。设置页边距时，请记住页眉和页脚通常位于图像区域之外。页眉和页脚位于页面边缘和页边距参考线之间的顶部和底部页边空白处。图像区域由页边距定义，可以划分为几列。栏间距值表示列之间的间距。

请注意，选中【对页】复选框时，【边距】【出血】和【辅助信息区】部分的【左】和【右】选项将变为【内】（朝向书脊）和【外】（要裁切的边缘，远离书脊）选项。

请注意，可以在度量值中添加字母以覆盖当前的度量单位。换句话说，尽管将度量单位设置为英寸，但是也可以使用 InDesign 能识别的表示法在此处指定派卡和点：一个数字，后跟 p 以表示派卡，然后是第二个数字，InDesign 会将该值视为点。

（14）单击【确定】按钮以关闭【新建边距和分栏】对话框，这时，InDesign 会使用您的设置创建一个新文档。

（15）选择【文件】>【存储】命令，会出现一个【存储为】对话框，其中文件名是您在【新建文档】对话框中输入的文件名。

（16）导航到 project02_event_poster 文件夹，单击【保存】按钮。

使用链接开关保持数值一致性

在 InDesign 中，看到度量值旁边的链接开关时，如果希望所有值都相同，单击它以使所有值相连接可以节省时间。例如，在【新建文档】对话框中，【出血】有 4 个值：【上】【下】【左】和【右】。若您希望所有边都具有相同的值，则请确保这些值右侧的链接开关是启用的。这样做会将 4 个值链接起来，当您更改其中一个值时，其余的值也会随之更改。很方便！

在本小节中，编辑【新建文档】对话框的【辅助信息区】部分时，单击【辅助信息区】值旁边的链接开关以使其关闭。这意味着未链接 4 个【辅助信息区】值，您在【下】文本框中输入一个值后，不会更改其他 3 个值。

您可以使用在第 1 章中学习的任何方法在“正常”和“预览”屏幕模式之间进行切换，从而比较新文档在裁切前后的外观。

- 使用应用程序栏中的【屏幕模式】菜单。
- 单击工具面板中的【屏幕模式】按钮。
- 按 W 键。

- 选择【视图】>【屏幕模式】命令，从子菜单中选择一种屏幕模式。

2.1.3 添加辅助信息区

您已经为海报底部边缘之外的辅助信息区留出了空间，我们将在这里添加此项目的文本。

（1）请确保【屏幕模式】为【正常】，以便您可以看到页面下方的辅助信息区（图 2.5）。

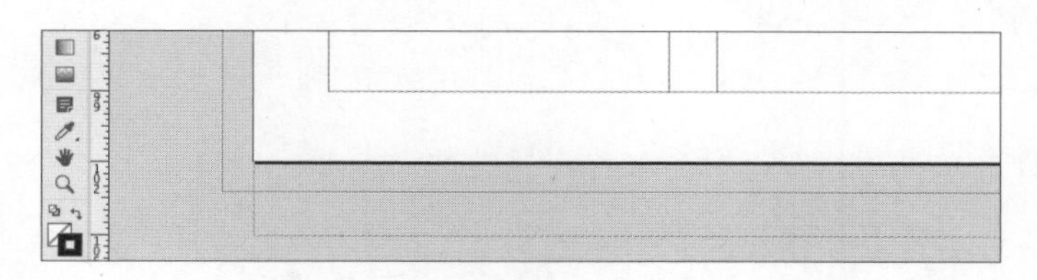

图 2.5 在【正常】屏幕模式下查看页面下方的辅助信息区

（2）放大并滚动文档窗口，以便查看文档的左下角，包括由一条超出页面底部边缘的蓝线标记的辅助信息区。

（3）在工具面板中选择文字工具 T 。

（4）在辅助信息区中，拖动以创建一个足以容纳多个单词的文本框。

（5）输入 Approval signature，然后选择工具面板中的选择工具，退出文本编辑模式（图 2.6）。

（6）保存文档。

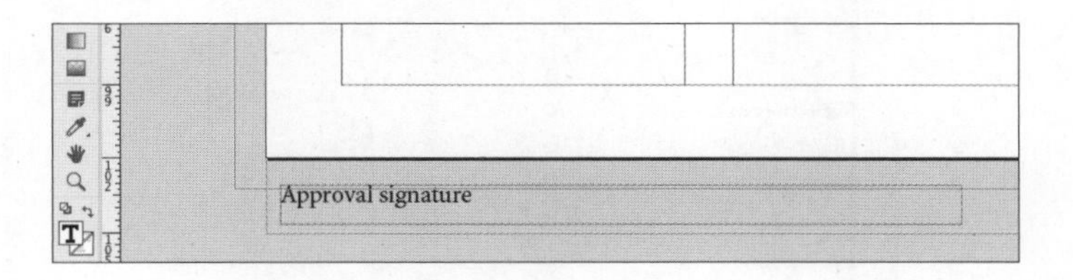

图 2.6 输入将在页面区域之外的辅助信息区中打印的文本

"出血"和"辅助信息区"是什么意思？

"出血"和"辅助信息区"是传统的印刷术语，用于表示页面边缘以外的两种类型的区域。

当您有一个必须一直打印到页面边缘的对象时，设置“出血”很重要。这是因为印刷和裁切有时会偏离一点点，如果刀片在超出页面边缘一点的位置裁切，那么其外就是可见的空白间隙。解决方案是确保所有需要打印到页面边缘的对象实际上都稍微超出页面边缘，延伸到所谓的出血区域。这样当墨水超出页面边缘时，即使裁切不精确，所有需要打印到边缘的对象仍将完全打印到页面边缘。

“辅助信息区”是一个额外的区域，用于在页面之外打印作业信息、说明或手写笔记。

2.2 使用图层组织文档元素

★ ACA 考试目标 3.1

图层就像一叠透明的塑料片。每个图层都可以包含自己的对象。图层对于组织相关的设计元素并控制对象的堆叠顺序非常有用。使用图层，可以更轻松地隔离正在处理的设计元素，而不会意外更改其他不相关的对象。例如，制作杂志时，可以使用单独的图层来分别处理文本、图像，以及背景的纹理或颜色。可以使用“图层”面板（【窗口】>【图层】）来管理图层（图 2.7）。

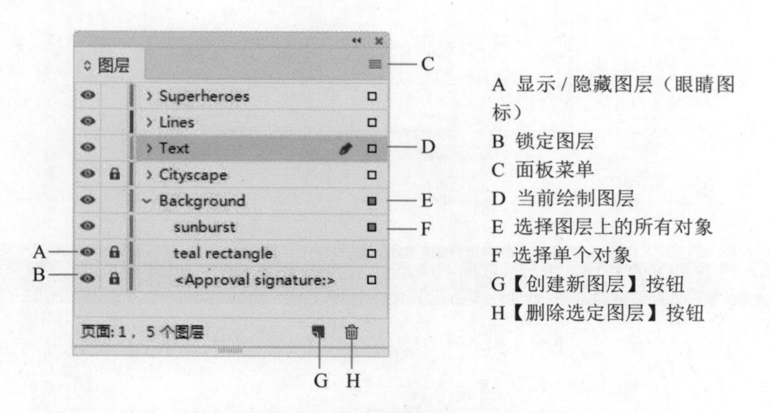

图 2.7 “图层”面板可管理图层及其上的对象

2.2.1 查看最终文档中的图层

图层对于保持文档井井有条以及保持页面元素在其他页面元素之前或之后的一致性非常有用。

每个图层都可以包含对象。最顶层的对象位于页面堆叠顺序的最上面。

我们来看一下如何使用图层来构建将要创建的海报。

（1）如果尚未打开文档的最终版本，请选择【文件】>【打开】命令，导航到 project02_event_poster_final 文件夹，选择 project02_event_poster_final.indd，然后单击【打开】按钮。

（2）单击【图层】选项卡或其图标，打开“图层”面板。如果看不到【图层】选项卡或其图标，请选择【窗口】>【图层】命令。

在“图层”面板中，可以看到一个名称列表，例如 Superheroes、Lines、Text、Cityscape 和 Background。每个名称代表一个图层。

现在，隐藏一些图层，以便更轻松地处理 sunburst 图形（图 2.8）。该图形位于 Background 图层上，目前被其他图层遮挡着。

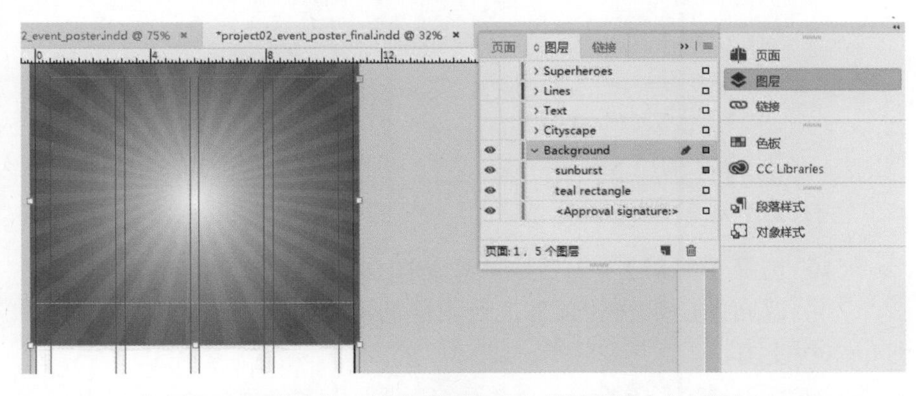

图 2.8 隐藏“图层”面板中的一些图层，并且选中 sunburst 图形

（3）在“图层”面板中，单击眼睛图标以隐藏前 4 个图层（Superheroes、Lines、Text 和 Cityscape）。也可以在 4 个眼睛图标上垂直拖动来隐藏它们。

隐藏图层时，该图层上的对象都将被隐藏。如果现在打印文档，则打印出的文档的效果与您在此处看到的效果一样，会缺少许多对象。

（4）单击 Background 图层左侧的显示三角形。

展开的列表显示了该图层上所有对象的名称，其中一个对象是 sunburst。

（5）单击 sunburst 对象右侧的选择点。

现在选择了 sunburst 对象。当一个对象前面有很多其他对象，很难在文档中选择该对象时，从“图层”面板中选择它是一种便利的方法。

（6）选择【编辑】>【全部取消选择】命令。请注意，现在没有突出显示的选择点。

（7）在“图层”面板中，单击眼睛图标以显示前 4 个图层（Superheroes、Lines、Text 和 Cityscape）。这些图层上的对象将再次显示。

（8）单击 Background 图层左侧的显示三角形以折叠它。

“图层”面板的另一个好处是，可以通过重新排列图层来控制页面元素的堆叠顺序。

（9）在“图层”面板中，向下拖动 Superheroes 图层，直到拖动指示线显示在 Cityscape 图层的下方，然后释放鼠标左键（图 2.9）。

现在，Superheroes 图层的所有对象都显示在 Cityscape 图层的下方。

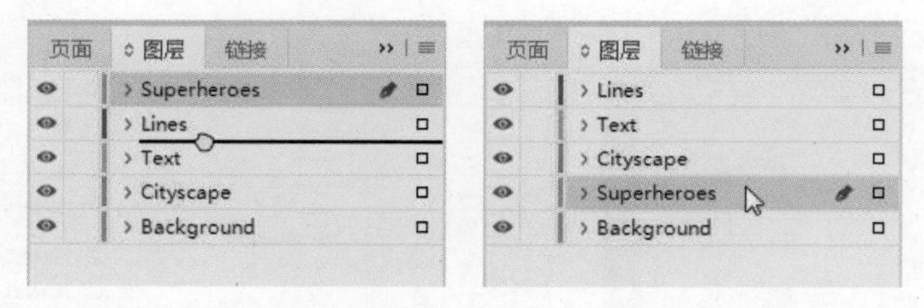

图 2.9 上下拖动图层来更改其堆叠顺序

（10）选择【编辑】>【还原‘移动图层’】命令，Superheroes 图层返回图层堆栈的顶部，该图层的所有对象也位于其他图层的上方。

2.2.2 为新文档构建图层

现在，让我们在新建的空白文档中创建所需的图层。

（1）单击您正在制作的海报 project02_event_poster 的文档选项卡。

（2）在“图层”面板中，单击【图层 1】以选择它，然后单击【图层 1】文本以为其重命名。

（3）输入名称 Background，然后按 Enter（Windows）或 Return（macOS）键（图 2.10）。

还可以双击图层，在打开的【图层选项】对话框中重命名图层。当您想更改其他图层属性（例如是否可打印）时，打开【图层选项】对话框很有用。并不是一定要重命名图层，但是随着文档变得越来越复杂，重新命名图层可以让内容变得更清晰明了。

图 2.10　重命名图层

【图层选项】对话框中的一个选项是【颜色】。图层颜色不会改变任何对象的打印外观，它只是用来直观地指示对象所在的图层。选择图层或对象时，会在“图层”面板右侧的选择点以及所选对象周围的框架和手柄上看到图层颜色。

（4）在“图层”面板的底部，单击【创建新图层】按钮，将新图层的名称更改为 Cityscape（图 2.11）。

如果未选择任何图层，则会在“图层”面板的顶部添加一个新图层；如果选择了一个图层，则新图层将出现在该图层的上方。下面将采用另一种方式再创建一个新图层。

（5）打开“图层”面板菜单并选择【新建图层】命令（图 2.12），打开【新建图层】对话框。它与“图层选项”对话框基本相同，但适用于现有图层。

图 2.11　添加一个名为 Cityscape 的新图层

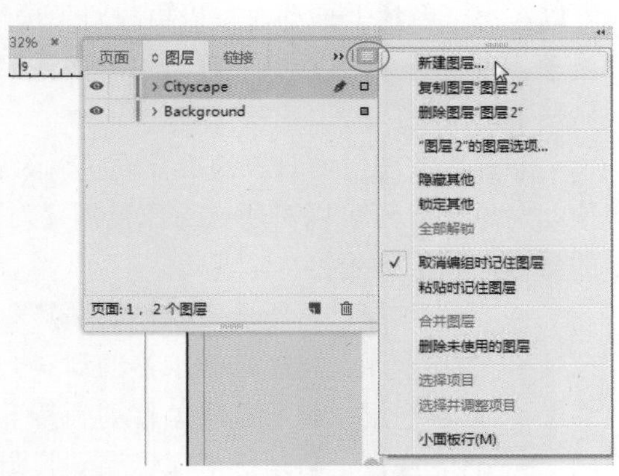

图 2.12　使用“图层”面板菜单添加一个新图层

快捷键

想要选择被其他对象遮挡的对象时，请按住 Ctrl（Windows）或 Command（macOS）键并反复单击以依次选择堆栈中的每个对象，直到选择了所需的对象为止。

（6）在【名称】文本框中，输入 Text，单击【确定】按钮（图 2.13）。

（7）使用目前学到的方法再创建两个图层，将它们命名为 Lines 和 Superheroes。

（8）请确保图层的堆叠顺序与最终文档 project02_event_poster_final.indd 中的顺序一致，该文档应仍处于打开状态。如果图层顺序不一致，请拖动以更改顺序，直到一致为止（图 2.14）。

（9）选择【文件】>【存储】命令。

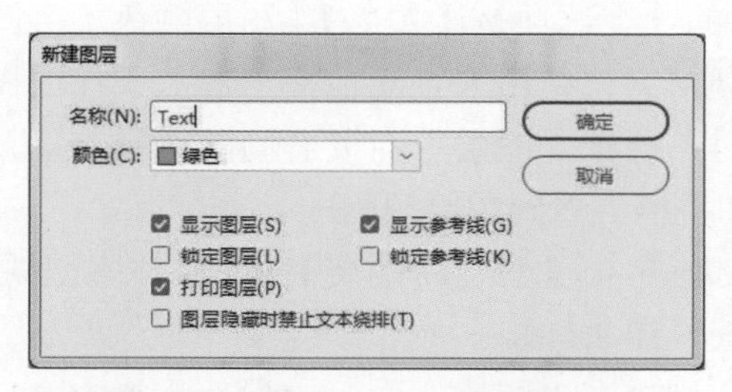

图 2.13 【新建图层】对话框包含其他选项，但是现在，只需要命名图层即可

图 2.14 “图层”面板包含的图层的名称和堆叠顺序

更改图层的堆叠顺序

可以在“图层”面板中拖动图层以更改图层的堆叠顺序，也可以在每个图层上拖动对象以更改对象的堆叠顺序。可以拖动一个对象，使它出现在另一个对象的前面或后面，也可以将它拖动到另一个图层上。

想要更改图层内对象的堆叠顺序，除了可以在“图层”面板中拖动对象外，还可以对所选对象使用【对象】>【排列】子菜单中的命令，如下所述。

- 置为顶层：将所选对象移动到其图层的顶部。
- 前移一层：将所选对象移动到其上方对象的上方。
- 后移一层：将所选对象移动到其下方对象的下方。
- 置为底层：将所选对象移动到其图层的底部。

这些命令仅适用于更改同一图层中对象的堆叠顺序。换句话说，“前移一层”不会将对象移动到另一个图层。

2.3 添加参考线和更改首选项

自动创建新文档会为页边距、栏、出血和辅助信息区添加大量非打印参考线。除了这些参考线，还可以添加参考线来帮助定位海报的元素。

★ ACA 考试目标 2.3

提示

参考线的一大用处是使对象与参考线靠齐，这有助于对象精确地定位。默认启用了靠齐功能，但如果不想使对象靠齐参考线，请选择【视图】>【网格和参考线】命令，并取消选择【靠齐参考线】命令。

2.3.1 使用参考线

可以通过将参考线拖动到版面的任意位置来添加参考线，也可以让 InDesign 以固定间隔生成多条参考线。

1. 显示标尺

如果想手动创建参考线，则屏幕上的标尺必须是可见的（图 2.15）。

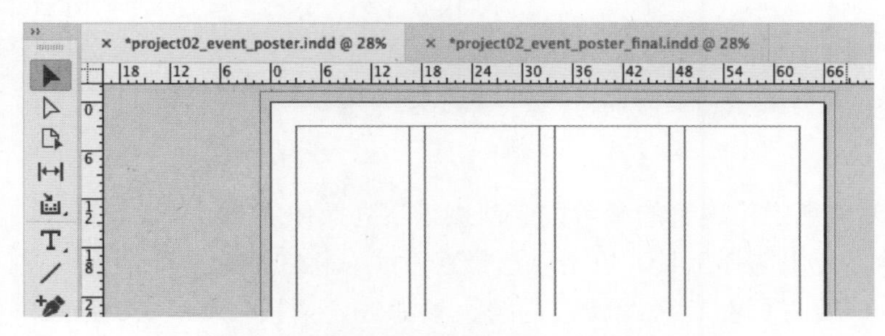

图 2.15 请确保您可以看到文档窗口左侧边缘和顶部边缘的标尺

要显示或隐藏标尺，请执行下列操作之一。

- 选择【视图】>【标尺】命令。
- 按 Ctrl+R（Windows）或 Command+R（macOS）组合键。
- 在应用程序栏中，从【视图选项】下拉列表框中选择【标尺】选项。

快捷键

按住 Ctrl（Windows）或 Command（macOS）键，从标尺处开始拖动可以创建覆盖整个粘贴板区域的参考线。从标尺上拖动参考线时，按 Shift 键可以以相等的标尺增量来创建参考线。

2. 添加和移动参考线

参考线可以跨越单个页面，也可以跨越一个跨页的所有页面（图 2.16）。

- 要将参考线添加到页面上，请从标尺上拖动参考线并将它放在页面上。
- 要将参考线添加到跨页，请从标尺上拖动参考线，并将它放在跨页左侧或右侧的粘贴板上。如果需要一个永不触及页面的参考线，也可以将它放在跨页的上方或下方。

提示

选择参考线后，还可以通过在控制面板中输入 X 或 Y 值来定位它。

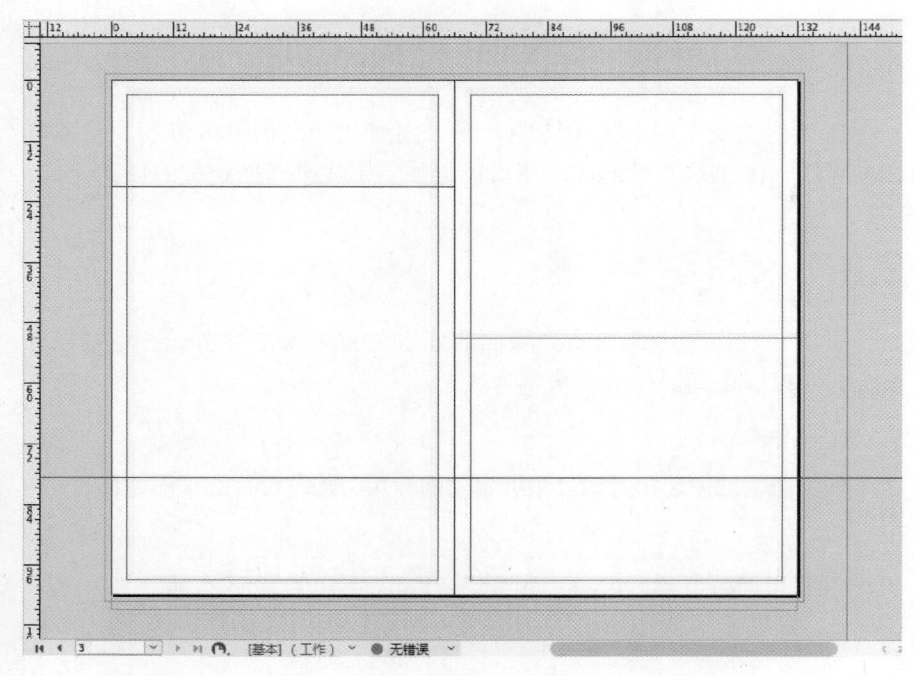

图 2.16 顶部参考线跨越左侧页面，中间参考线跨越右侧页面，底部参考线跨越整个跨页，右侧的参考线位于粘贴板的外部。参考线通常为青色，但为清楚起见，这里的参考线颜色更深一些

要重新定位现有的参考线，请执行下列操作之一。

- 使用选择工具，单击以选择参考线，将它拖动到一个新位置。
- 要将页面参考线转换为跨页参考线，请按住 Ctrl（Windows）或 Command（macOS）键的同时拖动参考线。

参考线默认是青色的（一种浅绿色）。

注意

如果无法移动参考线，则可能锁定了参考线。选择【视图】>【网格和参考线】命令，如果选择了【锁定参考线】命令，请取消选择它。

2.3.2 删除参考线

可以删除一条参考线，也可以一次删除所有参考线。要删除一条参考线，请执行下列操作。

（1）使用选择工具单击参考线以选择它。参考线会以图层颜色突出显示。

（2）按 Delete 键。

要删除所有参考线，请执行下列操作。

- 选择【视图】>【网格和参考线】>【删除跨页上的所有参考线】命令。

提示

如果想创建间隔一致的参考线，请选择【编辑】>【创建参考线】命令。

2.3.3 更改度量单位

★ ACA 考试目标 3.3

尽管您已经学习了如何覆盖度量单位，但如果您总是使用相同的度量单位，则应该知道如何将它设置为默认的度量单位。这样您就不必在单位值之后输入字母，只需要输入值就行了。默认的度量单位也是 InDesign 在各种度量显示中使用的度量单位，例如屏幕标尺、控制面板、“信息”面板，以及拖动参考线等元素时在鼠标指针旁边显示的转换值。

提示

更改度量单位的另一种方法是右键单击水平标尺以更改水平度量单位，或者右键单击垂直标尺以更改垂直度量单位。要同时更改两者，请右键单击标尺原点（标尺相交的位置）。

要设置默认的度量单位，请执行下列操作。

（1）打开【首选项】对话框，选择【单位和增量】选项卡（图 2.17）。

- 在 Windows 操作系统中，选择【编辑】>【首选项】>【单位和增量】命令。
- 在 macOS 中，选择【InDesign CC】>【首选项】>【单位和增量】命令。

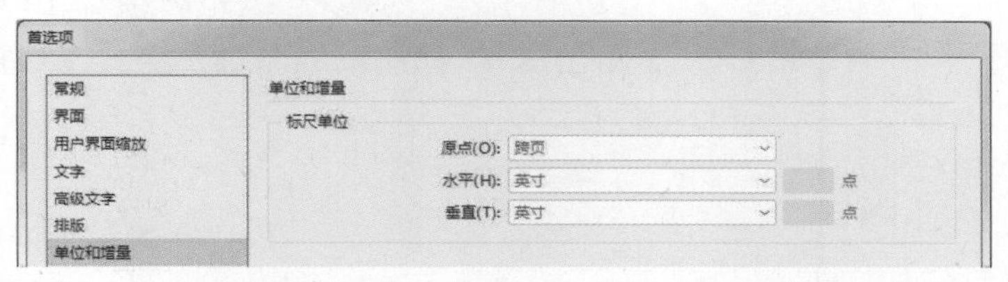

图 2.17 【首选项】对话框的【单位和增量】选项卡

（2）在“标尺单位”部分，检查【水平】和【垂直】单位，此处将它们设置为【英寸】。

之所以有“水平”和“垂直”标尺单位，是因为一些传统的出版物设计使用一个单位（例如派卡）来表示宽度，而使用另一个单位（例如英寸）来表示深度（例如测量“列长”时）。一些度量单位仅适用于设计或排版，例如 Agate，而一些度量单位则只在特定国家 / 地区使用。

（3）单击【确定】按钮。

恢复到默认首选项

如果想返回到 InDesign 的默认首选项，则可以删除 InDesign 首选项文件，请执行下列操作。

（1） 按住 Shift+Ctrl+Alt（Windows）或 Shift+Ctrl+Option+Command（macOS）组合键，同时启动 InDesign。

（2） 当出现【启动警报】对话框时，单击【是】按钮。

提示

如果想让首选项设置影响创建的所有新文档，可以在不打开任何 InDesign 文档的同时，更改首选项设置。

2.4 向文档添加对象

★ ACA 考试目标 2.3

★ ACA 考试目标 4.1

创建了新文档和图层并理解了参考线之后，就为海报设计打下了坚实的基础。接下来，您将添加所需的实际参考线，然后添加彩色的形状、线条、图像和文本。

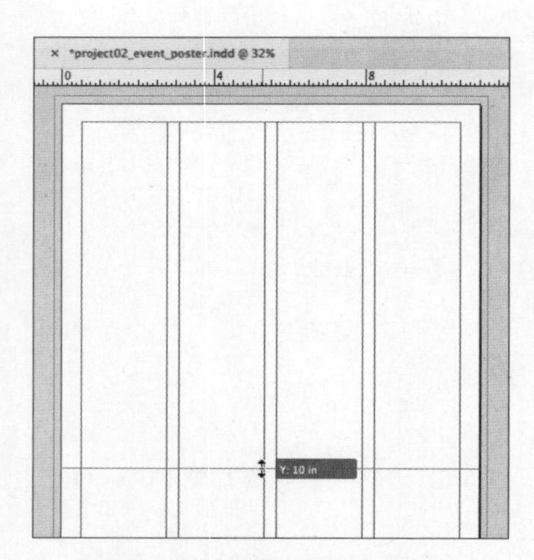

图 2.18 在距页面顶部 10 英寸处添加一条水平参考线

2.4.1 为海报元素添加水平参考线

您将为页面添加一条水平参考线，以便可以准确对齐即将绘制的矩形，请执行下列操作。

（1）将鼠标指针放在水平标尺上。

（2）从标尺上向下拖出水平参考线，当鼠标指针旁边的 Y 值表明参考线距离顶部 10 英寸时（图 2.18），释放鼠标左键，将参考线放到页面上。

2.4.2 添加矩形

提示

如果您无法以精确的尺寸（例如 10 英寸）放置新的参考线，按住 Shift 键拖动可以使参考线与更大的增量对齐。

下面将在海报的背景中添加蓝绿色的矩形。由于您刚刚添加了参考线，因此可以知道绘制矩形的大小。在这种情况下，参考线对于沟通需要创建的对象的设计意图是很有用的，特别是当它们将由其他人创建时。

（1）在“图层”面板中，请确保选择了 Background 图层，展开它以便查看其对象列表。

选择 Background 图层是因为要在其上创建一个对象。

（2）选择矩形工具 。

（3）将鼠标指针置于页面区域外出血区域的左上角（用红线标记）。

（4）使用矩形工具向右下方拖动，以便矩形的右下角与页面右侧边缘外的红色出血边缘和刚才添加的水平参考线对齐（图 2.19）。

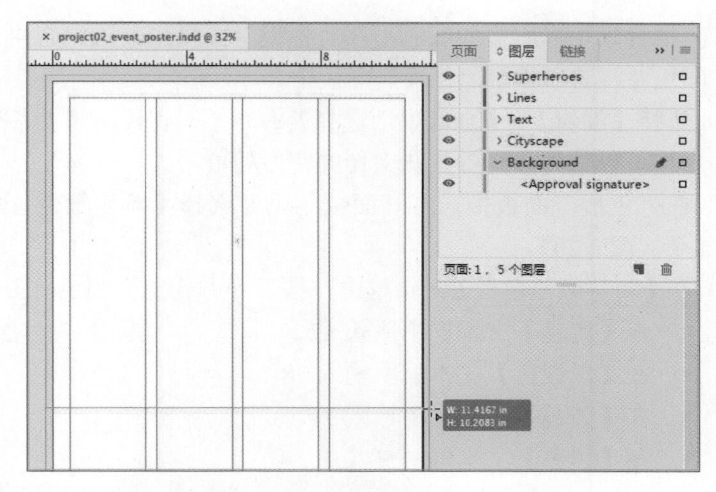

图 2.19 使用矩形工具沿对角线方向拖动以绘制矩形

新矩形添加完成，接下来使用正确的颜色填充它。

2.5 给形状上色

有几种方法可以为对象添加颜色，但是本节先使用“色板”面板为对象添加颜色。可以在“色板”面板中存储颜色和渐变，以便立即将它们应用于对象。也可以使用“颜色”面板来应用颜色，但是使用“色板”面板的优点是可以保存您定义的颜色列表。这样，如果您需要在项目中将颜色应用于各种对象，就不必在“颜色”面板中不断重新创建确切的颜色了。

2.5.1 创建颜色色板

★ ACA 考试目标 4.5

“色板”面板中尚未定义矩形所需的蓝绿色，因此下面将添加蓝绿色色板。

（1）打开“色板”面板，请执行下列操作之一。

- 如果在工作区中可以看到“色板”面板选项卡或其图标，单击它。
- 如果在工作区中看不到“色板”面板选项卡或其图标，选择【窗口】>【颜色】>【色板】命令。

在“色板”面板中看到的初始颜色是默认色板。由于创建文档时选择的是【打印】预设，因此默认色板为 CMYK 颜色模式。

海报背景矩形所需的颜色不在“色板”面板中，因此您将定义该颜色并将其添加至“色板”面板中。

（2）选择【编辑】>【全部取消选择】命令，确保没有选择任何内容（也可以使用选择工具在文档的空白处单击）。

（3）在“色板”面板中，打开面板菜单并选择【新建颜色色板】命令（图 2.20）。

（4）在【新建颜色色板】对话框中，按下列方式定义颜色（图 2.21）。

- 在【青色】文本框中输入 87。
- 在【洋红色】文本框中输入 38。
- 在【黄色】文本框中输入 31。
- 在【黑色】文本框中输入 4。

提示

如果您在“色板”面板中添加了一个色板，稍后又想更改其设置，请双击该色板。

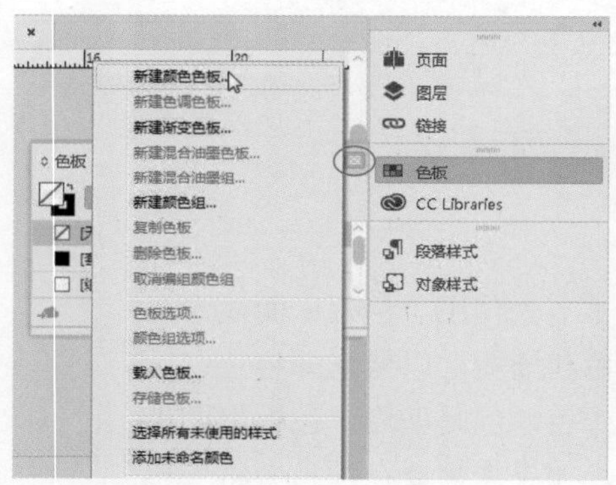

图 2.20 “色板”面板菜单中的【新建颜色色板】命令

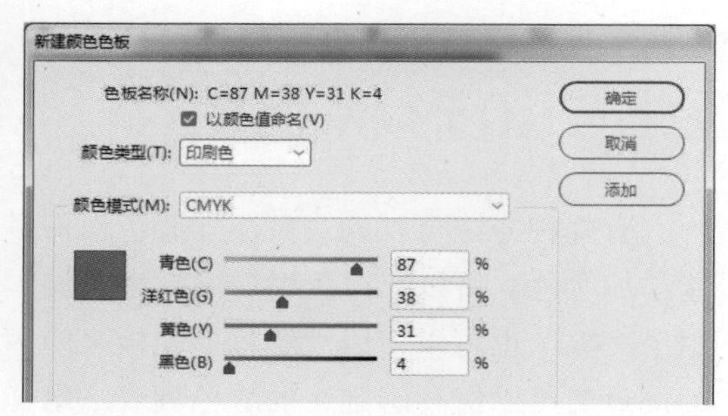

图 2.21 定义颜色

（5）在“色板名称”部分，取消选中【以颜色 值命名】复选框，输入 Dark Teal。

（6）在【新建颜色色板】对话框的底部，取消选中【添加到 CC 库】复选框。

（7）单击【确定】按钮，新的色板会显示在“色板”面板底部（图 2.22）。

您可能已经注意到【新建颜色色板】对话框中有一个【添加】按钮。单击【添加】按钮时，新的色板将被添加到“色板”面板中，并且【新建颜色色板】对话框将保持打开状态，以便您定义更多新

注意

还可以通过单击“色板”面板底部的【新建色板】按钮来创建新的颜色色板。但是除非选择了一个现有色板，否则【新建色板】按钮可能无法单击。单击【新建色板】按钮将复制当前选择的色板，然后可以对其进行编辑。

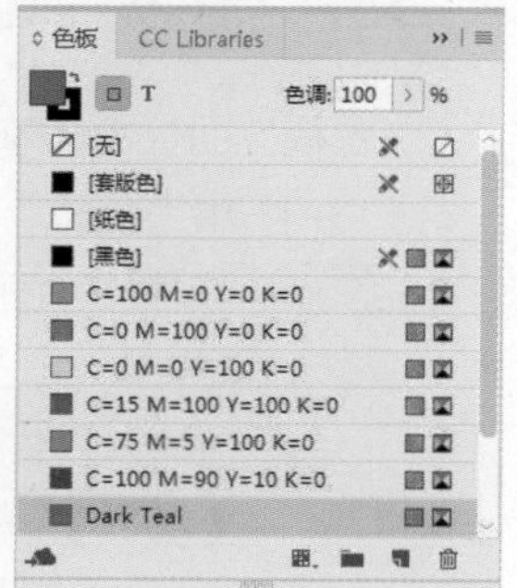

图 2.22 定义的 Dark Teal 色板将被添加到“色板”面板中

的色板。在本例中，Dark Teal是唯一需要添加的色板，因此我们单击【确定】按钮关闭对话框。

2.5.2 为对象应用颜色色板

现在，您已经有了一个矩形对象和一个颜色色板，可以将此颜色色板应用于矩形了。

在 InDesign 中，对象有两个部分。描边是针对对象的轮廓，填色是针对描边包围的区域。在 InDesign 中应用颜色时，填色和描边选项几乎随处可见。

此海报中的矩形当前为黑色描边，没有填色。它需要用蓝绿色填色，不需要描边，因此您需要对其进行设置。

提示

还可以使用控制面板将颜色应用到所选对象，但不是单击【填色】或【描边】图标，而是单击任一图标右侧的箭头并选择色板。

（1）如果您之前绘制的矩形仍未被选中，请使用选择工具选择它。

（2）在“色板”面板中单击“填色”图标，然后选择 Dark Teal 色板（图 2.23）。

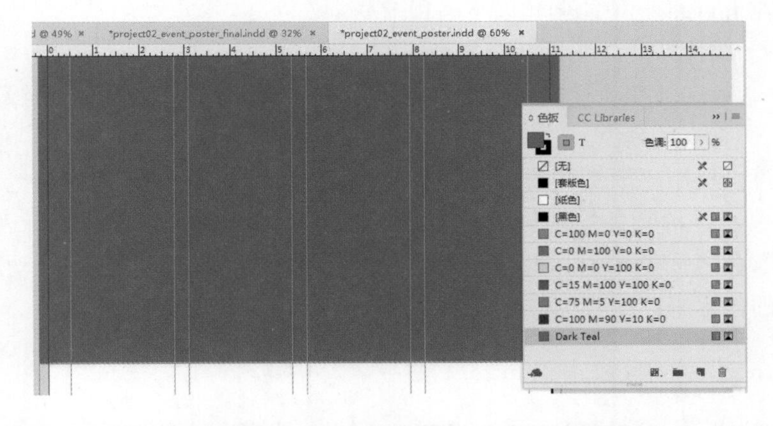

图 2.23 将 Dark Teal 色板作为填色应用于矩形

（3）在“色板”面板中，单击“描边”图标并选择【无】（红色对角线）选项（图 2.24）。

可以使用“色板”面板应用颜色，但在“色板”面板未打开时，使用控制面板很方便。

（4）保存文档。

请记住，应用颜色时，一定要同时检查填色和描边，以免在对象周围留下不需要的细的描边。

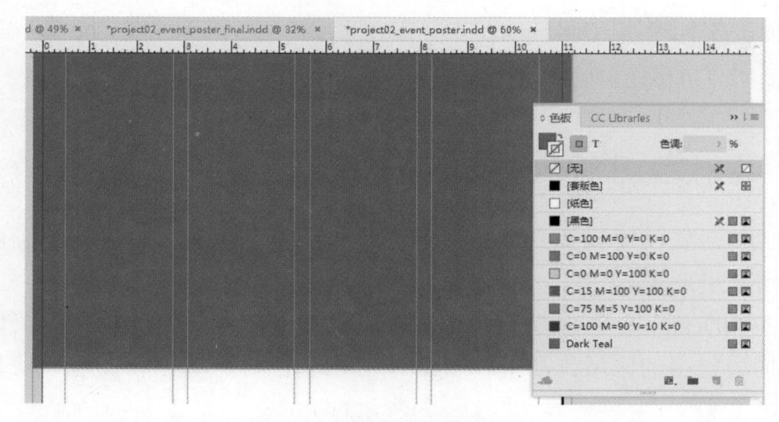

图 2.24 删除矩形的黑色轮廓

2.5.3 为对象应用渐变

渐变是一种流行的设计效果。渐变是从一种颜色到另一种颜色的过渡。在 InDesign 中能创建以下两种渐变。

- 线性渐变。线性渐变是直线的，两端都至少有一种颜色。
- 径向渐变。径向渐变是圆形的，中心至少有一种颜色，边缘至少有一种颜色。

可以使用“渐变”面板为对象应用渐变（图 2.25）。渐变可以包含多种颜色，每种颜色均由位于“渐变”面板底部渐变条下方的色标表示，两种颜色之间的中点由渐变条上方的菱形色标表示。可以通过拖动渐变条上的色标来调整颜色过渡。

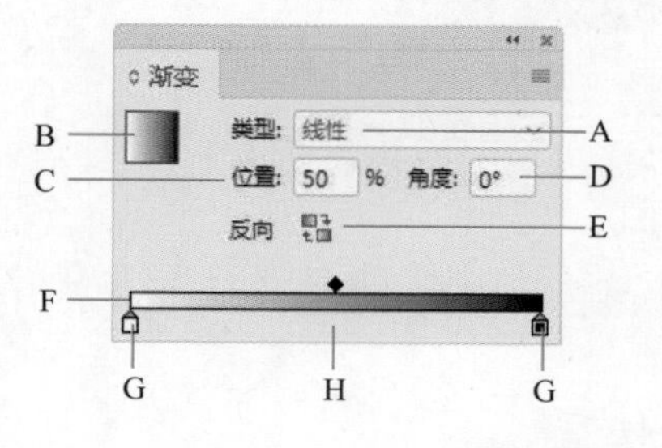

A 渐变类型
B 渐变效果预览
C 所选渐变色标的位置
D 角度（仅限线性渐变）
E【反向】按钮
F 渐变条
G 每种颜色的色标
H 两种颜色中点的色标（已选择）

图 2.25 “渐变”面板

下面将对矩形应用径向渐变，将其中心设置为白色，边缘设置为蓝绿色。

要对矩形应用径向渐变，请执行下列操作。

（1）如果看不到“渐变”面板，请选择【窗口】>【颜色】>【渐变】命令。请确保可以同时看到“渐变”和“色板”面板。

（2）确保工具面板或“色板”面板中的“填色”图标（在“描边”图标前面）处于活动状态。如果它位于“描边”图标的后面，请单击它。

颜色理论基础知识

在 InDesign 中创建颜色的选项取决于文档的交付方式，因为用于定义颜色的颜色模式是基于在设备显示屏上还是在纸上重现文档来变化的。

- RGB 颜色有红色、绿色和蓝色。它由光的原色组成。任何使用灯光捕获或显示颜色的设备都可以使用 RGB 颜色。当专为屏幕设计作品时，例如数字出版、电子书和网站，您应使用 Web 或移动设备文档选项并使用 RGB 颜色。
- CMYK 颜色有青色、洋红色、黄色和黑色，它由印刷中使用的减色法三基色组成。设计印刷作品时，通常会通过组合 CMYK 颜色来建立颜色。
- 印刷色由多种颜色组成。例如，橙色的 CMYK 印刷色可能使用 100% 黄色和 50% 洋红色混合而成（图 2.26）。黄色的 RGB 印刷色可能使用 255 红色和 255 绿色混合而成。在印刷术语中，印刷色总是指 CMYK 颜色的混合。

100% 青色 +100% 黄色 = 绿色

100% 洋红色 +100% 黄色 = 红色

50% 青色 +100% 黄色 = 紫色

50% 洋红色 +100% 黄色 = 橙色

图 2.26 CMYK 颜色混合示例

注意

如果不确定是否将色板定义为印刷色或专色，请咨询印刷公司，否则，请使用印刷色，因为这是大多数彩色文档的打印方式。添加专色可能会增加印刷的成本，并且会更改印刷机的设置方式，因此只能在专业印刷机构的指导下使用专色。

- 与印刷色相反，专色是专为印刷而设计的预混合油墨。例如，潘通色卡配色系统用于定义专色。专色用于需要下列颜色的作品：少于 4 种颜色；准确的徽标和品牌颜色；在彩色印刷过程中无法实现的颜色，例如金属色或清漆色。

本书稍后将详细介绍专色和印刷色。

（3）在“渐变”面板中，单击左上角的“渐变”图标（图 2.27）。

图 2.27 单击“渐变”图标可将渐变应用于所选对象

默认为矩形应用黑白渐变，但这并不是我们想要的，下面对其进行编辑。

（4）仍选择矩形，将 Dark Teal 色板从“色板”面板拖到“渐变”面板中渐变条右侧的色标上（图 2.28）。

如果在释放色板后出现了新的第三个渐变色标，请选择【编辑】>【还原‘渐变’】命令，然后再试一次。但是这一次，请注意渐变条上可能出现的垂直线，这条线意味着该色板将创建一个新的色标。这并不是您想要的，您只是想将色板放到现有的色标上。因此，如果您看到垂直线，请稍微移动鼠标指针，使垂直线消失，但使鼠标指针仍位于所需的色标上。

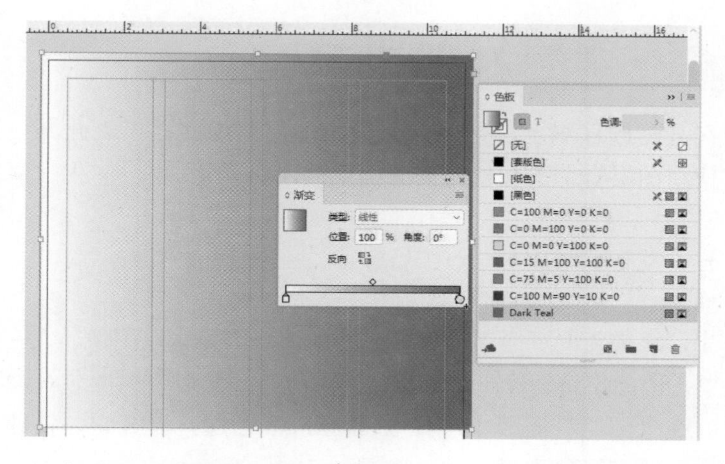

图 2.28 将色板拖到渐变条的色标上

这仍是一个线性渐变，我们希望它是一个径向渐变，接下来会将它更改为径向渐变。

（5）仍选择矩形，在“渐变”面板中打开【类型】下拉列表框并选择【径向】选项（图 2.29）。

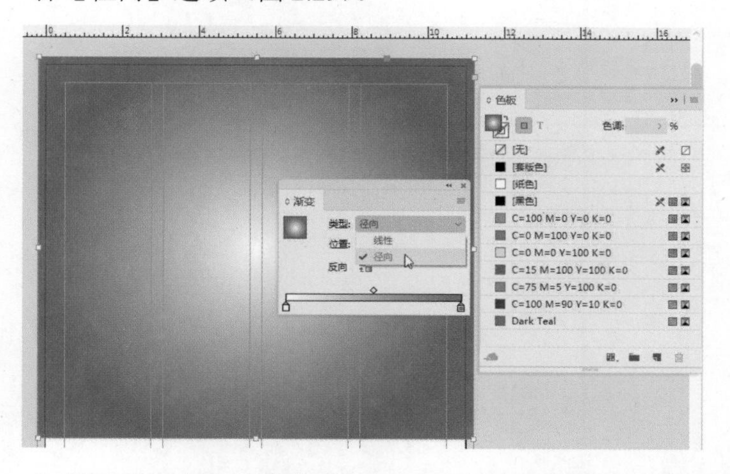

图 2.29 将线性渐变更改为径向渐变

如果要进一步自定义渐变，可以重新定位两个色标或添加更多色标。但是，对于此项目，我们需要的只是位于渐变条两端的两个渐变色标。

（6）关闭或折叠“渐变”和“色板”面板，保存文档。

提示

如果您打算频繁使用“渐变”面板，可以考虑将工作区更改为“高级”工作区，这样做会将“渐变”面板添加到屏幕的停靠面板中。

2.6 为图层分配对象

★ ACA 考试目标 3.1

现在是时候仔细了解一下如何使用图层组织文档了。此海报设计很复杂，使用图层有助于轻松访问版面中的所有元素。

2.6.1 添加导入的图形

首先，您需要向页面添加更多元素。下一个元素是图像，它在版面的特定位置，因此您将创建一个框架作为占位符，然后将图像导入该框架。

（1）在“图层”面板中选择 Background 图层，展开它，以便可以看到所有对象列表。

（2）在“工具”面板中选择矩形框架工具 ☒（不是矩形工具）。

（3）在与之前创建的矩形相同的位置绘制一个相同大小的矩形框架（图 2.30）。

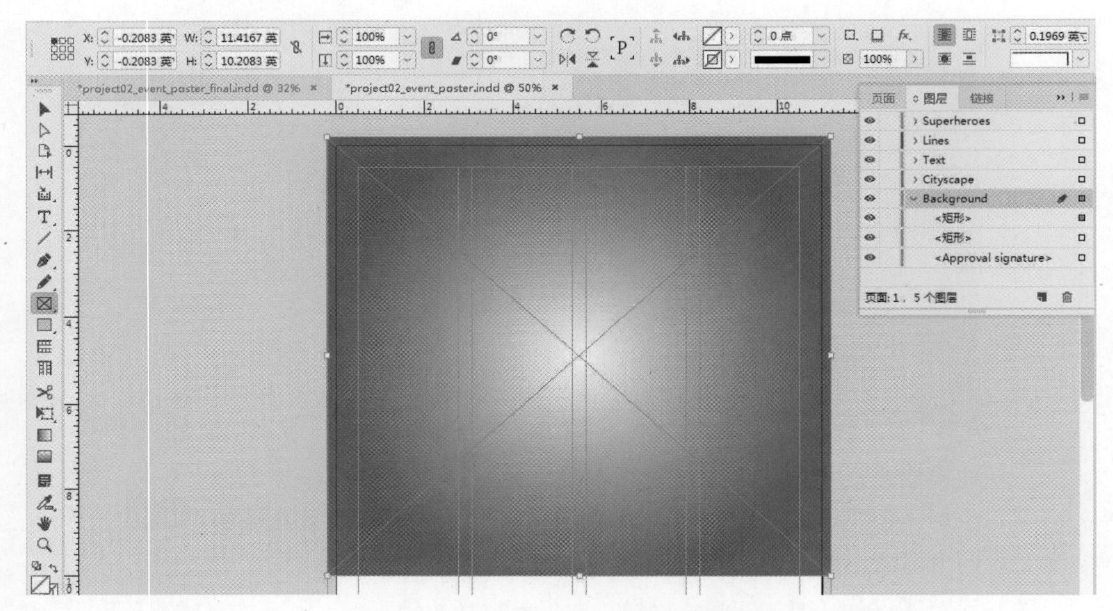

图 2.30 沿着与上一个矩形相同的边距和参考线拖动矩形框架工具

由于新对象是在选择 Background 图层的情况下创建的，因此会在 Background 图层上显示新对象。在“图层”面板中，只要选择了对象，就会在该对象名称右侧显示一个选择点。

框架内的 × 表示它是一个图形框架，这意味着它是将来要添加的图形的占位符。

为了使对象和图层在“图层”面板中更容易识别，可以对其进行重命名。让我们对到目前为止已创建的对象进行重命名操作。

（1）在“图层”面板中，单击创建的矩形框架（它应该是 Background 图层中最顶部的对象），之后再次单击此图层名称（图 2.31），就会突出显示文本。

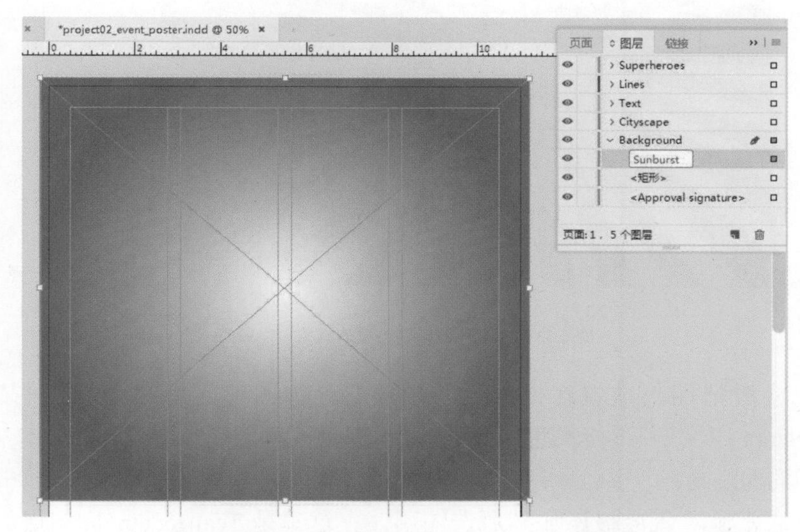

图 2.31 单击所选图层的名称以突出显示要编辑的名称

两次单击之间需要等待几秒钟。第一次单击选择图层，第二次单击突出显示图层名称。

（2）输入文本 Sunburst，按 Enter（Windows）或 Return（macOS）键。

（3）选择 Sunburst 下方的矩形图层，将它命名为 Teal rectangle，按 Enter（Windows）或 Return（macOS）键。

（4）在“图层”面板中，单击 Sunburst 对象右侧的选择点（图 2.32）。如果尚未选择该对象，则单击后会在页面上将其选中，并且该对象的框架和选择点都将用图层颜色突出显示。

图 2.32 在“图层”面板中选择对象可以替代在版面中选择该对象

现在，我们将使用图稿填充作为占位符的图形框架。

（1）仍选择 Sunburst 对象，选择【文件】>【置入】命令。

（2）导航到 Project02-EventPoster 文件夹，然后在 Links 文件夹中，选择文件 proj2_poster_sunburst-lines.eps（图 2.33），单击【打开】按钮。

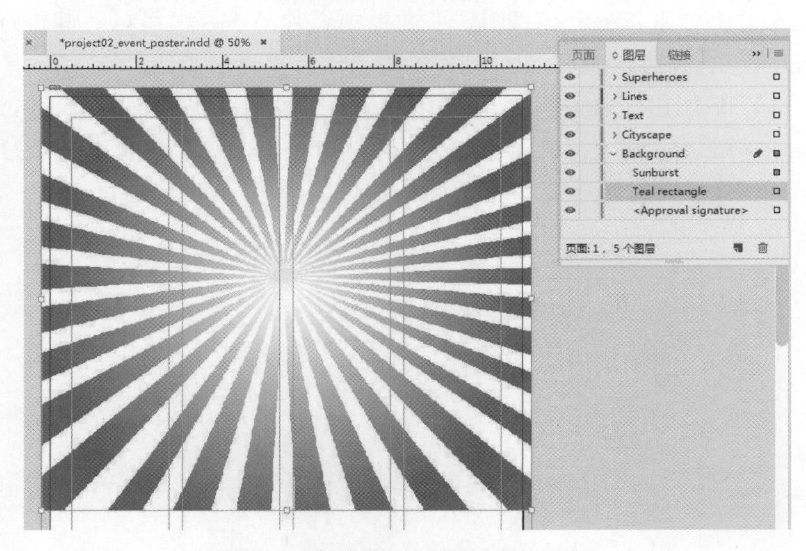

图 2.33 在矩形框架内放置的太阳射线图形

> **提示**
> 在“图层”面板中选择图层和对象时，其显示是不同的。选择的图层在“图层”面板中会突出显示，而选择的对象会在版面中以一个突出显示的选择点来显示。

下面把图形放置在框架内并填充它。该图形采用 EPS（被封装的 PostScript）格式，该格式通常用作基于矢量的图稿的交换格式，例如本章中使用的剪贴画。

通常，对象会被添加到所选图层，在这里是 Teal rectangle 图层。但是，太阳射线图形位于 Sunburst 图层上，因为它被置入了该图层的图形框架内。这是一个微妙而重要的区别。

如果您使用 Illustrator 创建矢量插图，则无须将插图另存为 EPS 格式，只需以 Illustrator 格式（AI）保留 Illustrator 图稿，即可直接将其置入 InDesign。由于 AI 格式没有 EPS 格式的某些限制，因此 AI 格式的图稿不仅更容易置入，使用起来也更轻松且更可靠。

★ ACA 考试目标 2.5

★ ACA 考试目标 3.1

★ ACA 考试目标 4.4

2.6.2 了解图形格式

尽管您可以在 InDesign 中完成大部分设计工作，但是图像和图形通常是单独创建并作为单独的文件提供给您的。

基于像素的图像（例如照片或照片合成）是使用数码相机捕获、扫描或在照片编辑程序（例如 Photoshop）中编译的。矢量图形（例如绘图、卡通、徽标或技术绘图）是在绘图程序（例如 Illustrator）中创建的。构成矢量图形的形状和线条是用数学方式绘制的，能将图形缩放到不同的大小而不会降低质量。这意味着矢量图形与分辨率无关。相反，基于像素的图像的质量取决于其大小和图像分辨率，其单位为像素每英寸（ppi）。

InDesign 支持导入 Photoshop 和 Illustrator 的文件，以及其他一系列图像和图形文件格式。

对于像素图像（图 2.34），InDesign 通常支持的文件格式有以下几种。

- Photoshop 本机文件（PSD）：PSD 文件可能包含透明度、图层和图层组合（图层可见性、外观和位置的快照）。可以在 InDesign 中启用或禁用图层和图层组合。

图 2.34 放大此照片图像时，单个像素就会显现出来

- 标记图像文件格式（TIFF）：TIFF 文件可以压缩，并且可以包含图层和透明度。
- 联合图像专家组文件（JPEG）：一种压缩的文件格式，会大大减小文件的大小。JPEG 格式不支持透明度、图层或专色，因此应谨慎使用，因为高压缩率可能会导致图像品质严重下降。JPEG 格式通常用于 Web 图像。

对于矢量图形（图 2.35），常见的格式有以下几种。

- Illustrator 本机文件（AI）：AI 格式支持透明度和图层，导入后，可以在 InDesign 中启用或禁用图层。导入时，可以选择任何可用的 Illustrator 画板进行导入。Illustrator 文件以 Adobe PDF 格式显示在 InDesign 的"链接"面板中。

图 2.35 放大此超级英雄的插图时，线条和形状始终保持清晰，始终以完整的设备分辨率显示

- 被封装的 PostScript（EPS）：一种较旧的文件格式，不支持透明度，并且正在逐步被淘汰。您会看到这种格式在标牌行业中使用，并且和一些较旧的分页系统（例如报纸）一起使用来放置广告。矢量插图在矢量形状中是完全不透明的，但在由矢量形状定义的区域之外是透明的。
- 便携式文档格式（PDF）：一种与平台无关的文档格式，可以使用 Adobe Acrobat Reader 来查看。PDF 文件能嵌入图像和图形以及字体。在 InDesign 中支持该格式作为导入格式。但是，它更常用来作为从 InDesign 导出的成品的格式以交给印刷机构，或者提供文档的兼容版本以供常规查看。

快捷键

如果在导入（置入）图形（图像）时，用鼠标指针单击页面而不是拖动页面，则图像将以 100% 大小放置在该位置。

这些文件格式适用于印刷出版，也可以用于数字出版。除 JPEG 格式外，网页设计不支持此处讨论的文件格式。设计网页时常用的文件格式是 JPEG、PNG 和 GIF。

透明度

当视觉元素不再不透明时，就会创建透明度。例如，将不透明度级别从 100%（不透明）更改为 50% 时，就创建了透明度。透明对象下面的元素是可见的。此外，为对象应用效果（如阴影）也会创建透明度。第 3 章将详细介绍透明度和效果。

2.6.3 调整对象大小和添加效果

置入图形时，无论是否预先绘制图形，图形始终存在于框架中。如果您未事先绘制图形，则置入的图形会带有一个与图形大小匹配的容纳框。

下面将调整刚置入的太阳射线图形的大小以适应其框架，并通过更改其效果设置来调整其外观。

由于置入的图形始终存在于框架中，因此在调整大小时请格外小心。如果仅拖动选定图形的拐角手柄，则实际上是在调整其框架的大小，因此调整图形大小需要使用其他方法。下面将介绍一些不同的方法来调整图形框架及其内容的大小。

提示

使用内容收集器的另一种方法是在工具箱中选择直接选择工具。直接选择工具会绕过框架，使您可以直接访问其内容。绘制路径和形状时，直接选择工具会绕过对象级别，以使您可以直接访问点和路径。

（1）如果未选择 Sunburst 对象，则单击框架中除框架中心以外的任何位置选择它。

（2）向外拖动任何拐角手柄（图 2.36）。

这样做调整了图形周围的框架的大小，能显示图形的更多内容，但图形本身是不变的。这并不是我们想要的，因此需要再尝试一次。

（3）选择【编辑】>【还原‘调整项目大小’】命令，这次将选择工具放置在框架的中心，此时会显示内容收集器（图 2.37）。

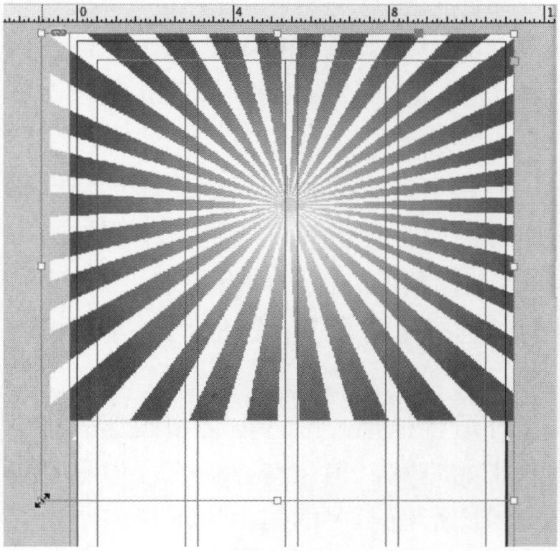

图 2.36 使用选择工具调整图形框架的大小

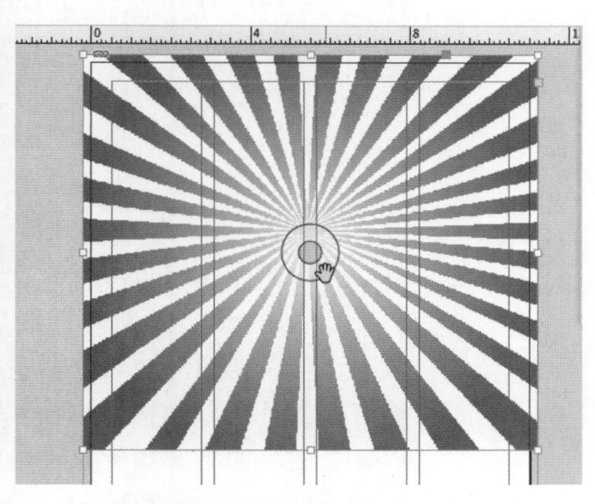

图 2.37 要选择图形框架内的内容，请在看到内容收集器后单击

显示内容收集器后，单击它会影响框架的内容（在本例中为 Sunburst 图形）而不是框架。

（4）单击内容收集器，出现另一个更大的框架（图 2.38）。这次选择的是图形（内容）而不是框架。如果现在拖动其中一个手柄，则调整的是图形而不是框架的大小（可以尝试执行此操作，但如果这样做了，稍后请选择【编辑】>【还原‘调整项目大小’】命令还原图形）。

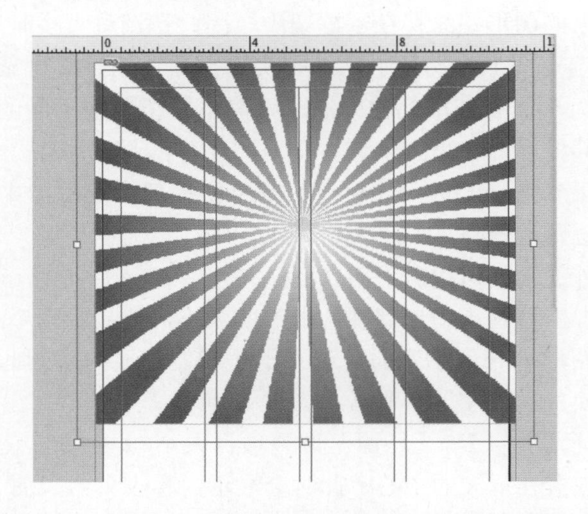

图 2.38 框架内的内容（Sunburst 图形）比框架大，因此选择内容会显示一个比其框架更大的图像框架

拖动框架手柄时，是否可以同时调整框架及其内容的大小？可以，方法是按住 Ctrl（Windows）或 Command（macOS）键，同时拖动框架的任意一个手柄（也可以同时按住 Shift 键按比例调整大小）。

手动调整大小是可以的，但在本例中，我们只想让图形与框架完全匹配，因为框架是作为页面特定区域的占位符绘制的。幸运的是，InDesign 有一种自动调整的方法，如下所述。

（5）选择 Sunburst 图形或框架，选择【对象】>【适合】>【使内容适合框架】命令（图 2.39）。

这可以使图形的高度和宽度正好适合框架。因为框架和图形的比例略有不同，所以调整后的图形比原来的略宽，稍微有点失真，但这是可以接受的。如果您想保持原始比例的图形而不在框架中留下任何空白区域，可以选择【对象】>【适合】>【按比例填充框架】命令。

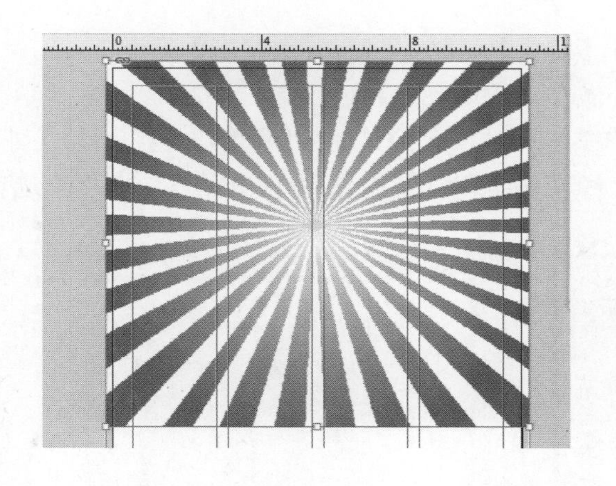

图 2.39 选择【使内容适合框架】命令可以使图像内容的 4 个边与框架的 4 个边完全匹配

2.6.4 应用效果

为图像应用效果会很有趣，但是过度使用效果有时会造成印刷问题。InDesign 有一系列适合印刷出版的效果，也可以转换为网页设计或移动设备出版。

一种更有用且流行的效果是不透明度，其中 100% 不透明度是完全不透明的，而 0% 不透明度是完全透明的。

要将不透明效果应用于 Sunburst 图形，请执行下列操作。

（1）请确保选择了包含 Sunburst 图形的框架。如果仍选择了内容，请按 Esc 键，直到看到框架以图层颜色显示（图 2.40）。

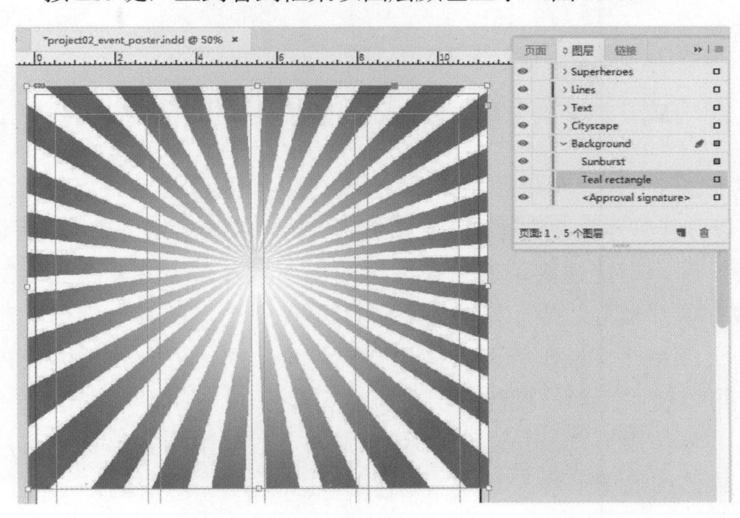

图 2.40 选择了包含 Sunburst 图形的框架

（2）选择【对象】>【效果】>【透明度】命令。

这样做会打开【效果】对话框（图 2.41），并显示【透明度】选项。在这里可以看到其他效果，例如【投影】【外发光】【内发光】和【斜面和浮雕】，这里仅介绍【透明度】选项。

图 2.41 “透明度”是其中一个可以应用的图形效果

（3）请确保选中了【预览】复选框，以便在更改时可以实时查看更改效果。

（4）将【不透明度】更改为 10%，单击【确定】按钮。

降低了不透明度后，Sunburst 图案看起来更暗淡，蓝绿色的背景会透过它显现出来。

（5）保存文档。

2.7 使用路径查找器创建形状

★ ACA 考试目标 4.5

在 InDesign 中，可以使用“路径查找器”面板和命令来组合两个或多个形状以创建新形状。这通常比徒手绘制一个完整的形状更简单、更快速。

海报设计指定超级英雄站在地球的顶部。海报中并没有显示整个地球，只有顶部部分。为了减少混乱，将不使用地球的其他部分。与完美地绘制圆弧相比，绘制椭圆和矩形会更简单一些，并且使用路径查找器工具，可以使用矩形从椭圆中切出所需的部分。

下面将使用 InDesign 绘制工具绘制的一些基本形状组合起来，为海报创建局部的地球形状。首先，创建形状，请执行下列操作。

（1）从水平标尺上向下拖出一个参考线，当鼠标指针旁边的 Y 转换值表明该参考线距页面顶部 8.5 英寸时（图 2.42），释放鼠标左键。

（2）在工具面板中，选择椭圆工具 。

（3）在页面底部拖动创建一个椭圆形，确切的大小并不重要。

（4）选择此椭圆，在控制面板中，单击“填色”图标旁边的箭头，为其应用黑色色板（图 2.43）。

（5）在控制面板中，单击“描边”图标旁边的箭头，应用【无】色板以删除椭圆的轮廓线。

（6）在控制面板中，将所选椭圆的宽度（W）设置为 17 英寸，将高度（H）设置为 10 英寸。

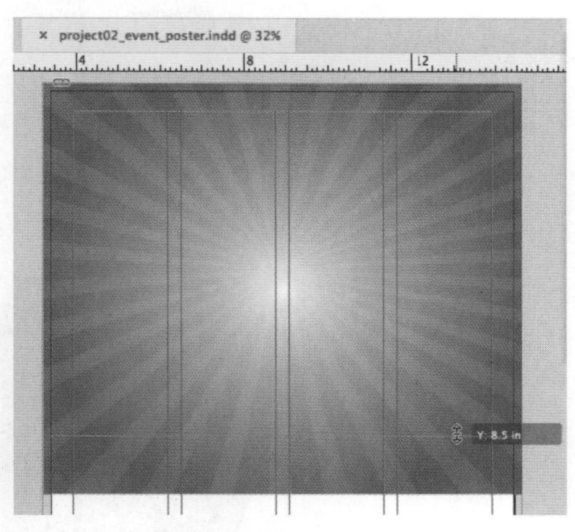

图 2.42 添加水平参考线

（7）使用选择工具拖动黑色椭圆以使其顶部与在第 1 步中添加的参考线对齐，这样椭圆的中心在页面上是水平居中的（图 2.44）。

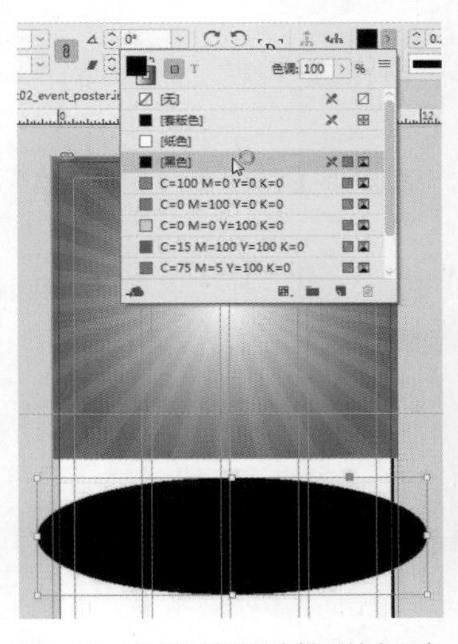

图 2.43 使用控制面板为椭圆填充黑色

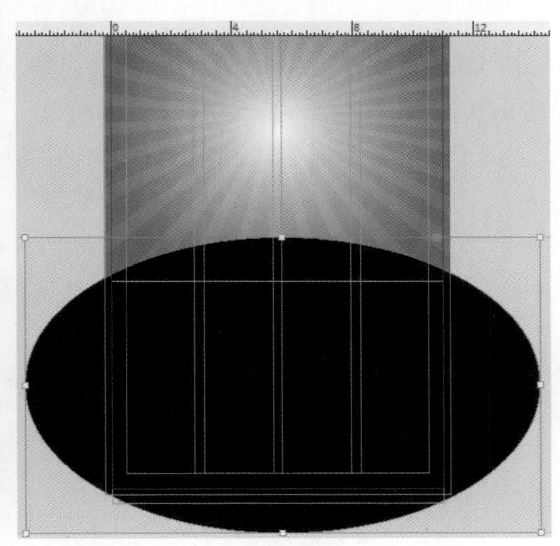
图 2.44 放置椭圆

将椭圆拖到页面的水平中心附近时，会临时出现一条垂直的洋红色参考线。这是智能参考线，仅当您拖动一个对象使其与另一个对象或页面对齐时才会显示。智能参考线有助于您对齐对象，这样之后就不必再使用其他对齐功能了。您可以通过选择【视图】>【网格和参考线】>【智能参考线】命令来禁用或启用智能参考线。

接下来，您将添加一个形状，该形状将在应用路径查找器后修改椭圆。

（8）在工具面板中，选择矩形工具，在粘贴板上拖出一个矩形，从椭圆左侧边缘外开始，直到矩形右侧边缘与出血区的左侧边缘相交，然后释放鼠标左键（图 2.45）。

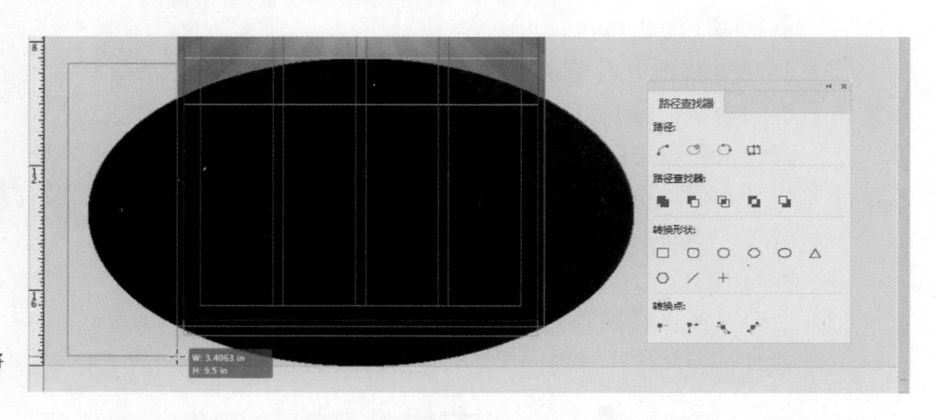

图 2.45 绘制一个将用于修改椭圆的矩形

绘制了两个重叠的形状后，就可以将“路径查找器”面板中的工具应用于它们了。

（1）如果看不到“路径查找器”面板，请选择【窗口】>【对象和版面】>【路径查找器】命令。

（2）如果仍选择了矩形，则按住 Shift 键，使用选择工具单击椭圆，以同时选择两个形状。

（3）在“路径查找器”面板中，单击【减去】按钮（图 2.46）。这会从后面的形状（椭圆）中减去前面的形状（矩形）。

（4）以同样的方法在椭圆的右侧和下方绘制矩形，从椭圆右侧和下方减去矩形（图 2.47）。

（5）在“图层”面板中，单击椭圆对象，单击名称以突出显示，将它重命名为 Globe，然后按 Enter（Windows）或 Return（macOS）键。

（6）关闭“路径查找器”面板，保存文档。

组合使用矩形形状和“路径查找器”面板的【减去】按钮，可以从椭圆中切除不需要的部分，留下真正想要的形状。

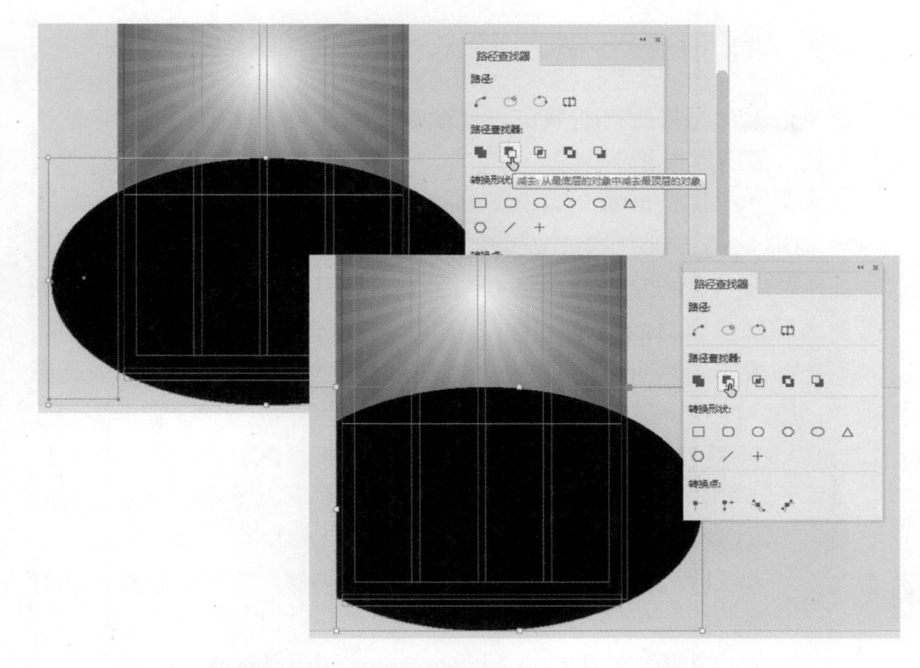

图 2.46　在“路径查找器”面板中单击【减去】按钮

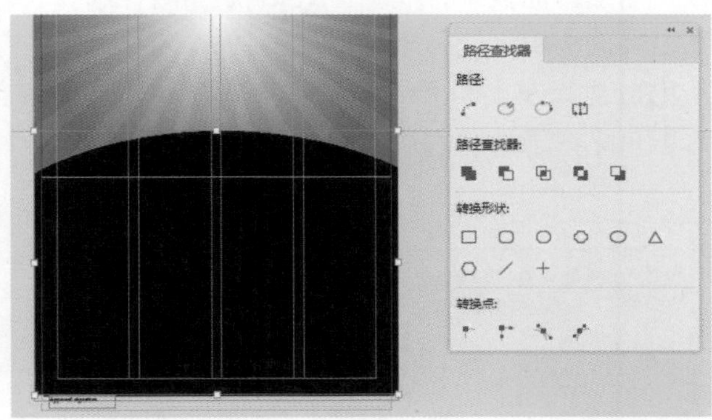

图 2.47　从椭圆中减去矩形后的效果

2.8　移动、缩放和锁定对象

★ ACA 考试目标 4.4

现在是时候向版面中添加更多的对象了，但是考虑到整体情况，您可能不会在版面上放置一个图形，然后进行下一步操作。您需要让该图形适合整页排版，将它移动到适当的位置，并在必要时缩放它（更改其大小）。

2.8.1 添加城市景观图形

让我们添加海报所需的城市景观图形。即使是一个单页的设计，使用几个导入的图形也并不少见。

（1）在“图层”面板中，如果还未展开 Background 图层，则单击 Background 图层名称左侧的显示三角形将其展开。

若您希望保护 Background 图层上的现有对象不被意外更改，则可以启用 Background 图层锁定开关，但是这也会阻止您解锁 Background 图层上的单个对象。为此，最好解锁 Background 图层，单独锁定该图层上的每个对象。

（2）在“图层”面板中，在图层名称左侧的锁图标列中，单击以锁定 Background 图层上的每个对象，但不要锁定 Background 图层本身（图 2.48）。

请注意，在“正常”屏幕模式下，“图层”面板中被锁定的对象会在其框架上显示锁图标。

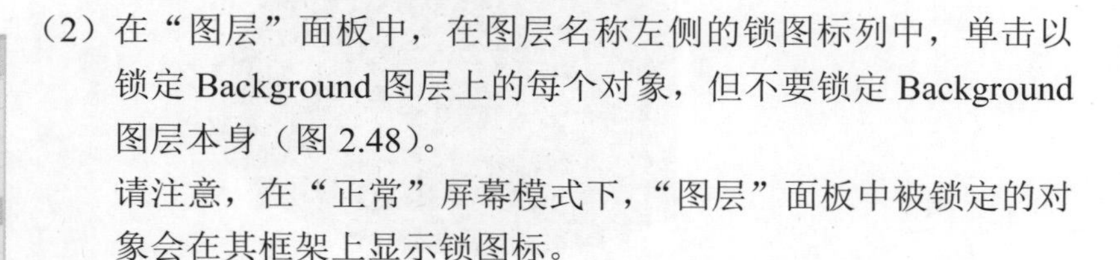

图 2.48 为下一个任务设置“图层”面板

（3）在“图层”面板中，展开 Cityscape 图层并选择它。

（4）在工具面板中，选择矩形框架工具。

（5）从出血边缘左上角开始，向右下方拖动矩形框架工具，直到右下角略低于地球右边缘结束的位置（图 2.49）。

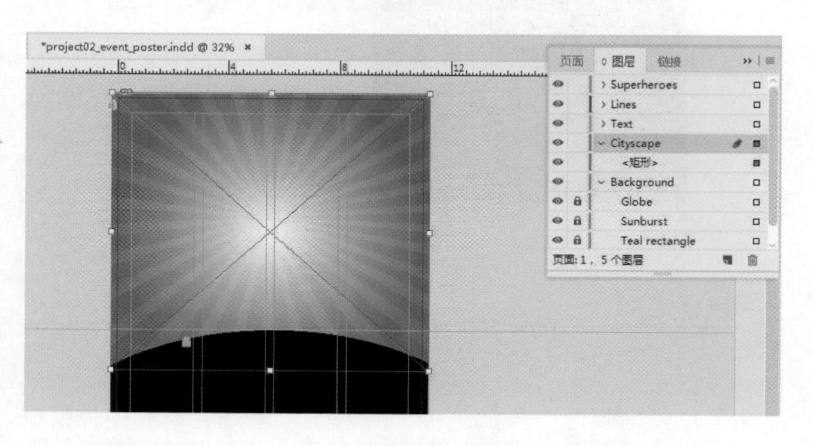

图 2.49 为下一张图像绘制一个占位符图形框架

（6）仍选择新的矩形框架，选择【文件】>【置入】命令。

（7）在【置入】对话框中，导航到 Links 文件夹，选择文件 proj2_poster_city-back.eps，单击【打开】按钮（图 2.50）。

文件被置入所选图形框架中，但还需要调整一下位置。

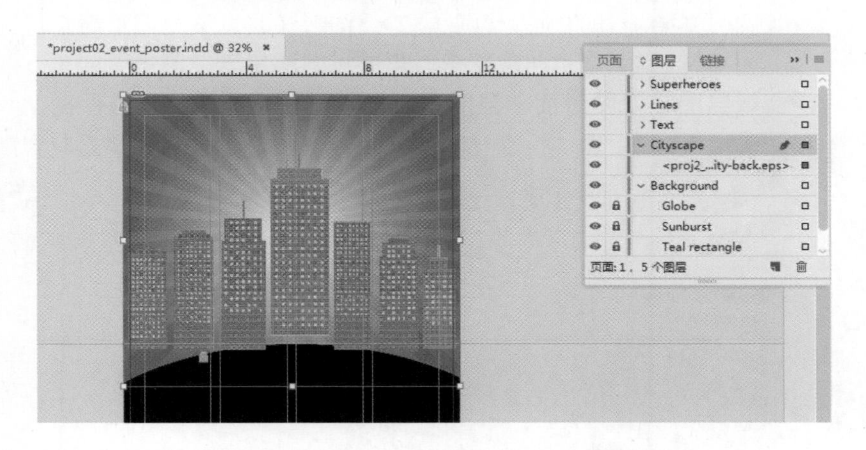

图 2.50 置入图形框架内的第一个城市景观图像

接下来将调整置入图像的大小，请执行下列操作。

（1）请确保选择了图像内容而不是图形框架。

请记住，可以通过以下方式选择图形框架内容：将选择工具放置在框架中心，单击显示的内容收集器（或者使用直接选择工具在框架内单击）。

（2）选择【对象】>【变换】>【缩放】命令。

（3）在【缩放】对话框中，执行下列操作。

- 确保选中了【预览】复选框，以便可以看到所做的更改。
- 确保链接开关是启用的，这表示在更改宽和高的值时会保持其原始比例（换句话说，高和宽是链接在一起的）。
- 在【X 缩放】文本框中输入 94%，并按 Tab 键以应用该值（图 2.51）。

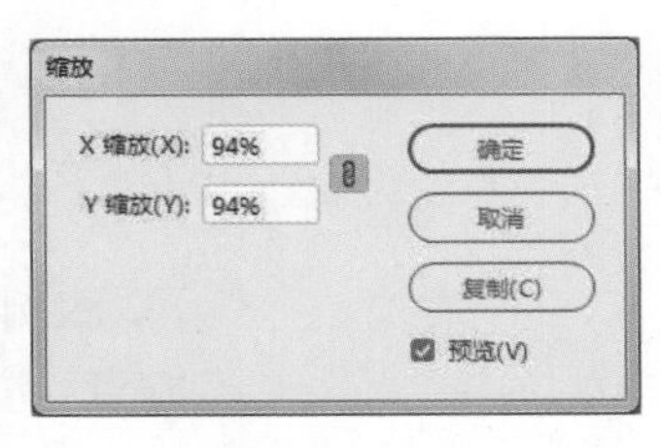

图 2.51 使用【缩放】对话框调整第一个城市景观图像的大小

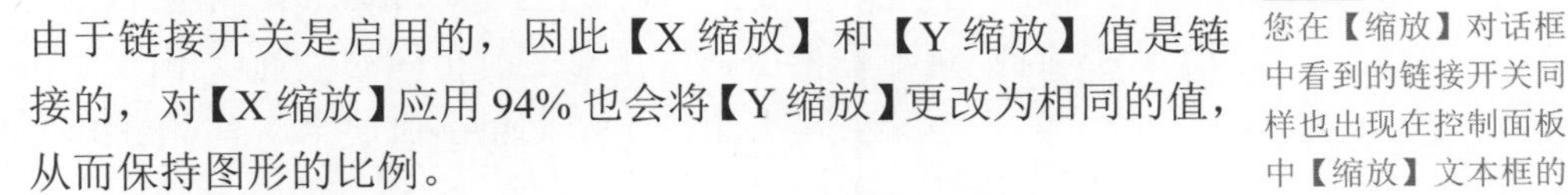

由于链接开关是启用的，因此【X 缩放】和【Y 缩放】值是链接的，对【X 缩放】应用 94% 也会将【Y 缩放】更改为相同的值，从而保持图形的比例。

（4）单击【确定】按钮。

图形是按比例缩放的。校正尺寸后，该重新放置图形了。

（5）将选择工具移至城市景观图形的中心，这样内容抓取器圆圈就

提示

您在【缩放】对话框中看到的链接开关同样也出现在控制面板中【缩放】文本框的旁边，并具有相同的功能：在更改 H 和 W 值时，保持图形的原始比例。

会出现，然后拖动城市景观图形，直到它的底部边缘大致位于圆弧开始上升的地方（图 2.52）。图形在其框架内已重新定位。

提示 当您无法在版面中选择对象时，请检查“图层”面板以查看该对象是处于锁定状态还是位于锁定的图层上。解锁该对象以便能够选择它。

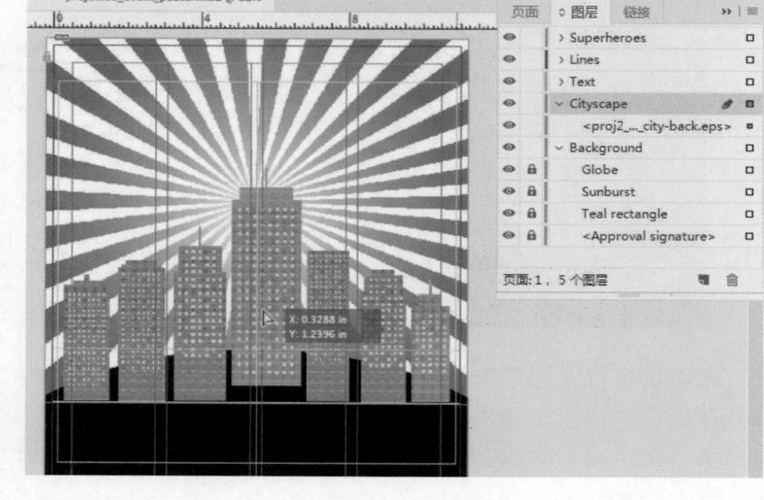

图 2.52 重新定位第一个城市景观图像

可以切换到“预览”屏幕模式，查看修剪后设计的外观，这样会不显示参考线和视觉辅助工具，城市景观图形在地球后面看起来会更好。请执行下列操作。

（1）在“图层”面板中，单击解锁 Globe 对象以便选择它。

（2）在“图层”面板中，将 Globe 对象向上拖动，直到它出现在城市景观图形的上方（图 2.53）。

本例中我们还为此海报指定了另一个城市景观图形，接下来将其添加至页面中。

（1）切换到“正常”屏幕模式，以便可以看到参考线和视觉辅助工具。

（2）在“图层”面板中，确保选择了 Cityscape 图层。

（3）选择矩形框架工具，在与之前相同的位置以相同大小绘制一个矩形框架（左上角位于左上角出血边缘，右下角稍低于地球右边缘结束的位置）。

图 2.53 更正对象堆叠顺序

（4）仍选择新的矩形框架，选择【文件】>【置入】命令。

（5）在【置入】对话框中，导航到 Links 文件夹，选择文件 proj2_poster_city-front.eps，单击【打开】按钮。

（6）将选择工具移至城市景观图形的中心，这样内容抓取器圆圈就会出现。拖动城市景观图形，直到它的底部边缘与黑色地球重合，让该图形与另一个城市景观图形略微偏离，以便让两个图形看起来更自然、更有层次感（图 2.54）。

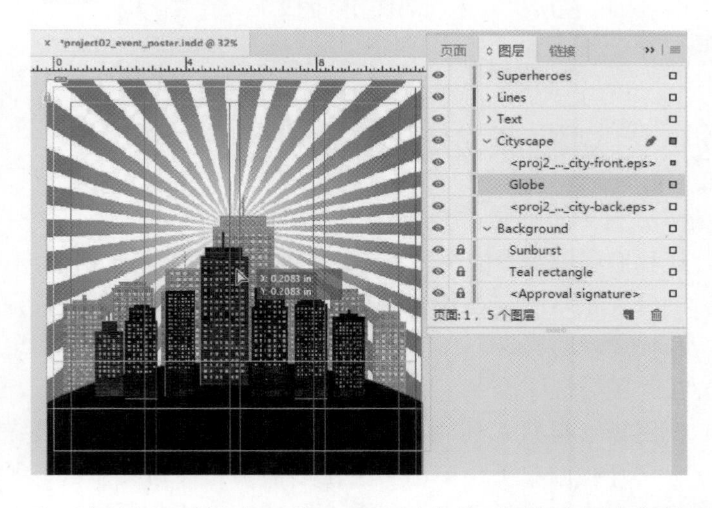

图 2.54 重新定位另一个城市景观图像

（7）在“图层”面板中，将 Globe 对象拖动到两个城市景观图形的上方。因为如果城市景观图形的底部位于地球弧线之后，看起来会更自然一些（图 2.55）。

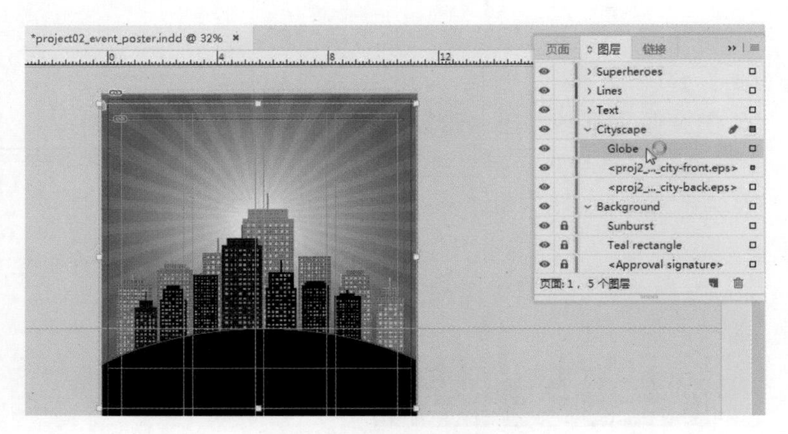

图 2.55 更改对象堆叠顺序

提示

要取消选择所有内容，可以单击页面或粘贴板的空白区域，只要您确定其中没有任何内容即可。如果不确定，则选择【编辑】>【全部取消选择】命令或按 Crl + Shift+A（Windows）或 Cmd+Shift+A（macOS）组合键更为保险。

（8）选择【编辑】>【全部取消选择】命令。

您已经完成了 Background 和 Cityscape 图层的编辑，为避免这两个图层上的对象被意外更改，请锁定这两个图层。

（1）在“图层”面板中，在 Background 图层的锁图标栏单击以启用锁定开关，对 Cityscape 图层执行相同的操作（图 2.56）。

（2）保存文档。

图 2.56 锁定 Background 和 Cityscape 图层

2.8.2 为文档添加超级英雄图形

将图形放置到页面上并进行调整，现在应该已经成为常规操作了。接下来，让我们利用获得的经验将超级英雄图形添加到文档中。

（1）确保“正常”屏幕模式处于活动状态，以便您可以看到参考线和视觉辅助工具。

（2）在“图层”面板中，请确保选择了 Superheroes 图层。

（3）使用矩形框架工具，从页边距（而不是出血或页面边缘）的左上角开始向右下角拖出一个矩形框架，直到底部水平参考线与第二列的右边距相交的位置（图 2.57）。换句话说，矩形框架应该覆盖前两列，而不进入页边距或中间列间隙。

（4）选择新的矩形框架，选择【文件】>【置入】命令。

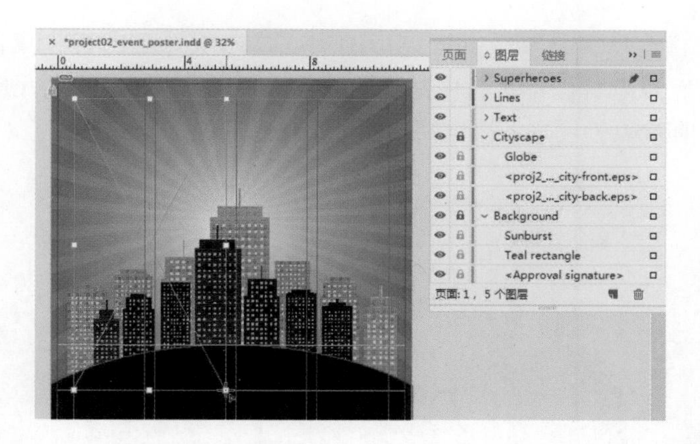

图 2.57 为女性超级英雄图形绘制占位符框架

（5）在【置入】对话框中，导航到 Links 文件夹，选择文件 proj2_superhero-female_2020.eps，单击【打开】按钮。女性超级英雄图形被置入所选的图形框架中（图 2.58）。

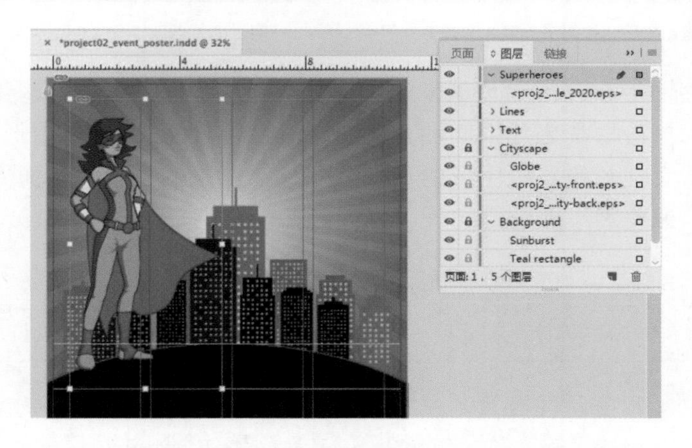

图 2.58 女性超级英雄图形位于指定的图形框架中

（6）使用矩形框架工具，拖出一个矩形框架，矩形框架应覆盖第二列到底部水平参考线的区域，而不进入页边距或中间列间隙。换句话说，它应该与之前的图形框架相同，但位于海报的另一侧。

（7）仍选择新的矩形框架，选择【文件】>【置入】命令。

（8）在【置入】对话框中，导航到 Links 文件夹，选择文件 proj2_superhero-male-2020.eps，单击【打开】按钮。男性超级英雄图形被置入所选的图形框架中（图 2.59）。

现在，我们将调整两个图的大小和位置。它们都需要变小一些以便更有效地进行组合。

（1）将选择工具移至女性图形的中心，出现一个内容收集器，单击它以选择图形框架中的图形内容（女性图形）。

（2）拖动女性图形，直到其双脚停留在底部的水平参考线上（图 2.60）。

图 2.59 男性超级英雄图形被置入其图形框架中

图 2.60 重新定位女性超级英雄图形

女性超级英雄图形需要调整大小，但这一次将使用控制面板来缩放图形。

（3）单击框架底部中间的点（图 2.61）。这样做会固定图形的底部，女性超级英雄图形的双脚会保持在原来的位置，从而方便进行调整大小操作。

注意

在第 4 步中调整大小之后，“X 缩放百分比”和“Y 缩放百分比”文本框可能会显示 100% 而不是 96%，如果发生这种情况，是因为选择的是图形框架而不是其内容。

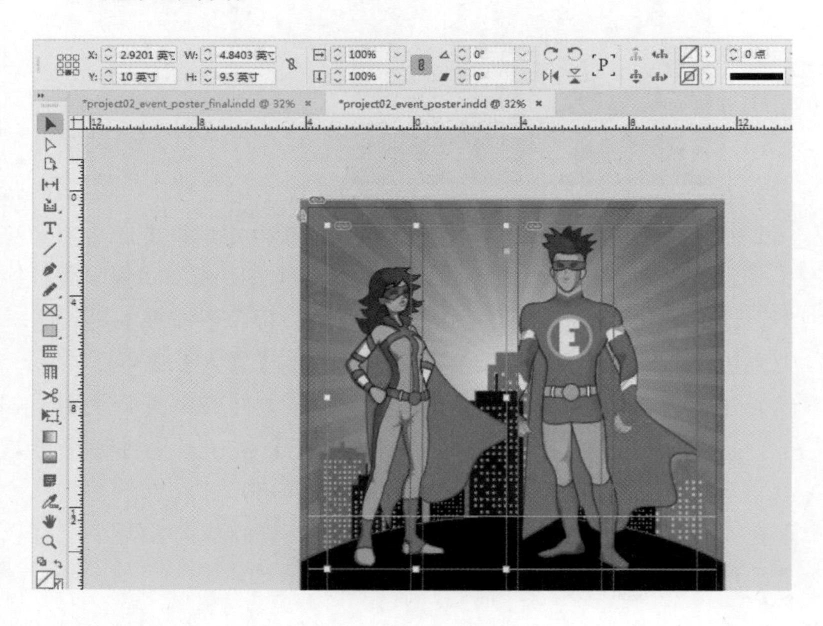

图 2.61 调整女性超级英雄图形的大小

（4）在控制面板中，请确保【X 缩放百分比】和【Y 缩放百分比】字段旁边的链接开关是启用的（用于约束比例），在【W】文本框中输入 96%，然后按 Enter（Windows）或 Return（macOS）键。仔细检查女性图形的边缘，如果重新定位图形导致隐藏了女性图形的任意边缘，是因为它们（尤其是其斗篷的右下角）滑到了图形框架的边缘下，请执行第 5 步，否则请执行第 6 步。

（5）仍选择女性超级英雄图形，按 Esc 键以选择其图形框架，拖动此框架的任意一角以再次显示女性图形的隐藏区域。

（6）对男性图形重复执行第 1 步到第 4 步。

（7）选择【编辑】>【全部取消选择】命令。

（8）保存文档。

提示

如果第 5 步让您感到困惑，选择图形框架的另一种方法是取消选择所有内容（【编辑】>【全部取消选择】），然后使用选择工具单击图形框架。

2.9 添加文本

在 InDesign 中，与始终将图形添加到图形框架内的方式类似，可以始终将文本添加到文本框架内。

此海报设计指定了文本以多种颜色显示，因此在添加文本之前，需要为文本颜色设置一些色板。

2.9.1 设置色板

★ ACA 考试目标 4.2

由于本例制作的是印刷海报，因此该文档的所有色板都将使用 CMYK 印刷色。但是，如何知道要输入多少颜色值来设置特定颜色呢？您在计算机显示器上看到的颜色并不总是能够准确地表示这些颜色在打印时的显示效果，因此准确指定印刷色的最佳方法是参考印刷的色板。这些色板展示了印刷的颜色样本以及产生这些颜色的 CMYK 值。专色也有类似的色板，但是专色色板没有指定 CMYK 印刷色，而是展示了实际混合的油墨颜色在印刷时的样子。

接下来添加文本所需的色板，您将使用多种方式来定义色板。

要使用 CMYK 值创建色板，请执行下列操作。

（1）在“色板”面板（【窗口】>【颜色】>【色板】）中，从“色板”

面板菜单中选择【新建颜色色板】命令，使用下列值定义颜色。

- 在【青色】文本框中输入 10。
- 在【洋红色】文本框中输入 91。
- 在【黄色】文本框中输入 100。
- 在【黑色】文本框中输入 18。

（2）取消选中【以颜色值命名】复选框，输入名称 Dark Red（图 2.62）。

（3）取消选中【添加到 CC 库】复选框，单击【确定】按钮。新色板将出现在“色板”面板中。

许多配色方案基于设计中所用图像的重要颜色。您可以不必知道这些颜色的颜色值就使用它们，因为您可以通过对文档（甚至导入的图形）中的任何颜色采样来轻松创建新的色板。现在，将根据超级英雄服装中的颜色来创建色板。

若要通过对图像中的颜色进行采样来定义色板，请执行下列操作。

（4）在工具面板中，选择吸管工具 。它与颜色主题工具是一组的，如果您无法立刻找到它，则它可能隐藏在该工具组中。将鼠标指针放在颜色主题工具上，按住鼠标左键显示工具组，选择吸管工具（图 2.63）。

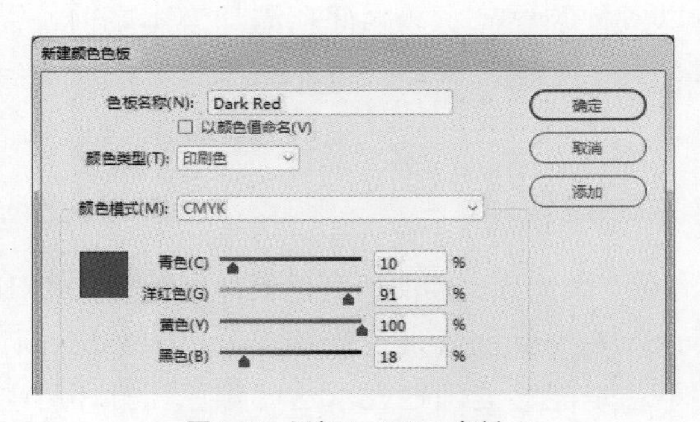

图 2.62 添加 Dark Red 色板

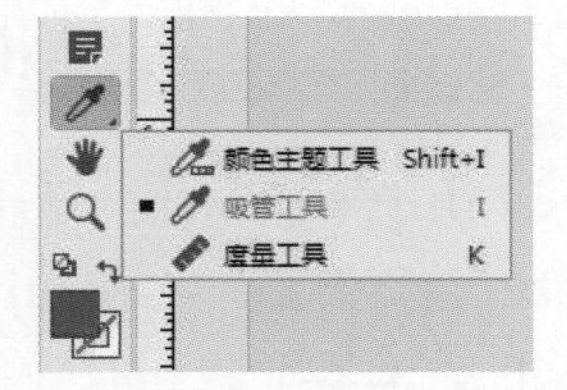

图 2.63 选择吸管工具

（5）从男性超级英雄图形大腿上部对浅蓝绿色取样（图 2.64）。如果出现一个关于低分辨率 RGB 代理的警告信息，单击【确定】按钮。

（6）在“色板”面板中，从其面板菜单中选择【新建颜色色板】命令，这会根据当前颜色创建一个新色板（图 2.65）。

“色板”面板中的色板名称表明它是使用 RGB 颜色值定义的。但是此文档使用 CMYK 值，因此需要转换颜色值。幸运的是，这只需要一点时间。

图 2.64　对文档中图形的颜色进行采样

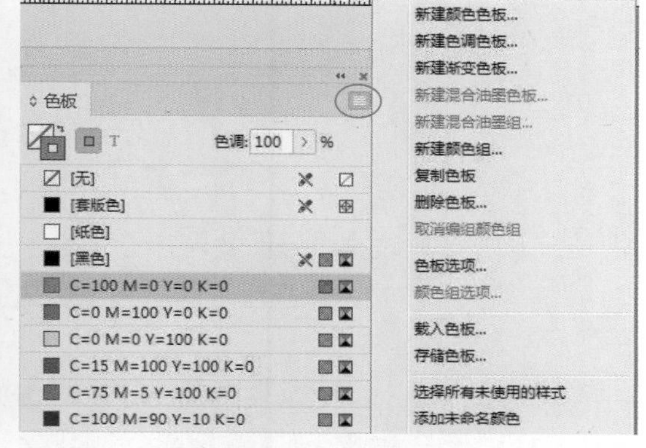

图 2.65　选择【新建颜色色板】命令后创建了新的颜色色板

（7）双击刚才创建的色板，从【颜色模式】下拉列表框中选择 CMYK。取消选中【以颜色值命名】复选框，在【色板名称】文本框中输入 Light Blue。

接下来从服装中对另一种颜色取样。重复第 4 步至第 7 步，这次使用吸管工具对男性超级英雄服装上字母 E 的黄色取样，并创建一个名为 Light Yellow 的 CMYK 色板。

2.9.2　添加文本框架并设置文本格式

要将文本添加到超级英雄下方的空白区域，需要绘制文本框架，用文本填充它们，在文本框架之间添加线条，然后对一系列文本字符应用不同的填色。

要将第一个文本框架添加到海报底部，请执行下列操作。

（1）将鼠标指针放在水平标尺上。

（2）从标尺向下拖动水平参考线，当鼠标指针旁边的 Y 转换值表明参考线距离页面顶部 10.5 英寸时，释放鼠标左键以将参考线放到页面上（图 2.66）。

（3）使用文字工具，拖出一个文本框架，从第一列的右边缘与刚绘制的水平参考线相交的位置开始，直到文本框架高 3 英寸并与最后一列的左侧边缘对齐为止（图 2.67）。

图 2.66 为文本框架添加一条水平参考线

图 2.67 创建第一个文本框架

绘制完文本框架并释放鼠标左键后，文本框架中会出现一个闪烁的插入点，可以在这里开始输入内容。但首先要为将要输入的内容设置一些选项。

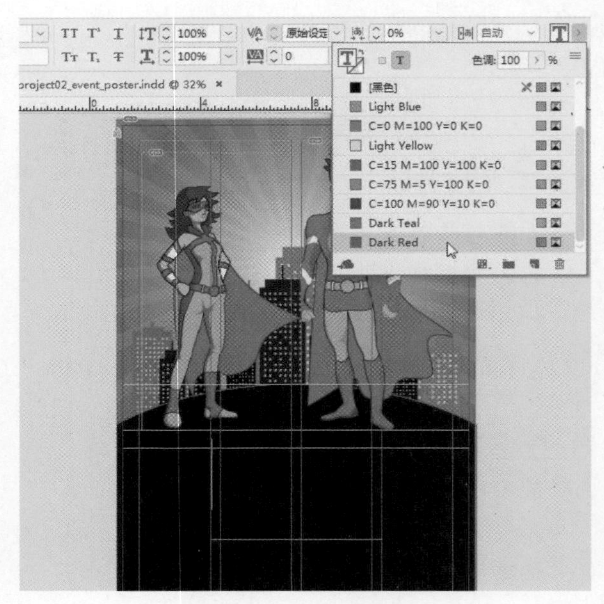

图 2.68 在控制面板中设置字体规格

（4）在控制面板中，设置下列选项（图 2.68）。

- 从字体下拉列表框中，选择 Poplar Std（或另外一种粗显示字体）。
- 将字体大小设置为 136 点。
- 单击“填色”图标旁边的箭头，选择 Dark Red 色板。

（5）使用文字工具，在文本框架中单击，输入 EMPIRE（图 2.69）。

（6）在控制面板中，单击【全部强制双齐】按钮（图 2.70）。

InDesign 提供段落文本的对齐方式和间距调整。对齐选项将段落中的所有行与文本框架的左侧、中心或右侧对齐（与边缘的确切间距可能取决于其他设置，例如段落缩进）。

间距调整选项会自动调整段落文本行中字符的间距，以便段落的左右两侧分别与文本框架的左右边缘对齐。

图 2.69　输入文本

图 2.70　单击【全部强制双齐】按钮以使文本字符占满整个文本框架的宽度

（7）使用文字工具，在文本 EMPIRE 后单击，按 Shift+Enter（Windows）或 Shift+Return（macOS）组合键换行。如果忘记该快捷键，还可以选择【文字】>【插入分隔符】>【强制换行】命令。

（8）在控制面板中，将字体大小设置为 70 点。

（9）使用文字工具，输入 COMICCON2020（图 2.71）。

两行文字之间有很多空间，因此可以通过调整行距值（即两行之间的垂直间距）来减少间距（如果要调整整个文本段落之间的间距，请改为调整段落间距）。当前在控制面板中看到的行距值位于括号中，表明这是自动行距，如果更改文字大小，该值也会改变。您将手动设置一个行距值，该值将不再自行更改。

（10）选中文本 COMICCON2020，在控制面板中，将行距值设置为 66 点（图 2.72）。

图 2.71　输入第二行文本

图 2.72　设置行距值以减少行间距

2.9.3　对文本应用颜色

现在是时候将之前创建的色板应用于刚刚输入的文本了，请执行下列操作。

（1）选择文本 COMICCON。

（2）在控制面板中，单击“填色”图标旁边的箭头，从菜单中选择 Light Yellow 色板（图 2.73）。

（3）选择文本 2020，在控制面板中单击“填色”图标旁边的箭头，选择 Light Blue 色板（图 2.74）。

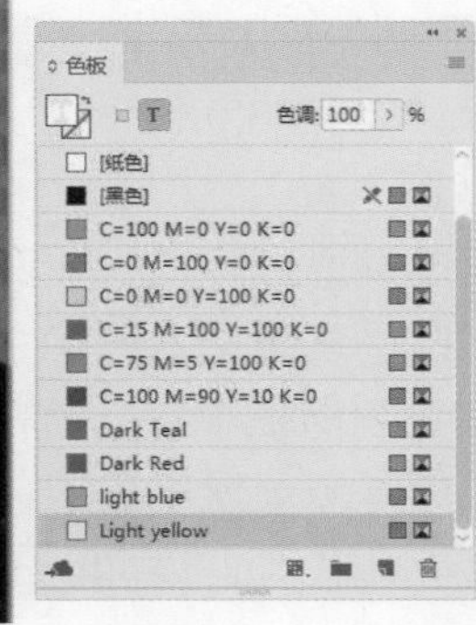

图 2.73　将 Light Yellow 色板应用于所选文本

图 2.74　文本 COMICCON 的填色为 Light Yellow，而文本 2020 的填色为 Light Blue

使用 TYPEKIT 字体

计算机的操作系统附带了一组字体，并且在安装 InDesign 时 Creative Cloud 安装程序会为其添加更多字体。为了使您的设计与众不同、脱颖而出，您可能会经常寻找新字体。作为 Creative Cloud 会员，您可以使用可在网页和桌面设计中使用的 Adobe Typekit 字体，其中许多字体也可供台式机和移动设备使用（某些学校和组织的计算机可能无法使用 Adobe Typekit 字体）。

要在设计中使用 Typekit 字体，请选择【文字】>【从 Typekit 添加字体】命令，还可以从控制面板或“字符”面板的字体下拉列表框中选择【从 Typekit 添加字体】选项。您可以预览文体效果，查看不同的粗细和样式，并且如果要使用字体，请单击【同步】或【全部同步】按钮，这样字体将同步到您的计算机，您可以在 InDesign 和其他应用程序中使用它们。

提示

尽管您在计算机显示器上看到的颜色并不总是能够准确地表示这些颜色在打印时的显示方式，但是使用高级颜色管理方法（例如显示校准和软打样）能生成更接近的颜色。询问专业印刷机构，看他们是否有关于 InDesign 工作流程中哪种方法更有效的建议。

（4）通过单击最后一个字符并按向右箭头键，确保该文本框架中没有更多的内容。如果闪烁的文本插入点移动到下一行，则按 Backspace（Windows）或 Delete（macOS）键，直到文本插入点位于 2020 后，并且仍在同一行。

（5）选择【对象】>【适合】>【使框架适合内容】命令（图 2.75）。这将拉起文本框架的底部边缘，直到其与最后一行文本的底部相接为止，这是一种立即消除文本框架末尾多余空间的方法。

图 2.75 清除文本框架中的多余空间

如果还有一行空文本，则选择【使框架适合内容】命令将会保持打开文本框架。

（6）使用文字工具，在 COMIC 和 CON 之间单击并输入一个空格，也在 CON 和 2020 之间添加一个空格（图 2.76）。

图 2.76 添加空格以使单词更清楚

2.10 移动文本和调整文本大小

★ ACA 考试目标 4.2

要完成海报，还需要添加几行文本以及一些用作构图元素的水平线。

（1）如果文档处于“预览”屏幕模式，请切换到“正常”屏幕模式。

（2）使用任何您喜欢的方法（例如缩放显示工具，【视图】菜单中的放大命令或这些命令的快捷键），放大并滚动文档窗口，将焦点放在现有文本下面的空白区域。

（3）在“图层”面板中，展开 Text 图层。请注意，Text 图层不包含任何对象。

创建文本框架时，选择了 Superheroes 图层，因此在该图层上创建了文本框架。

（4）在“图层”面板中，将创建的文本框架从 Superheroes 图层拖动到 Text 图层上（图 2.77）。

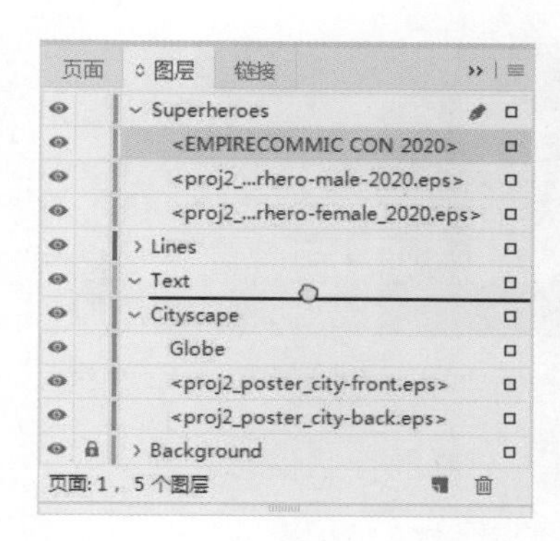

图 2.77 更改对象堆叠顺序

接下来，在 Lines 图层上绘制一条线。

（1）在“图层”面板中选择 Lines 图层。

（2）在“工具”面板中，选择直线工具 ／ 。

（3）在“控制”面板中，设置下列选项（图 2.78）。

- 单击“描边”图标旁边的箭头，从出现的菜单中选择 Dark Red 色板。
- 单击“填色”图标旁边的箭头，选择【无】色板。
- 将描边宽度设置为 2 点。

图 2.78 在“控制”面板中设置对象格式

（4）将直线工具移动到文本框架下面，与文本框架开始的位置在同一列参考线上，按住 Shift 键并拖动以绘制一条与文本框架宽度相同的线条（图 2.79）。

图 2.79 在文本框架下方绘制一条线

接下来创建的文本框架将包含有关会展的一些信息。

（1）选择 Text 图层。

（2）选择文字工具，然后在线条下绘制一个新的文本框架，该文本框架的宽度与其上方的线条和文本框架相同，并且高约 0.66 英寸（图 2.80）。

图 2.80 创建另一个文本框架

（3）在“控制”面板中，设置下列选项。

- 从字体下拉列表框中，选择 Poplar Std Black（或另一种粗字体）。
- 将字体大小设置为 33 点。
- 单击“填色”图标旁边的箭头，选择 Light Yellow 色板。
- 单击【全部强制双齐】按钮以启用它。

（4）使用文字工具，在文本框架中单击并输入 @PEACHPIT CONVENTION CENTER（图 2.81）。

（5）使用选择工具，双击文本框架底部的中间手柄。这是使文本框架适合文本内容的快捷方式，可消除底部未使用的空间（图 2.82）。

海报设计要求在该文本框架下再画一条线，但不用从头绘制，复制已经画好的线就可以了。

（1）将选择工具移动至您在两个文本框架之间绘制的线条上。

图 2.81　输入位置信息

（2）按住 Alt（Windows）或 Option（macOS）键，同时将线条向下拖动到第二个文本框架的下方（图 2.83）。当间距与您绘制的直线的间距相等时，将出现智能参考线。

与在其他图形程序中一样，按住 Alt（Windows）或 Option（macOS）键并拖动对象可以复制并移动对象，这比再次绘制同一对象会更快一些。

图 2.82　删除未使用的空间

图 2.83　拖动线条的副本

接下来添加另一个文本框架。

（1）选择 Text 图层。

（2）使用文字工具，绘制一个宽度相同且高 1 英寸的文本框架。

（3）在控制面板中，设置下列选项。

- 从字体下拉列表框中，选择 Poplar Std Black（或另一种粗显示字体）。

- 将字体大小设置为 42 点。
- 单击“填色”图标旁边的箭头，选择 Light Blue 色板。
- 单击【全部大写字母】按钮以选择它（图 2.84）。
- 单击【全部强制双齐】按钮以启用它。

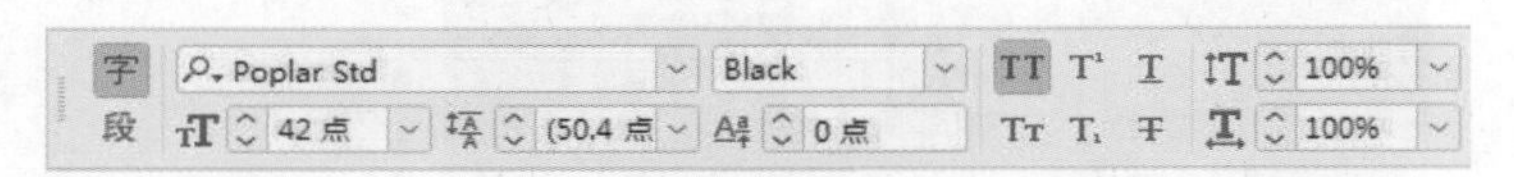

图 2.84 “全部大写字母”功能会使所有字符都是大写的，即使未使用 Shift 或 CapsLock 键也是如此

（4）使用文字工具，输入 September 30-October 1。由于启用了“全部大写字母”功能，因此即使输入的是小写字母，该文本也将以大写字母显示。

（5）使用选择工具，双击文本框架底部中间的手柄以折叠底部的空白区域。全部文本到这里就输入完成了（图 2.85）。

图 2.85 全部文本输入完成

完成海报设计之前，还需要再创建一个文本框架。

（1）在日期下方绘制一个宽度与日期文本框架相同且高约 0.5 英寸的文本框架（图 2.86）。

（2）在控制面板中，设置下列选项。

- 从字体下拉列表框中，选择 Poplar Std Black（或另一种粗体字体）。
- 将字体大小设置为 31 点。

图 2.86 添加网址

- 单击“填色”图标旁边的箭头，选择 Light Yellow 色板。
- 单击【全部大写字母】按钮以取消启用它。
- 单击【全部强制双齐】按钮以启用它。

（3）输入底部文字。

（4）使用文字工具，选择底部文本框架中的字符 EMPIRE。在“色板”面板中，确保“填色”图标处于启用状态，然后单击 Light Blue 色板。

（5）使用文字工具，选择底部文本框架中的字符。在“色板”面板中，确保“填色”图标处于启用状态，然后单击 Light Blue 色板（图 2.87）。

（6）保存文档。

图 2.87 为所选的字符应用 Light Blue 色板

提示

如果要关闭文本框架底部或图形及其框架之间的空白区域，请选择它们，然后双击底边中间的手柄，这是【对象】>【适合】>【使框适合内容】命令的快捷方式。

您已经完成了海报！最后，您可以通过切换到“预览”屏幕模式并缩小以使页面适合窗口来检查工作。

2.11 打包完成的项目以便输出

★ ACA 考试目标 5.2

海报设计完成后，您就可以将其发送给专业印刷机构了。但是，不能只发送 InDesign 文档，还必须发送印刷机构可能没有的所有组件，包括文档中使用的所有字体和导入的所有图形。导入到 InDesign 中的图形实际上不会复制到文档文件中，相反，InDesign 会生成一个用于版面的小预览图像，并保留指向文档外部原始文件的链接。

幸运的是，您不必记录所有这些文件。InDesign 可以自动收集和打包所有内容，以确保文档能成功进行打印。

要将文件打包并发送给专业印刷机构，请执行下列操作。

（1）在 InDesign 文档打开的情况下（在本例中指海报），选择【文件】>【打包】命令，打开【打包】对话框（图 2.88）。

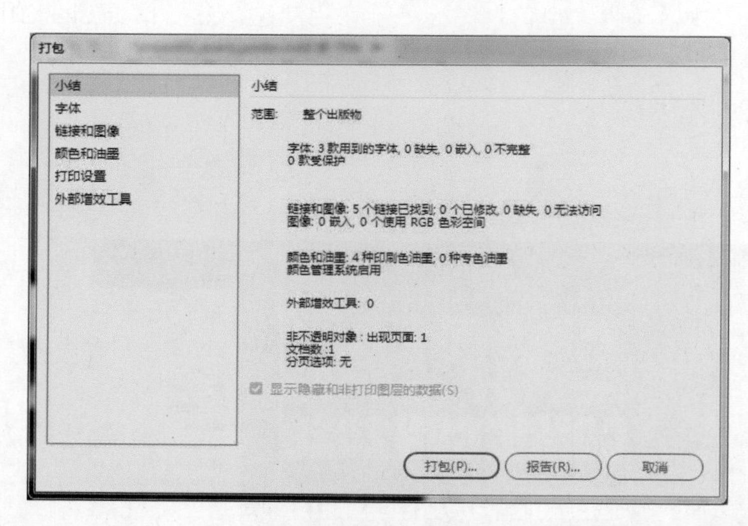

图 2.88 【打包】对话框

【打包】对话框包含几个选项卡，这些选项卡涵盖了商业印刷作业的不同内容。可以单击每个选项卡以查看其中的内容：

- 小结。该选项卡概述了打包过程的状态。具体地讲，它将指出字体缺失、颜色不一致，以及其他潜在的制作问题。

- 字体。该选项卡显示字体使用的详细信息，帮助您确定潜在的问题。例如，如果商用打印机需要使用 OpenType 字体，则【字体】选项卡中的【文字】列将清楚地识别任何未经批准的字体格式。
- 链接和图像。该选项卡列出了导入的图形以及原始文件链接的状态。例如，如果【状态】列表示缺少链接的图形，则该图形将无法以高分辨率打印，必须先找到该图形，然后才能继续执行作业。
- 颜色和油墨。该选项卡列出了打印文档中使用的颜色所需的油墨。这是很重要的，因为使用的油墨必须与印刷机设置的油墨匹配，不匹配的油墨设置可能导致返工。
- 打印设置。该选项卡列出了 InDesign 中【打印】对话框的当前设置。查看此设置可以帮助您了解针对商业印刷服务所用的打印机如何更改打印设置。
- 外部增效工具。使用增效工具创建 InDesign 文档时，该选项卡很有用，因为在专业印刷机构印刷文档时可能需要使用这些增效工具。

（2）单击【打包】按钮，会弹出【打印说明】对话框（图 2.89）。

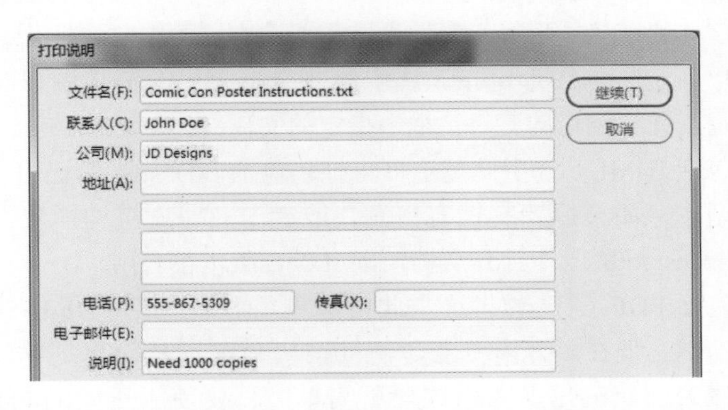

图 2.89 【打印说明】对话框

【打印说明】对话框是另一个工具，可以帮助您与专业印刷机构进行明确的沟通。您应该填写该表格，尤其是您的联系信息，以及印刷机构应了解的任何注释或其他细节，但还是建议您在最终移交文档之前与专业印刷机构讨论确定重要的细节。

（3）单击【继续】按钮，会弹出【打包出版物】对话框（图 2.90）。

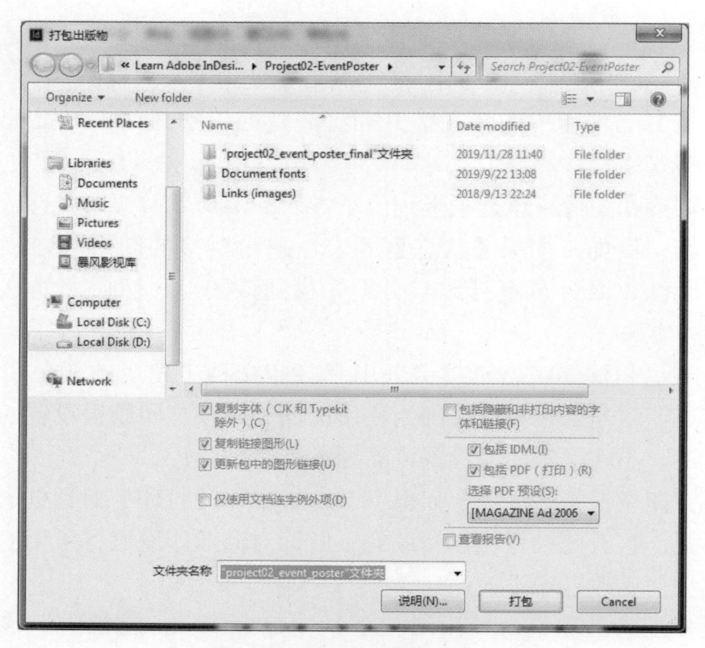

图 2.90 【打包出版物】对话框

这是一个标准的保存对话框，但有额外的选项，下面是一些要点。

- 复制字体、复制链接图形。选中这两个复选框将会打包文档中的字体或链接图形等元素，通常需要选中这两个复选框。
- 更新包中的图形链接。选中此复选框会更改链接图形文件的路径，使它们指向此对话框中指定的文件夹。
- 包括 IDML。选中此复选框将打包包括 InDesign 标记语言的文档副本。如果原始文档有问题，或者专业印刷机构需要在另一个 InDesign 版本中打开文档，则 IDML 版本很有用。
- 包括 PDF（打印）。选中此复选框将打包包括 PDF 格式的文档副本。现在，许多专业印刷机构从 PDF 文件而不是 InDesign 文件中创建输出，因为这样更简单：只要使用正确的 PDF 预设，所有内容都在一个优化的文件中。如果专业印刷机构喜欢输出 InDesign 文档，则 PDF 版本可用做参考，印刷机构可以将打印的内容与 PDF 文档进行比较。
- 选择 PDF 预设。可以设置 PDF 预设以精确匹配专业印刷机构的工作流程，从而确保输出成功。如果专业印刷机构将从 PDF 打印，则必须确认使用哪个 PDF 预设。他们会告诉您选择哪个预设，或者向您发送与其制作设备和设置相匹配的预设。

- 说明。这是您打开【打印说明】对话框的第二次机会，以防您忘记了某些内容。

在实际工作中，在继续之前，您需要仔细检查此对话框中的设置，并确保它们符合专业印刷机构推荐的设置，因为他们可能要求选择特定的选项。

（4）导航到您希望 InDesign 在其中创建包含打包文件的新文件夹的文件夹，然后单击【打包】按钮。InDesign 会收集打包所需的所有组件。

（5）在您的计算机上，打开创建的打包文件夹，然后打开其中的 PDF 文件（图 2.91）。

图 2.91 【打包】对话框创建的 PDF 文件

要替换文档的 PDF 版本，请执行下列操作。

（1）返回 InDesign 海报文档，该文档仍然在 InDesign 中打开。

（2）选择【文件】>【导出】命令。

（3）在【导出】对话框中，确认文件名（稍做更改），确保选择【Adobe PDF（打印）】格式，然后单击【保存】按钮，出现【导出 Adobe PDF】对话框（图 2.92）。

图 2.92 【导出 Adobe PDF】对话框

将 PDF 提交给印刷机构

可以使用不同的质量导出 PDF，InDesign 附带的 PDF 预设提供了一个很好的起点。无论选择哪种预设，都可以嵌入字体和图像，并完美地体现您的设计。

InDesign 提供了以下 PDF 导出预设。

- 高质量打印：保留透明度，并保持文档颜色不变，适用于台式打印机或校样设备打印。
- 印刷质量：保留透明度，嵌入所有字体，将颜色转换为CMYK（但保留专色），并保留高分辨率图像，适用于向专业印刷机构提交文档。
- 最小文件大小：保留透明度，将所有颜色转换为 sRGB（一种 RGB 颜色空间，它可以在一系列不同设备上呈现常见的 RGB 颜色，如计算机屏幕或扫描仪），并将图像压缩和降低采样到较低的分辨率，适用于网页或电子邮件格式的 PDF 文件。

PDF/X 是一种国际标准组织（ISO）制定的标准，用于在图形和印刷行业内交换文件。下面是一些符合 ISO 标准要求的 PDF 导出预设。

- PDF/X-1a:2001：压平透明度，嵌入所有字体，只支持 CMYK 和专色，将 RGB 颜色转换为 CMYK 颜色，并保留高分辨率图像，适用于向专业印刷机构提交设计。
- PDF/X-3:2002：压平透明度，嵌入所有字体，保留颜色（CMYK、专色和 RGB），嵌入颜色配置文件，并保留高分辨率图像，适用于组合的 CMYK/RGB 打印工作流程（例如，当照片以 RGB 颜色置入，而色板以 CMYK 颜色定义时）。
- PDF/X-4:2008：保留透明度，嵌入所有字体，支持颜色模式（CMYK、专色和 RGB），嵌入颜色配置文件，并保留高分辨率图像，适用于不需要透明度变淡的 CMYK/RGB 组合打印工作流程。

向印刷机构提交可印刷的 PDF 时，请多向印刷机构咨询有关首选导出设置的信息。在某些情况下，他们可能会提供 PDF 预设文件供您导入。

（4）从【Adobe PDF 预设】下拉列表框中选择【印刷质量】选项。在实际工作中，您应该选择专业印刷机构推荐的 PDF 预设。

（5）单击【标记和出血】选项卡（图 2.93）。

（6）在【标记】部分，选中【裁切标记】复选框。裁切标记是专业印刷机构用来裁切页面的标记，因此裁切标记表示 InDesign 页面大小。

（7）在【出血和辅助信息区】部分，选中【使用文档出血设置】和【包含辅助信息区】复选框。

（8）单击【导出】按钮。

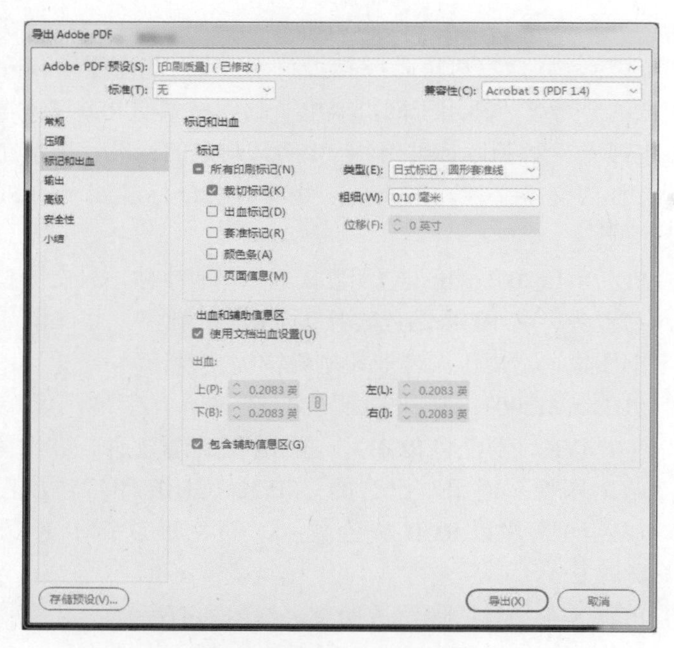

图 2.93 【标记和出血】选项卡

（9）在计算机上打开 Project02-EventPoster 文件夹，打开创建的 PDF 文件。它现在应显示出血和辅助信息区（图 2.94）。

图 2.94 更新后的 PDF 包含出血和辅助信息区

2.12 练习

恭喜您！您已从一个空白文档成功创建了一份活动海报，并准备在专业印刷机构印刷该海报。现在您已经了解创建 InDesign 文档的完整过程。

作为一个练习，请制作一个单页 InDesign 文档。它可以是促销活动的海报、介绍目的地的旅游海报、产品或服务的广告海报。与本章中创建的海报一样，将图形作为文档的重点，并设计大气简洁的构图以最大限度地增强视觉效果。

本章目标

学习目标

- 建立新文档。
- 选择工作区。
- 将填色和描边应用于文本和对象。
- 调整文本间距。
- 对文本和对象应用效果。
- 使用段落样式。
- 使用钢笔工具绘制自由框架。
- 将图形粘贴到框架中。
- 应用文本框架插图。
- 使用分组。
- 使用多边形工具。
- 预检文档。

ACA 考试目标

- 考试范围 1.0
  在设计行业工作
  1.1
- 考试范围 2.0
  项目设置与界面
  2.1、2.4、2.5、2.6
- 考试范围 4.0
  创建和修改视觉元素
  4.1、4.2、4.4、4.6
- 考试范围 5.0
  发布数字媒体
  5.1

第 3 章

彩色杂志封面设计

本章的主题是彩色杂志封面设计。您将学习创建和应用颜色与渐变的新技巧，并使用创意效果。另外，您将了解新的文本格式和神奇的透明效果，灵活运用这些效果可以让设计脱颖而出（图 3.1）。

图 3.1 彩色杂志封面设计成品

在将文件提交给印刷机构之前，您需要进行印前检查，以标记 InDesign 文档中的任何错误。本章将引导您完成该过程，并告诉您如何修改最常见的错误。

3.1 杂志封面项目简介

★ ACA 考试目标 1.1

现在您要做的项目是一个杂志封面，在本章的文件中提供了 3 个版本。

打开杂志封面 3 个版本的文件并进行比较（图 3.2）。

（1）在 project03_sample1_magazine_cover 文件夹中，打开文件 project03_magazine_cover-final.indd。

（2）在 project03_sample2_magazine_cover 文件夹中，打开文件 project03_magazine_cover.indd。

（3）在 project03_sample3_magazine_cover 文件夹中，打开文件 project03_magazine_cover.indd。

（4）在应用程序栏中单击“排列文档”图标，选择三联排列。

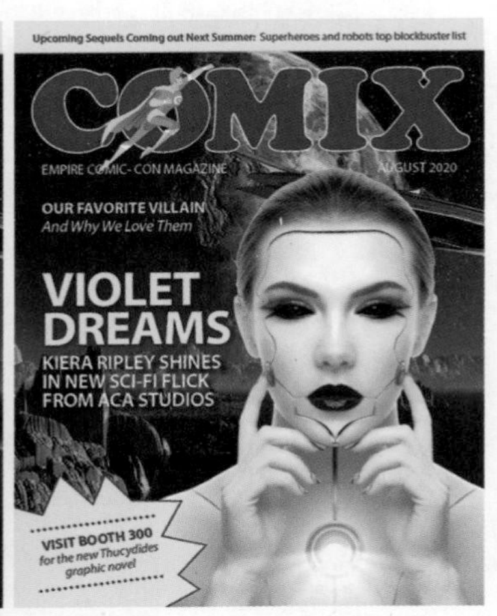

图 3.2 COMIX 杂志封面的 3 种设计

本章的其余部分将重点介绍如何使用 InDesign 创建浅紫色背景的图像。现在先来看一下这些封面的共同点：布局元素（如顶部的黄色条）、报头的外观（杂志标题文本），以及摘要的排版和布局（描述杂志专题的简介）。

如您所见，虽然杂志应该具有识别度高的一致性外观，但为每一期杂志的整体主题引入不同创意并没有错。

查看完 3 个样本封面后，关闭所有文档。

★ ACA 考试目标 1.1

3.2 开始杂志封面设计

★ ACA 考试目标 2.1

杂志封面与杂志内页的作用不同。封面必须传达杂志的内容，同样重要的是，封面必须具有足够的吸引力，才能在展示的众多出版物中脱颖而出。该杂志的封面具有醒目的封面图像、醒目的标题和旨在吸引目标读者的摘要文本。

3.2.1 设置【新建文档】对话框

和之前的项目一样，在进行设计之前，也需要弄清楚一些问题。那么设计杂志封面时您会问什么问题？首先，您可能会问下列问题。

- 该封面设计会用于杂志的印刷版本还是数字版本？
- 将使用什么度量单位？
- 杂志的裁切尺寸是多少？
- 需要设计出血吗？
- 设计会使用基于列的网格吗？

回答这些问题有助于您在【新建文档】对话框中设置文档。对于本例，上述问题的答案如下。

- 这是一本印刷版的杂志，将分发给大会的与会者。
- 度量单位是英寸。
- 裁切尺寸是【Letter】，宽 8.5 英寸，高 11 英寸。
- 该设计需要 0.25 英寸的出血。
- 该设计基于 5 列网格。

回答完这些问题后，即可创建杂志封面文档。

（1）在“起点”工作区，单击【新建】按钮（或者选择【文件】>【新建】>【文档】命令）。

（2）在【新建文档】对话框的顶部，单击【打印】选项卡（图 3.3）。

（3）单击 Letter 图标以设置页面大小，确保将【方向】设置为“纵向”。

（4）从【单位】下拉列表框中选择【英寸】选项。

（5）取消选中【对页】复选框，因为此文档仅包含杂志的封面。

（6）将【页面】和【起点 #】设置为 1。

（7）取消选中【主文本框架】复选框。

（8）将【出血】设置为 0.25 英寸。【辅助信息区】的值保持不变。

（9）在【栏数】文本框中输入 5。

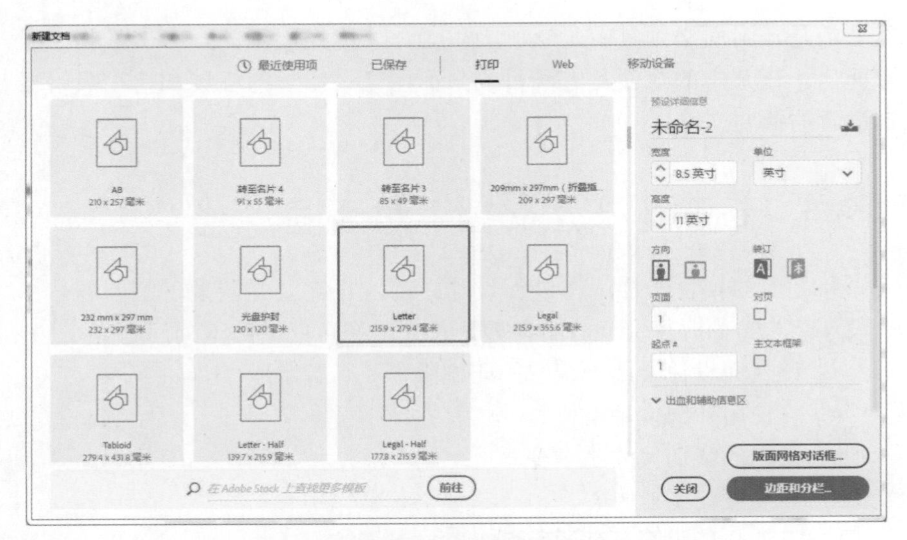

图 3.3 设置杂志封面的【新建文档】对话框

注意

在上一个项目中，您在【新建文档】对话框中输入了文件名，但也可以在之后首次保存文档时再设置文件名。

（10）在【栏间距】文本框中输入 0.125 英寸。

（11）将【边距】设置为 0.5 英寸。

（12）如果想查看【新建文档】的设置如何影响即将创建的文档，请选中【预览】复选框。

（13）单击【确定】按钮以关闭【新建文档】对话框。之后，InDesign 会根据您的设置创建新文档（图 3.4）。

图 3.4 新建的封面文档（另一个选项卡是封面的最终版本，仅供参考）

3.2.2 设置图层

下面使用图层来组织此封面设计中对象的堆叠顺序。

使用在第 2 章学到的技能，为“图层”面板的所有图层重命名，并设置其堆叠顺序（图 3.5）。

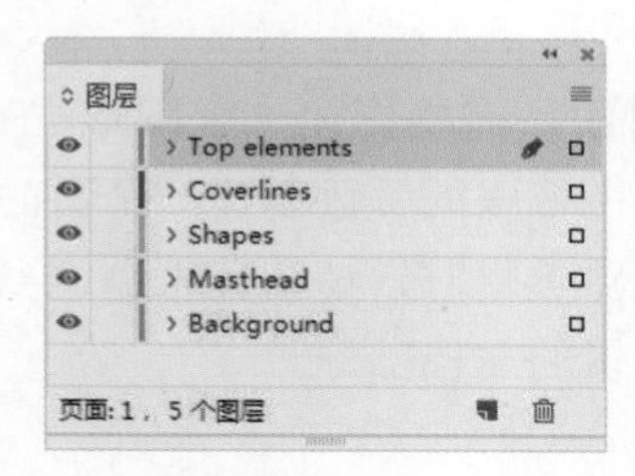

图 3.5 杂志封面的“图层”面板

图层颜色不一定要与 project03_ magazine_cover-final.indd 示例文件一样，但是为了学习方便，请尽可能使图层颜色与该示例文件保持一致。如果从下往上命名，则图层名称将与示例文件一致。例如，默认【图层 1】的图层颜色为浅蓝色，可以将它命名为 Background。创建另一个默认图层颜色为红色的新图层，可以将它命名为 Masthead，是从底部数第二个图层的名称。

提示

要在创建新图层时打开【新建图层】对话框（以便立即命名），请按住 Alt（Windows）或 Option（macOS）键并单击“图层”面板中的【创建新图层】按钮。

3.2.3 切换工作区

如果创建了“学习”工作区，但尚未激活它，请立即切换到该工作区。

如果还未创建“学习”工作区，没关系，可以执行下列操作创建它。

（1）切换到“排版规则”工作区，然后打开生成该项目所需的其他面板。

（2）根据说明构建并保存“学习”工作区。

3.2.4 保存文档

该文档尚未保存，现在是保存到目前为止所做工作的好时机。

（1）选择【文件】>【存储】命令。

（2）导航到 project03_sample1_magazine_cover 文件夹。

（3）将文档命名为 project03_sample1_magazine_cover。

（4）单击【保存】按钮。

3.3 将特色图片放在封面上

★ ACA 考试目标 2.4

★ ACA 考试目标 2.5

要开始制作杂志封面，需要创建一个图形框架，然后向其中添加封面图像。还要根据封面图像中的颜色创建一个新的色板。

从现在开始，在浏览项目时，请记住根据需要缩放和滚动文档视图，以便清楚地看到正在编辑的文档部分。

3.3.1 添加封面图像

要添加封面图像，请执行下列操作。

（1）在“图层”面板中，确保选择了 Background 图层。

由于要添加的大图像位于页面其他所有元素的后面，因此将 Background 图层作为活动图层可以确保添加的下一个对象位于所有其他图层上对象的后面。

（2）使用矩形框架工具，沿着页面所有边缘的出血区边缘绘制一个图形框架。

封面图像应该是全出血（无边界）图像，因此它必须扩展到页面边界之外的出血区。也就是说，为该图像创建的占位符图形框架也必须扩展到出血区。

（3）使用选择工具，选择图形框架。

（4）选择【文件】>【置入】命令，导航到 Lesson Files 文件夹，打开 Project03-Magazine Cover 文件夹，打开 project03_sample1_magazine_cover 文件夹，打开 Links (images) 文件夹，选择 proj3_scifi-female.jpg，单击【打开】按钮。

该图像会填充所选的图形框架（图 3.6）。它可能比需要的大一些，因为头顶超出页面边缘了。

（5）使用直接选择工具，单击图像。

图 3.6 封面图像占满了为其绘制的图形框架

这样做会选择图像而不是图形框架，并且图像的框架可能会远远超出图形框架，这就说明图像太大了。

另外请注意，使用直接选择工具单击图像是选择框架中内容的一种方法。之前，通过使用选择工具单击框架的内容收集器（同心圆指示器）来选择框架的内容是一种快捷方式，使用这种方式不必切换到直接选择工具。

（6）在控制面板中，单击“按比例填充框架”图标（图 3.7）。如果在控制面板中没有看到此图标，请选择【对象】>【适合】>【按比例填充框架】命令。当 InDesign 应用程序框或您的显示器不够宽时，控制面板右侧的一些图标可能无法显示。

图 3.7 应用【按比例填充框架】命令之前和之后的效果

提示

单击控制面板右上角的齿轮图标，可以控制在控制面板中显示或隐藏的选项。

现在缩放图像，使它尽可能地填充图形框架，而不留下任何空白，同时保持图像的原始比例。缩小图像时，您会看到图像远远超出了图形框架的顶部和底部，但这是不可避免的。如果进一步缩小图像，则图形框架的左右两侧就会出现空白。

只有一种方法可以使图像完美地放入图形框架中，在框架外部没有任何空白，同时又不会扭曲图像：图像和框架的尺寸必须完全相同。

（7）使用您之前学到的任意技巧切换到“预览”屏幕模式。

使用“预览”屏幕模式观察图像后可以发现，被图形框架裁剪掉的图像区域在这里不是问题，因为在裁剪页面后所有重要内容都是可见的。

（8）如果您认为图像需要向上或向下滑动一点，请选择图形框架中的图像，并按向上或向下箭头键垂直移动图像。请为稍后添加的报头（杂志标题）留出空间，并且不要将底部的大奖章切掉太多。

请记住，可以将之前打开的最终封面文档用作参考。如果您不确定是否需要在封面上为某个元素留出空间，则可以参考该文档。

（9）选择【编辑】>【全部取消选择】命令，保存文档。

3.3.2 根据图像中的颜色创建色板

为了在设计中创造协调的配色，一种流行的做法是从图像中提取一种颜色，并将其用于页面上的其他元素。在之前的海报项目中就是这样做的，当时从超级英雄图形中吸取颜色并将其应用于文本。该封面设计将使用图像中的紫色，并将它用于稍后添加的一些元素中。

注意

如果吸管工具没有拾取颜色，请确保未选中任何内容，选择【编辑】>【全部取消选择】命令，然后再试一次。

提示

要清除吸管工具的内容并从另一个对象获取属性，只需按住 Alt（Windows）或 Option（macOS）键并单击另一个对象。

（1）打开“色板”面板。

（2）使用吸管工具，单击封面图像的深紫色区域。

请记住，您可能不会在工具面板中看到吸管工具，因为它与颜色主题工具和度量工具在一个工具组。不要将吸管工具与外观类似的颜色主题工具混淆。

（3）从“色板”面板菜单中选择【新建颜色色板】命令，确保将【颜色类型】设置为【印刷色】，并确保将【颜色模式】设置为 CMYK。

（4）在【新建颜色色板】对话框中，取消选中【以颜色值命名】复选框。

（5）在【色板名称】文本框中输入 Purple。采样的颜色可以作为您实际想要使用的颜色的起点；在【新建颜色色板】对话框中，可以调整定义色板的颜色值。

（6）输入下列颜色值（图 3.8）。

- 在【青色】文本框中输入 87%。
- 在【洋红色】文本框中输入 87%。
- 在【黄色】文本框中输入 40%。
- 在【黑色】文本框中输入 17%。

（7）取消选中【添加到 CC 库】复选框，单击【确定】按钮。

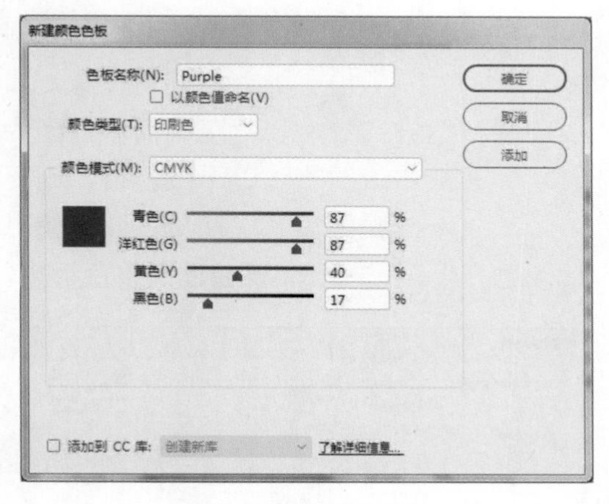

图 3.8 编辑采样的色板

有了合适的封面图像以及根据图像创建的新色板，就为接下来的设计工作打下了良好的基础。

3.4 添加摘要文本

★ ACA 考试目标 4.5

★ ACA 考试目标 4.2

接下来会在封面的顶部添加摘要文本行，但是首先要添加文本所需的更多色板。

3.4.1 为文本创建颜色色板

本小节介绍了两种创建颜色色板的方法。重要的是要了解每种方法的结果取决于“颜色类型”的设置。

- 对于仅使用原色打印的印刷品（例如本杂志封面），可以使用任意一种方法。无论哪种方法，都将使用 4 张印版（青色、洋红色、黄色和黑色）。
- 对于将要使用专色打印的印刷品，最好使用色调方法，因为它会通过网屏基色来创建更浅的颜色。例如，可以在黄色印版上使用半色调网屏来印刷 45% 的黄色。对于使用专色打印的印刷品，使用色板复制方法并不是一个好主意，因为每增加一个色板（不是色调）都会再混合一种油墨，也就是说又增加了一个印版，这

提示

当一个色板使用多个颜色值时，按住 Shift 键并拖动任意一个颜色值滑块可以快速使颜色变亮或变暗。

可能会增加印刷成本。

请注意，如果色板只有浅黄色，那么通过复制色板来创建颜色很简单，因为只需更改黄色的颜色值。但是，如果色板具有多个颜色值，则要在不更改色调的情况下制作更浅的颜色并不是很简单，此时使用调整色调方法会更简单一些。

要通过调整色调来创建更浅的色板，请执行下列操作。

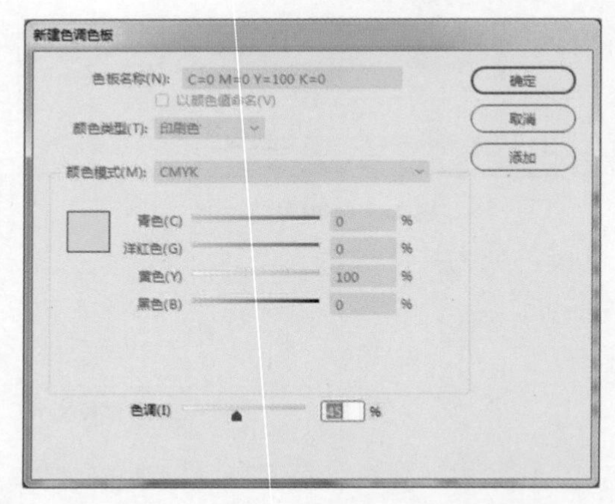

图 3.9 使用【新建色调色板】对话框创建色调

（1）选择黄色色板，并从“色板”面板菜单中选择【新建色调色板】命令。

（2）将【色调】值设置为 45%（图 3.9）。对话框的其余部分是不可编辑的，因为真正的色调只显示一个现有色板，不会更改其颜色类型、模式或混合。色调量将添加到“色板”面板中色板名称的末尾。

要通过复制色板来创建更浅的色板，请执行下列操作。

（1）选择黄色色板，单击“色板”面板底部的【新建色板】按钮（图 3.10）。

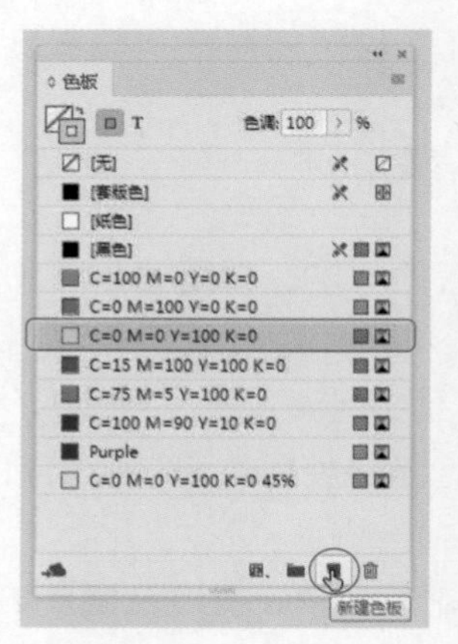

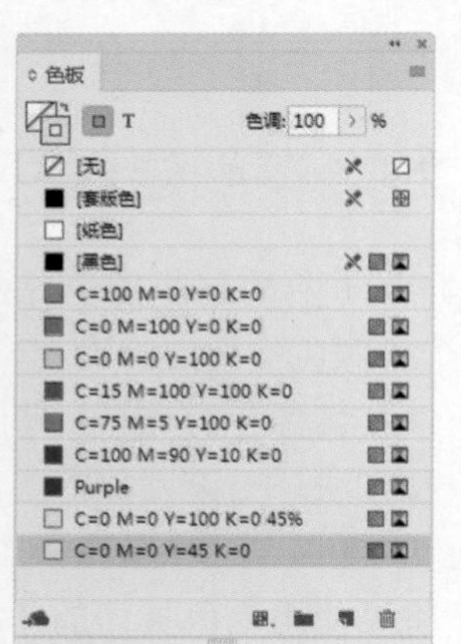

图 3.10 通过复制和编辑现有色板来创建更浅的色板

选择一个色板，单击【新建色板】按钮后将复制所选色板，以便可以将其用作起点。

（2）双击该色板将打开【色板选项】对话框，将【黄色】值设置为 45%，单击【确定】按钮。

如果要重命名新色板，请注意色调色板和颜色色板之间的命名差异。

- 您无法以与其父色板不同的自定义名称来命名色调。色调色板的名称始终是其父色板的名称后跟色彩百分比，例如，C=0 M=0 Y=0 K=0.45%。重命名色调色板也会重命名其父色板，因为真正的色调始终由色板衍生而来。更改色调的颜色值将更新其父项的颜色值以进行匹配，因此在大多数情况下，仅需要编辑“色调”滑块。

  如果通过调整现有黄色的色调来创建浅黄色，则当封面设计需要浅黄色时，请使用色板 C = 0 M = 0 Y = 0 K = 0.45%。

- 如果通过复制创建了一个新的浅黄色色板，则可以对其进行命名而不会影响任何其他色板。可以将它命名为 Light Yellow，并在需要使用浅黄色时使用此色板。

3.4.2 在顶部添加摘要文本

如果参考最终的封面设计版本，您将看到大部分摘要文本位于封面图像上，顶部的摘要行位于一个黄色矩形上。

要绘制黄色矩形，请执行下列操作。

（1）在“图层”面板中，确保选择了 Background 图层。

（2）使用到目前为止所学到的任何方法，例如单击“工具”面板、“控制”面板或“色板”面板中的填色框，将填色设置为创建的 Light Yellow 色板。将描边颜色设置为【无】。

（3）使用矩形工具，绘制一个横跨页面顶部的矩形，其顶部、左侧和右侧的边缘与出血边缘对齐，底部边缘与顶部页边距对齐。

可以通过切换到“预览”屏幕模式来检查您的工作。顶部、左侧和右侧边缘应该被裁剪到页面边缘，就像它们在打印之后那样。预览完毕后，记住要切换回“正常”屏幕模式以便进一步编辑。

（4）在“图层”面板中选择 Coverlines 图层，使它成为所创建对象的默认图层。

（5）使用文字工具，拖动以创建一个新的文本框架，其左上角与页面顶部边缘和左侧页边距接触，右下角与顶部页边距和右侧页边距接触。

（6）在“字符”面板中，设置顶部摘要的文字大小，使用 Myriad

提示

要使用键盘将填色或描边颜色设置为【无】，请确保填色或描边框处于活动状态，并按/（斜杠）键。如果需要更改的选项未处于活动状态，请按 X 键，然后按 / 键。

Pro Regular 字体，大小为 15 点。

（7）输入顶部摘要文本，例如 Upcoming sequels coming out next summer: superheroes and robots top blockbuster list。

（8）顶部摘要应该只有一行，如果文本换行到了第二行，请使用以下任意一种方法将它放置在一行。

- 选择文本，在“字符”面板中调整字体大小。
- 选择文本，在“字符”面板中调整字距。
- 使用选择工具，拖动文本框架上的手柄使其变宽，但要确保文本不要太靠近页面边缘的顶部或两侧。

如果每个单词都大写，摘要看起来会更好。【更改大小写】命令提供了一种快速更改句子中单词大小写的方法。

（9）选择文本并选择【文字】>【更改大小写】>【标题大小写】命令。

（10）仍选择文本，将文本填色更改为 Purple。

（11）使用选择工具，选择文本框架并双击底部中间的手柄，使框架缩小以适应文本，从而删除文本框架中未用的空间。

（12）让文本在黄色矩形中居中显示（图 3.11）。如果选择工具处于活动状态，可以通过按箭头键来微移文本框架。

确保文本在页面顶部边缘（而不是顶部出血边缘）和顶部页边距之间居中显示。通常，验证这一点的快速方法是切换到“预览”屏幕模式。

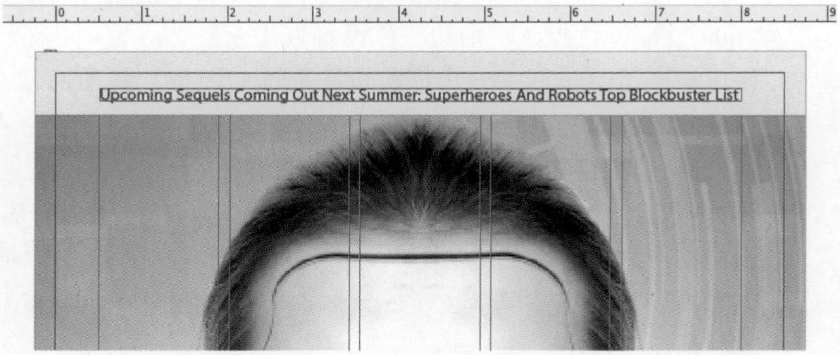

图 3.11 使文本居中显示

（13）切换到“预览”屏幕模式并缩小页面以使其适合文档窗口。检查您的作品，并根据需要进行任何调整。

（14）保存文档。

3.5 创建标题报头

★ ACA 考试目标 4.2

★ ACA 考试目标 4.6

封面图像和杂志标题的报头是杂志封面最突出的两个特征。您已经完成了封面图像，现在将添加报头。

3.5.1 添加报头

尽管标题报头是封面的主要元素，但实际上它只是另一个文本框架，因此能用与之前相同的方式创建它：使用文字工具拖动以创建一个文本框架。

要创建报头，请执行下列操作。

（1）确保处于“正常”屏幕模式，以便可以看到页边距。

（2）在“图层”面板中，确保选择了 Masthead 图层。

（3）使用文字工具，拖动以在页面顶部附近从左侧页边距到右侧页边距创建一个文本框架，其顶部边缘在黄色矩形下方，而底部边缘大致位于封面图像中人物的前额发际线处。

（4）在“字符”面板中，将报头的字体设置为 Cooper Black，字体大小为 143 点。

（5）输入杂志标题 COMIX。

（6）选择文本 COMIX，在“控制”面板中，单击【全部大写字母】按钮（图 3.12）。

图 3.12 单击【全部大写字母】按钮使 Comix 文本全部变成大写字母

尽管您可以直接输入大写字母文本，但使用【全部字母大写】功能方便您将字符转换为全部大写字母，而不必使用 CapsLock（Windows）或 Shift（macOS）键。

（7）仍选择文本，在“段落”面板中，单击【居中对齐】按钮。

（8）使用选择工具，选择 COMIX 文本框架，双击其底部中间的手柄以使其适应文本，删除多余空间。

3.5.2 调整报头字距

当以较大的尺寸显示文本时，字母之间的间距通常比小尺寸显示的效果差。因此可以调整各个字母之间的间距，这称为字距调整。

（1）使用文字工具在 COMIX 文本的 O 和 M 之间单击。

（2）在“字符”面板中，调低字距值以使 O 和 M 之间的间距缩小（图 3.13）。

图 3.13 手动调整字符之间的间距

请注意，我们的目的并不是消除所有空白，而是使字符之间的间隔保持一致，从而使标题看起来更像一个图形单元。

关于原始设定字偶间距和视觉字偶间距

InDesign 的默认字距调整技术是原始设定字偶间距，它根据从所用字体的规格中提取的信息来调整字母对，可以通过将原始设定更改为视觉字偶间距来改善非常糟糕的字距。借助视觉字偶间距，InDesign 会尽力确保在字母之间应用更均匀的字距调整。但是，即使使用视觉字偶间距调整，通常也需要自己手动对字母对进行字距调整，尤其是在使用较大字体时。以粗体和粗大的衬线字体 Cooper Black 设置的大写文本报头就是一个需要额外手动调整字体大小的好例子。

要将字距从原始设定更改为视觉字偶间距，请执行下列操作（图 3.14）。

（1） 选择文本。

（2） 在“字符”面板的【字偶间距】下拉列表框中选择【视觉】选项（还可以在控制面板中找到【字偶间距】菜单）。

图 3.14 从“字符”面板应用视觉字偶间距调整，选择文本时，控制面板中也有相同的控件

3.5.3 在标题下添加一行文本

许多杂志标题都有额外的简短文字，帮助描述杂志的内容。在本例中，标题下的一行内容表示该杂志是由会议组织出版的。

要在标题下添加一行文本，请执行下列操作。

（1）使用文字工具，拖动以创建一个约 0.3 英寸高的文本框架，该文本框架从 COMIX 标题下的左页边距开始，到页面的中间结束。请注意，拖动时在页面的中间位置会出现一条洋红色的智能参考线，确保您停在页面中间。当然，您也可以先将一条垂直参考线拖放到页面的中间位置。

（2）在“字符”面板中设置文本的文字规格，字体设置为 Myriad Pro Regular，字体大小设置为 18 点。

（3）输入 EMPIRE COMIC CON MAGAZINE。

（4）选择刚才输入的文本，在控制面板中单击【全部大写字母】按钮。

（5）切换到“预览”屏幕模式，查看报头相对封面其他部分的位置。如果构图需要改善，则继续下一步；如果看起来不错，则跳过下一步。

（6）使用选择工具，选择 COMIX 文本框架或报头下面的文本，或者将两者都选中，然后根据人物头部和黄色矩形重新定位它们，直到构图看起来和谐为止（图 3.15）。

图 3.15 调整报头及其下方文本的位置

3.5.4 为报头文本应用颜色

到目前为止，报头大而醒目，但还可以改进。您将对报头文本应用颜色不同的填色和描边效果，以使其在视觉上比纯黑色文本更具吸引力。

要为报头应用颜色和效果，请执行下列操作。

（1）使用文字工具，选择报头文本 COMIX。

（2）在“色板”面板中，将文本填充颜色设置为 Purple。

（3）在“色板”面板中，将文本描边颜色设置为【纸色】。

（4）使用选择工具，选择报头文本 COMIX，将文本填充颜色设置为 Purple。如果文本框架填色更改，请选择【编辑】>【还原‘色板’】命令，然后再试一次，但是这次要确保启用了【格式针对文本】开关。使用文字工具选择文本时，会自动启用【格式针对文本】开关，但使用选择工具选择文本框架时，就像在第 4 步中所做的那样，不会启用【格式针对文本】开关，因此填色和描边颜色会影响框架而不是里面的文字。如果要更改文本的填色和描边，但不使用字体工具，则请确保启用“格式针对文本”开关。

（5）将描边颜色设置为【纸色】，并将描边粗细设置为 2 点（图 3.16）。

（6）选择报头下方的文本行并将其填充颜色设置为 Purple。

（7）取消选择文本。

图 3.16 在“描边”面板中，更改所选文本的描边宽度

3.5.5 在封面上添加日期行

杂志封面通常包含一行文本，称为日期行，说明杂志的发行日期。在本例中，日期行与标题下的右侧文本类似。它们的格式几乎相同，因此创建日期行的快速方式是复制现有的文本框架。

要添加日期行，请执行下列操作。

（1）将文档窗口切换到“正常”屏幕模式。

（2）使用选择工具，按住 Alt（Windows）或 Option（macOS）键并将标题下方的文本向右拖动，直到其与右侧页边距对齐。

由于按住了 Alt（Windows）或 Option（macOS）键，因此拖动会创建一个副本。该副本与右侧页边距对齐。要确保在拖动时副本与现有文本保持对齐，可以执行以下任意一种操作。

- 确保副本与拖动时出现的智能参考线对齐。
- 按住 Alt+Shift（Windows）或 Option+Shift（macOS）组合键进行拖动。
- 添加一条与现有文本对齐的水平参考线，并在拖动时使副本与该参考线对齐。

（3）使用文字工具，选择副本中的文本，并输入 August 2020 以替换原始文本。

（4）选择副本中的文本或其文本框架，在“段落”面板或控制面板中单击“右对齐”图标（图 3.17）。

副本中的文本现在已与其右边缘对齐，但是紫色文字在封面图像上不够醒目，因此将为其应用发光效果。

图 3.17 文本右对齐

（5）使用选择工具，选择标题下的两个文本框架（单击一个，然后按住 Shift 键单击另一个），然后选择【对象】>【效果】>【外发光】命令。

请注意，在【效果】对话框中，对话框左侧的列表中仅选中了【外发光】复选框。

（6）确保选择了“预览”屏幕模式，以便可以随时看到更改并编辑下列选项（图 3.18）。

- 在【模式】下拉列表框中选择【正常】选项，并且将颜色设置为【纸色】。
- 在【不透明度】文本框中输入 84%。
- 将【方法】设置为【柔和】，将【杂色】设置为 0%，将【大小】设置为 0.0972 英寸，将【扩展】更改为 28%。

（7）单击【确定】按钮。

图 3.18 为文本应用“外发光”效果

应用“外发光”效果后，文字周围产生了非常浅的背景，这有助于增加文字与其背景的对比度。可以在【效果】对话框中尝试设置其他效果，尝试在复杂背景上改进字体可读性的其他方法，例如本章稍后会对文本应用“投影”效果。

3.6 增添标题报头

★ ACA 考试目标 4.1

★ ACA 考试目标 4.4

许多杂志封面通过让报头与封面图像交相呼应来创造更多的视觉趣味性。对于此封面，您可能想要让人物的头出现在报头前面。难点是，人物和背景是一张照片，因此必须想办法把报头放在人物的头后面。InDesign 提供了一种实现此效果的方法。

3.6.1 使用钢笔工具绘制自由框架

为了让报头看起来像是在封面照片的后面，通常会把封面照片的一部分剪掉，放在报头前面。在 InDesign 中，可以使用绘图工具创建一个框架，将它作为人物头顶的轮廓，并将封面照片的副本粘贴到该框架中，然后将该框架放置在报头前面。该技术依赖于这样一个事实：框架可以是任何形状。

要为人物的头顶绘制一个框架，请执行下列操作。

（1）在“图层”面板中，隐藏 Masthead 图层，然后选择 Background 图层，因为您希望下一个对象出现在该图层上。

（2）选择钢笔工具。

钢笔工具的工作原理与真正的钢笔稍有不同，因为与大多数人徒手绘制相比，使用钢笔工具能绘制更精确的角和曲线。使用钢笔工具，单击能创建角，拖动能创建曲线，生成一条称为路径的线（具体请参见后面的“关于形状”部分）。对于初学者来说，钢笔工具的工作方式不是很直观，需要时间来掌握，但是在本小节中，钢笔工具的使用很简单：始终单击，不需要拖动。

（3）将钢笔工具放在人物头部的左侧，在与横穿她前额的线条大致相同的水平线上单击。

注意

使用钢笔工具绘制路径时，您可以实时看到它。您也可以随意更改填色和描边设置，以便更清晰地看到路径。

单击将创建一个锚点。锚点定义路径的起点和终点，还定义路径方向上的每个重要变化。

（4）沿着人物的头发轮廓向上看，找到方向有明显变化的地方，单击以创建另一个锚点。在每个方向发生变化的地方单击以创建更多锚点（图 3.19）。绘制时，请关注整体发际线而不是每一根头发。

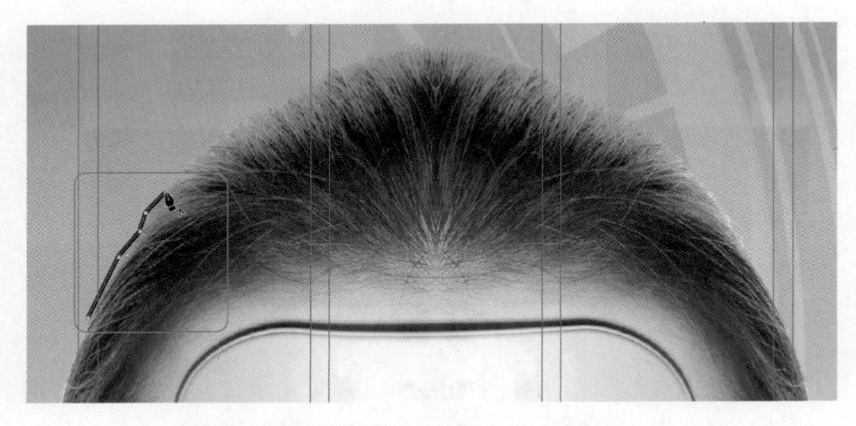

图 3.19 在路径方向发生改变的地方单击以创建锚点

（5）沿着头发轮廓线继续创建锚点，在选择钢笔工具的情况下，根据需要执行以下任意一种操作。

- 要在不更改工具的情况下重新定位锚点，请按住 Ctrl（Windows）或 Command（macOS）键并拖动该锚点。
- 使用钢笔工具绘制时，单击的最后一个点会被选中（显示为实心）。要删除选定的锚点，请按 Delete 键。
- 只要最后一个点仍然被选中，则下一次单击钢笔工具就会接着现有路径绘制。如果意外取消了选择路径，请使用钢笔工具单击最后一个点，以使其变为选中状态，然后继续单击连接到现有路径的新锚点。

注意

如果看到从一个点延伸出了两条线，则是创建了曲线点。如果路径看起来还不错，那就别管它了。否则，可以选择【编辑】>【还原‘添加路径点’】命令，然后再次单击。

（6）当您绘制的路径到达头部另一侧的相同垂直位置时，就可以闭合路径了：将钢笔工具放置在您创建的第一个锚点上，当您在钢笔工具下看到一个小圆形时（图 3.20），单击以闭合路径。

（7）如果您看到任何想要重新定位的锚点，请使用直接选择工具拖动它们。

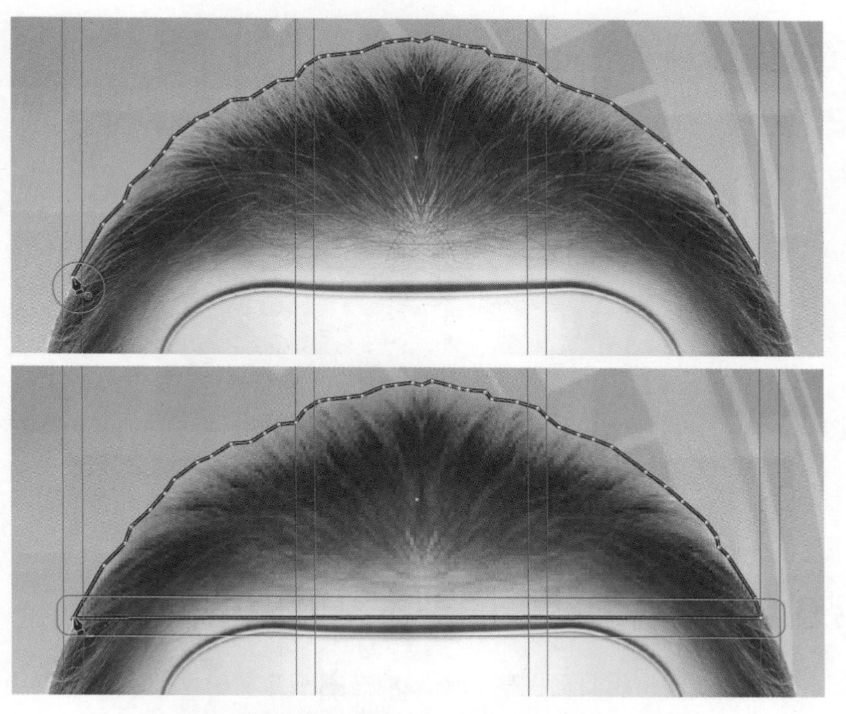

图 3.20 将钢笔工具放置在锚点上时会在它旁边看到一个小圆形，单击将闭合路径

关于形状

在工具面板中，可以找到用于绘制形状和框架的工具，例如矩形工具、矩形框架工具和钢笔工具。在 InDesign 中可以绘制的任何内容都是由被称为路径的轮廓构成的。路径是由锚点和路径段组成的形状，每个路径段由两个锚点连接。这就像构建围栏一样：首先放置一个角柱，然后将面板固定在该角柱上，并将其固定在另一端的第二个角柱上，以此类推。当线段弯曲时，锚点包含一条控制手柄，该控制手柄控制路径从该点延伸时的曲率（图 3.21）。要控制路径的方向，请拖动控制手柄。

可以使用相同的工具和方法编辑框架轮廓和形状轮廓。形状和框架之间的唯一区别是：形状本身是图形，框架要么包含内容，要么是内容的占位符。

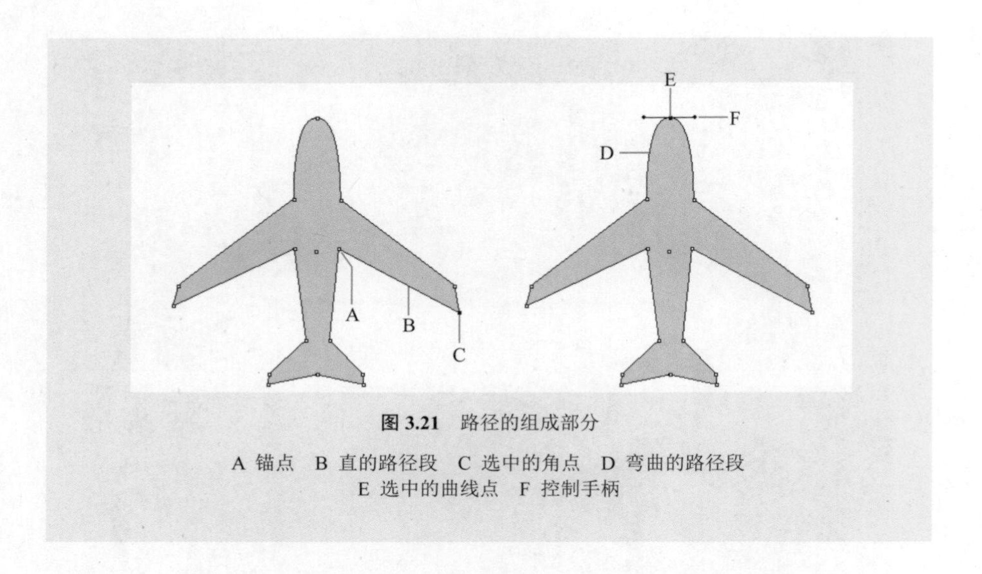

图 3.21 路径的组成部分

A 锚点 B 直的路径段 C 选中的角点 D 弯曲的路径段
E 选中的曲线点 F 控制手柄

3.6.2 将封面图像的副本粘贴到框架中

接下来，您将用封面图像的副本填充刚刚绘制的框架，效果取决于封面图像被粘贴到框架中的位置是否与原始封面图像的位置完全相同。

要将封面图像的副本粘贴到框架中，请执行下列操作。

（1）确保您刚刚绘制的框架仍处于选中状态，如果不是，请使用直接选择工具选择它。

（2）将该框架的填色和描边都设置为【无】（图 3.22）。

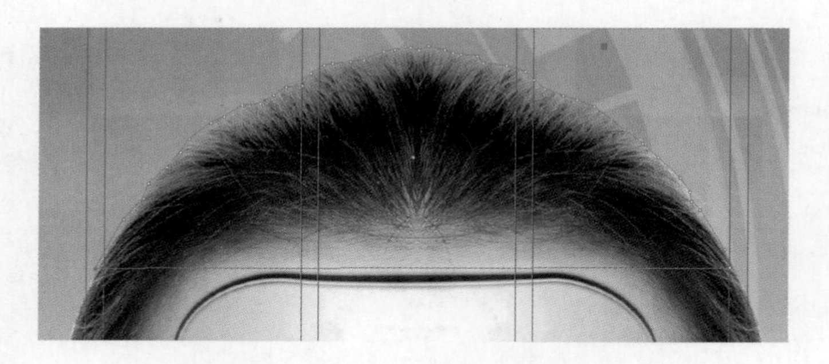

图 3.22 新路径的填色和描边都设置为【无】

（3）使用直接选择工具，选择封面图像。

（4）选择【编辑】>【粘贴】命令，或者按 Ctrl+C（Windows）或 Command+C（macOS）组合键。

（5）在“图层”面板中，展开 Background 图层，选择刚才绘制的框架，方法是单击 < 多边形 > 对象的选择点（图 3.23）。

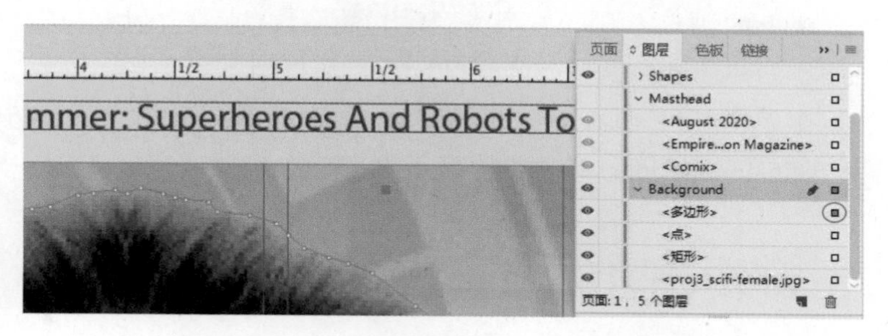

图 3.23 通过在“图层”面板中单击选择点来选择新路径

还可以使用选择工具或直接选择工具来选择框架，但是由于其填色和描边都设置为【无】，它是不可见的，因此您可能不知道单击页面的哪个位置。这是一个在“图层”面板中更轻松选择对象的示例：如果对象在文档中，即使在页面上看不到它，“图层”面板中也会列出该对象。

注意

如果在“图层”面板中看不到 < 多边形 > 对象，但是可以看到一个 < 路径 > 对象，则说明刚才绘制的框架并没有完全闭合（有间隙）。此练习仍然适用于开放路径，因此您可以继续执行操作，也可以在继续之前闭合路径。

（6）选择【编辑】>【贴入内部】命令，或者按 Alt+Ctrl+V（Windows）或 Option+Command+V（macOS）组合键。

执行【贴入内部】命令后，您可能看不到任何区别，因为封面图像被粘贴到所选框架中且不改变其位置，因此框架内的副本与原始图像完全对齐。

请注意，在“图层”面板中，框架的名称已更改为与其内容匹配的文件名 <proj3_scifi-female.jpg>。原始封面图像也会在“图层”面板中以这种方式列出。请记住，“图层”面板中顶部的实例是较新的。

（7）想要更好地了解执行后的效果，请在“图层”面板中隐藏 Background 图层底部的 <proj3_scifi-female.jpg> 对象（图 3.24）。

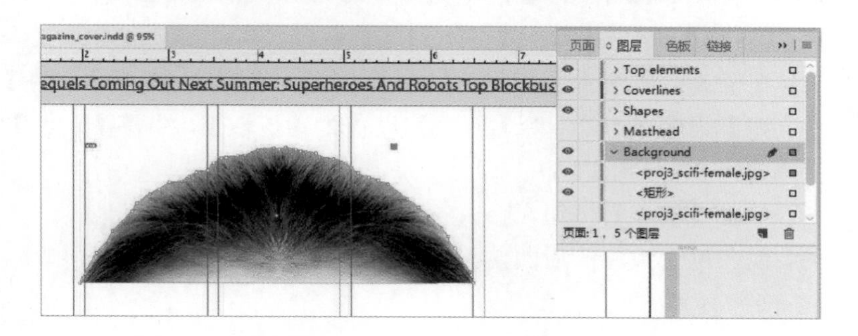

图 3.24 暂时隐藏原来的封面图像可以更清楚地看到新的路径与粘贴的封面图像

您将看到刚才绘制的框架，其中填充了封面图像的副本。本质上是框架掩盖了封面图像的副本，因为如果移动刚才绘制的形状上的锚点，则会显示或隐藏封面图像的不同区域。该框架和您创建的其他框架的唯一区别是，该框架不是矩形。

（8）在“图层”面板中，确保 Background 图层中底部的 <proj3_scifi-female.jpg> 对象再次显示出来。

3.6.3 将报头堆叠在所绘制框架的后面

文档现在已经设置好，可以达到您一直在努力实现的效果了。

要将报头堆叠在所绘制框架的后面，请执行下列操作。

（1）在“图层”面板中，单击 Masthead 图层的眼睛图标以使其可见。

（2）在“图层”面板中，将顶部名为 <proj3_scifi-female.jpg> 的对象向上拖动，放到 Top elements 图层中（图 3.25）。

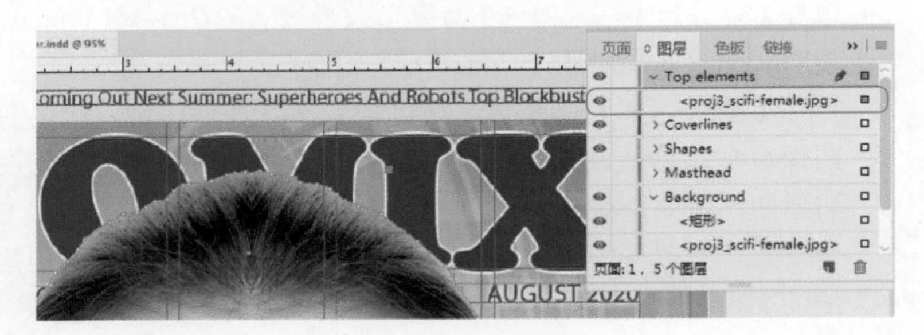

图 3.25 头顶放在报头前面

现在，报头出现在人物的头顶后面。但是人物头顶边缘会显得突兀且粗糙，因为图像被所绘制的路径剪裁了。可以通过羽化或稍微模糊边缘来柔化过渡。

（3）选择 Top elements 图层上的 <proj3_scifi-female.jpg> 对象，选择【对象】>【效果】>【基本羽化】命令。

（4）在【效果】对话框中，将【羽化宽度】设置为 0.05 英寸，将【收缩】设置为 0%，将【角点】设置为【扩散】，并将【杂色】设置为 0%（图 3.26）。

（5）单击【确定】按钮。

报头现在位于头顶的后面，从而增加了设计的深度。

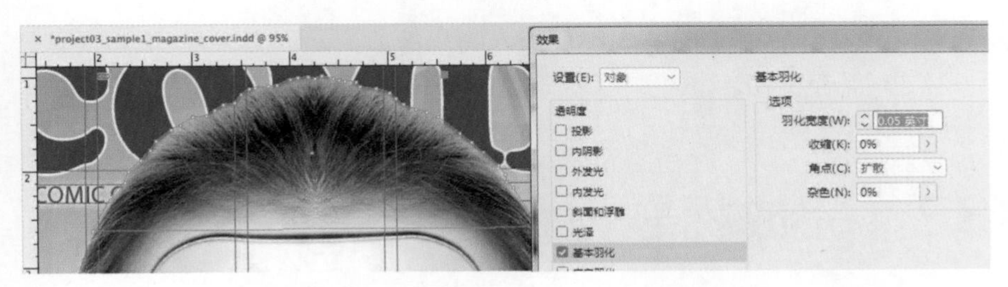

图 3.26 应用【基本羽化】效果以柔化头发边缘

3.6.4 对报头下方的文本进行分组和堆叠

为了增强封面的立体效果，可以把标题下的文本移到人物头部的前面。到现在为止，您应该可以猜到这将使用“图层”面板。

要将标题下的文本堆叠到人物头部的前面，请执行下列操作。

（1）在“图层”面板中，展开 Masthead 图层以查看其对象。

（2）使用选择工具，选择标题下的两个文本框架。如果您认为按住 Shift 键并在“图层”面板中选择这两个项目更简单，那就用这种方式。在“图层”面板中，请注意这些对象的选择点都是亮的。

（3）选择【对象】>【编组】命令，或者按 Ctrl+G（Windows）或 Command+G（macOS）组合键。

请注意，在“图层”面板中，两个对象现在已被一个名为 < 组 > 的对象替换。可以展开 < 组 > 对象以显示属于该组的对象。

【编组】命令的工作原理与许多图形应用程序中的【编组】命令非常相似：它将多个对象视为一个单元，以便可以一起移动或编辑它们。编组的对象必须在同一个图层。

（4）在“图层”面板中，将 < 组 > 对象向上拖动，放到 Top elements 图层的顶部（图 3.27）。

图 3.27 现在，报头下方的两个文本框架已编组并堆叠在人物头部前面

现在，标题下的文本出现在人物头部前面。

（5）保存文档。

3.7 完成标题报头

★ ACA 考试目标 4.1

★ ACA 考试目标 4.2

在完成报头之前，还需要最后进行一些调整。目前位于报头前面的头顶部分影响了报头的易读性，因此需要为报头添加一个超级英雄图形。

3.7.1 更改报头以提高可读性

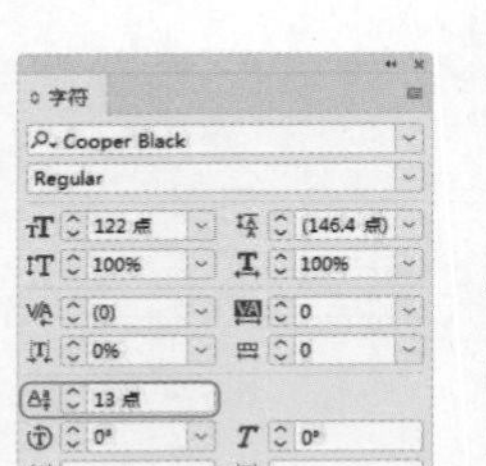

图 3.28 “字符”面板中的【基线偏移】选项

摆弄报头的堆叠顺序时，一个潜在的问题是报头的可读性可能会降低。在本例中，头部遮挡住了报头中的 M，以至于不熟悉该杂志的人可能不会将其视为 M。一种可能的解决方案是更改报头，把 M 从中心移开，使它更清晰。

您也可以尝试其他的解决方案，但建议缩小报头文本大小，在报头文本后添加字符，并使用【基线偏移】（图 3.28）来调整字符的垂直位置。

3.7.2 添加超级英雄图形

在 COMIX 报头文本 O 的上方有一个小的超级英雄图形，您可以在该杂志封面的最终示例文档中看到此图形。

要添加超级英雄图形，请执行下列操作。

（1）在“图层”面板中，确保选择了 Top elements 图层。

（2）使用矩形框架工具，在 COMIX 文本中字母 O 的周围绘制出一个矩形框架。

（3）选择该图形框架，选择【文件】>【置入】命令，导航到 Lesson Files 文件夹，打开 Project03-Magazine Cover 文件夹，打开 project03_sample1_magazine_cover 文件夹，打开 Links (images) 文件夹，选择 proj3_superhero-2020.eps。

置入该框架的图形太大了，但我们已经学习了如何使内容自动适应框架，因此接下来将执行此操作。

（4）使用直接选择工具，选择该框架中的图形。

（5）在控制面板中，单击【按比例适合内容】按钮（如果在控制面板中没有看到此按钮，请选择【对象】>【适合】>【按比例适合内容】命令）。

（6）根据需要使用学过的方法调整超级英雄图形的大小和位置（图 3.29），例如在控制面板中编辑其大小。

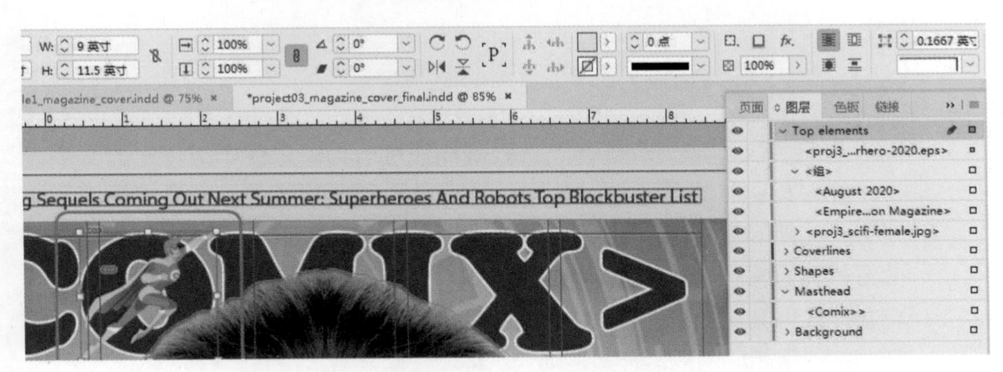

图 3.29 在保持比例的同时，使超级英雄图形适合框架

3.8 添加封面行

★ ACA 考试目标 2.6

★ ACA 考试目标 4.6

和许多杂志封面一样，该设计使用了大量的封面行来吸引潜在的读者，并希望能够让他们拿起杂志来阅读。

要添加第一个摘要文本，请执行下列操作。

（1）从垂直标尺拖出一条参考线，然后将它放在距离页面左侧边缘 2.5 英寸的地方。

（2）在“图层”面板中，确保选择了 Coverlines 图层。

（3）使用文字工具，拖出一个文本框架，从左页边距向下拖动 6 英寸，并在距离刚刚绘制的参考线 8 英寸（向下）的地方结束。

（4）在控制面板中，单击【全部大写字母】按钮。

（5）输入文本 OUR FAVORITE VILLAIN。启用【全部大写字母】开关会让这些字母全部变成大写（图 3.30）。

文本还没有完全格式化，接下来将格式化文本。

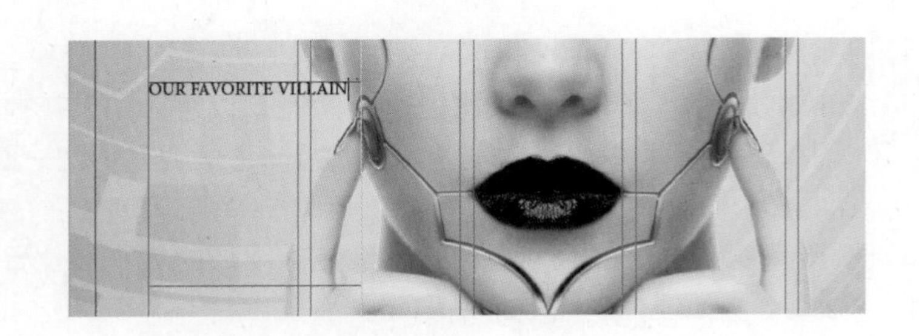

图 3.30 添加到页面左侧的封面行

3.8.1 创建和应用段落样式

您将为文本应用段落样式。段落样式可以为您记住一组特定的文字设置，它可以包括字符设置（如字体、大小、行距和颜色）和段落设置（如对齐、间距和缩进）。使用段落样式可以省去这样的麻烦：必须记住以相同的方式设置文档中所有段落的所有选项。使用段落样式在文档的所有段落中更新样式也非常容易。例如，您决定减少文档中所有标题后面的空间，且所有标题都使用相同的段落样式，则只需编辑段落样式，所有这些段落都会更新。处理长文档时，段落样式的优势就会突显出来，而且会节省大量的时间。

通常会为文档中使用的每种重要的排版格式定义一个段落样式，例如正文（常规段落）、小标题、数字列表、项目符号列表和标题等。对于该杂志封面，您将为摘要文本创建一个段落样式。

（1）选择刚才输入的文本。

（2）在“字符”面板或控制面板中，更改下列设置。

- 将字体设置为：Arial Black Regular。
- 将字体大小设置为 23 点。
- 将填充颜色设置为 Purple。

（3）从“段落样式”面板菜单中选择【新建段落样式】命令（图 3.31）。

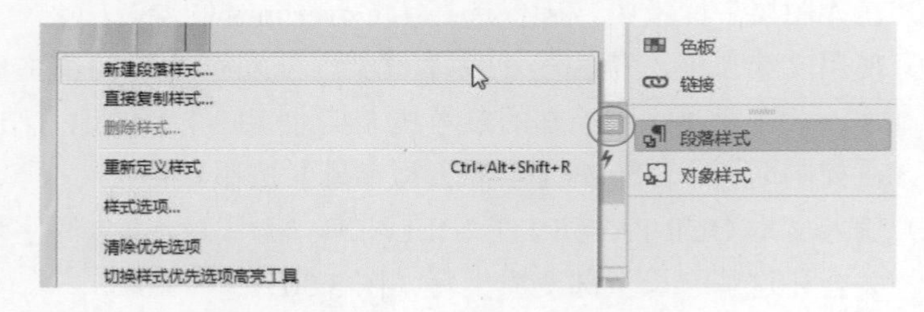

图 3.31 选择【新建段落样式】命令

在创建新段落样式时选择文本，则所选文本的格式将成为样式定义的一部分。您可以在【样式设置】部分看到这一点。

【新建段落样式】对话框的左侧有一个列表。您可以单击每个选项卡，以查看哪些属性可以成为段落样式的一部分。一个段落样式可以包含大量属性，您只需要更改自己感兴趣的设置即可。应用段落样式不会更改您未更改的设置。

（4）在左侧列表中，单击【连字】选项卡，取消选中【连字】复选框。在该段落样式中禁用连字样式很有用，因为如果摘要文本带有连字符会不易阅读。现在，任何摘要文本都不会使用连字符。

（5）在左侧列表中，单击【常规】选项卡。

现在，禁用的连字设置是【样式设置】部分中样式说明的一部分（图 3.32）。

> **注意**
>
> 段落样式可格式化整个段落。如果您想创建一种只影响所选文本的样式（这是一种字符样式），则可以在"字符样式"面板中进行设置。

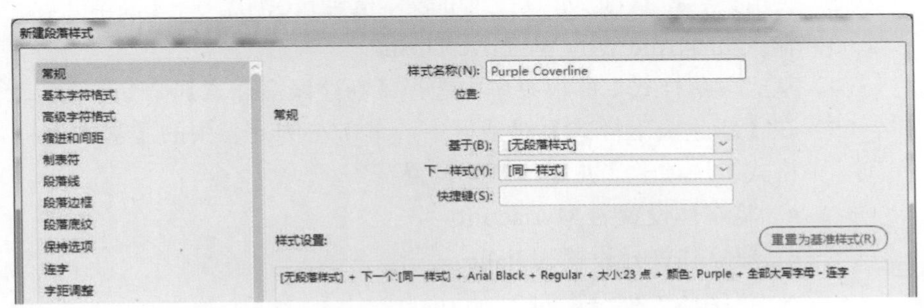

图 3.32　设置新段落样式

（6）在【样式名称】文本框中输入 Purple Coverline。

（7）确保取消选中【添加到 CC 库】复选框，然后单击【确定】按钮。

（8）选择文本，在【段落样式】面板中单击【Purple Coverline】选项，将此段落样式应用于文本。

（9）在"字符"面板或控制面板中，将所选文本的行距更改为 24 点。

此行距更改是针对应用了段落样式的文本进行的。由于更改不是通过编辑样式应用的，因此它是样式的补充。这称为样式覆盖，因为尽管应用了段落样式，但 24 点行距设置不是该样式的一部分，在使用了该样式的其他段落中也并不存在。当所选文本具有样式覆盖时，InDesign 会在"段落样式"面板的样式名称末尾添加一个加号来提示您（图 3.33）。

图 3.33　段落样式被覆盖了

如果段落具有样式覆盖，并且您希望使其符合其应用的段落样式，则可以选择它，然后单击“段落样式”面板中的【清除选区中的优先选项】按钮，但在此处不必这样做。

3.8.2 创建不基于所选文本的段落样式

封面行是具有不同格式的多行文本，对于在另一个单独文本框架中输入的下一行文本，需要使用不同的段落样式。创建上一个段落样式时选择了文本，但接下来会从头开始定义另一个段落样式，然后应用该段落样式。

要添加另一个封面行，请执行下列操作。

（1）使用选择工具，双击 OUR FAVORITE VILLAIN 文本框架底部中间的手柄，以使框架高度适合内容。

（2）使用文字工具，拖动以在之前的文本框架下方创建另一个文本框架。

（3）输入文本 And Why We Love Them。

（4）从“段落样式”面板菜单中选择【新建段落样式】命令。

（5）在【新建段落样式】对话框中，单击左侧列表中的【基本字符格式】选项卡，并更改下列设置。

- 将字体设置为 Myriad Pro。
- 将字体样式设置为 Italic。
- 将字体大小设置为 21 点。

（6）在左侧列表中，单击【连字】选项卡，取消选中【连字】复选框。

（7）在左侧列表中，单击【字符颜色】选项卡（图 3.34），将填充颜色设置为【纸色】。

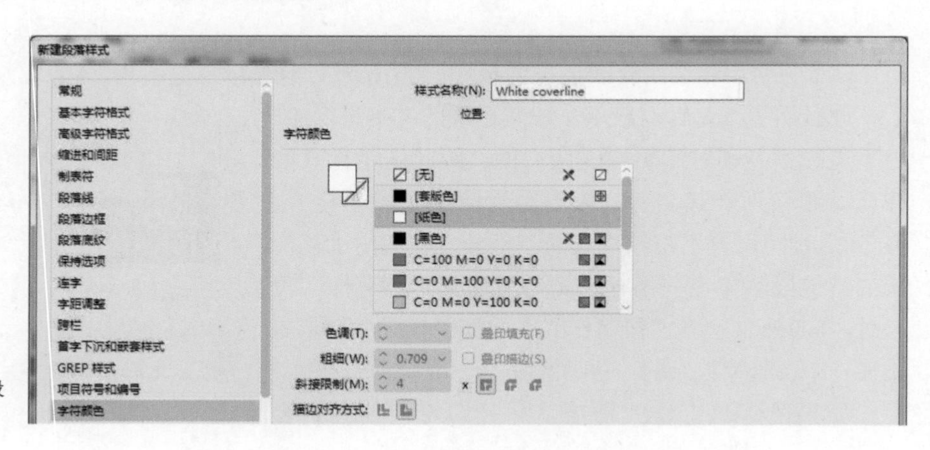

图 3.34 定义另一个段落样式

（8）在【新建段落样式】对话框的顶部，将【样式名称】设置为 White coverline。

（9）单击【确定】按钮。

（10）选择文本“And Why We Love Them”，在“段落样式”面板中单击【White coverline】选项以将该段落样式应用于文本。

还需要应用一些不属于段落样式的格式。

（11）选择文本框架或文本，选择【文字】>【更改大小写】>【标题大小写】命令。

（12）在“字符”面板或控制面板中，将所选文本的行距更改为 21 点。

（13）使用选择工具，双击文本框架底部中间的手柄，以使文本框架的高度适合内容（图 3.35）。

图 3.35　完成的左侧封面行

定义段落样式的优势并不是通过创建一个杂志封面就能立即显现出来的。但是，如果您每个月都要做杂志封面，那么拥有段落样式就意味着不必在每次创建封面行时都设置大量的文字规格，可以通过单击段落样式名称来应用所有格式。杂志的内页可能需要应用数百次的标题或段落形式的文字规格，创建这些内容时，使用段落样式能节省大量时间。

3.8.3　为封面行添加投影

与标题下的文字一样，在非纯色背景上也很难看到小的或浅色的文本。为了提高对比度和可读性，可以为文本添加投影。投影是 InDesign 中内置的效果，因此这与您之前应用“外发光”和“基本羽毛”效果的方法类似。

（1）选择文本框架或文本，选择【对象】>【效果】>【投影】命令。

（2）在【效果】对话框中选中【投影】复选框，更改下列设置，以便能清楚地看到白色文本（图 3.36）。

- 在【距离】文本框中输入 0.0424 英寸。
- 在【X 位移】【Y 位移】和【大小】文本框中输入 0.03 英寸。
- 在【扩展】文本框中输入 12%。

（3）保留其他设置不变，然后单击【确定】按钮。

（4）保存文档。

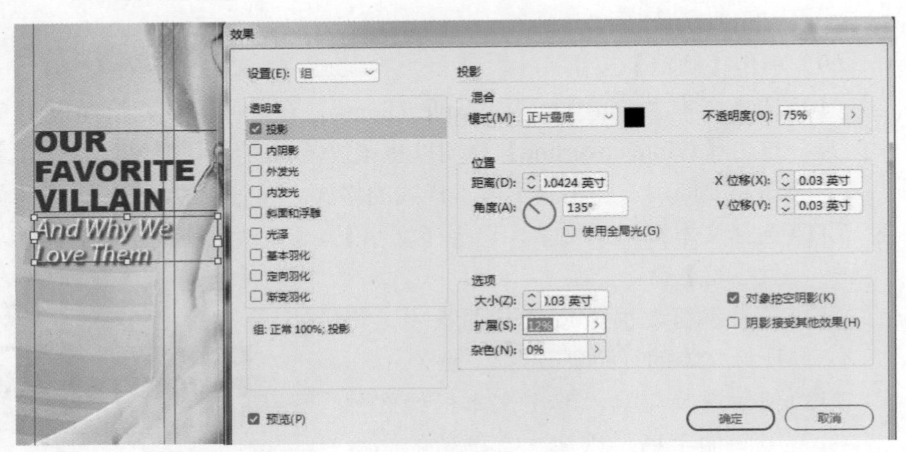

图 3.36 为浅色文本添加投影

3.9 添加主封面行

★ ACA 考试目标 4.2

★ ACA 考试目标 4.6

主封面行在页面的右下角附近，您可以在完成的示例封面文档中看到它。创建此封面行的过程与创建其他封面行的过程相似。

3.9.1 创建主封面行的第一部分

要创建主封面行，请执行下列操作。

（1）在“图层”面板中，确保选择了 Coverlines 图层。

（2）使用文字工具拖动创建一个文本框架，从人物的嘴唇下面开始，再到页面的中心，最后到距离页面右边距 10 英寸处的地方结束。

（3）在控制面板中，设置该封面行的文字规格。将字体设置为 Myriad Pro Bold，将字体大小设置为 66 点，单击【全部大写字母】按钮。

（4）输入文本 VIOLET DREAMS。

（5）选择该文本，然后使用控制面板或“字符”面板并根据您自己的判断，通过调整以下建议值来改善封面行的印刷外观。

- 收紧行之间的间距：在【行距】文本框中输入 53 点。
- 收紧所有字符之间的间距：在【字距】文本框中输入 –20。
- 通过在字符之间单击并调整字距值，使各个字符之间的间距更加一致。

- 应用 Light Yellow 填色和 Purple 描边色来增加字体边缘与背景的对比度。

（6）在控制面板或“段落”面板中，单击【右对齐】按钮以使段落与文本框架的右侧边缘对齐（图 3.37）。

（7）使用选择工具，双击文本框架底部中间的手柄，以使文本框架的高度适合内容。

图 3.37 单击“段落”面板中的【右对齐】按钮

3.9.2 创建主封面行的第二部分

该封面行还有其他文本，与创建的第一个封面行一样，但格式不同，这些文本将添加到单独的文本框架中，请执行下列操作。

（1）使用文字工具，拖动创建一个文本框架，该框架从上一个封面行的右边距开始，到页面底部的页边距与页面中心相交的地方结束。

（2）在控制面板中，设置该封面行的文字规格。将字体设置为 Myriad Pro Semibold，字体大小设置为 26 点，行距设置为 25 点，单击【全部大写字母】按钮，并将字距设置为 -10。

（3）输入文本 KIERA RIPLEY SHINES IN NEW SCI-FI FLICK FROM ACA STUDIOS。
如果文本的结尾消失，并且在文本框架的右下角附近出现一个红色加号，则表示文本因当前设置而溢出文本框架。可以通过（使用选择工具）选择文本框架或（使用文字工

图 3.38 创建主封面行的第二部分

提示

若要快速调整文本框架的高度，请双击文本框架顶部中间或底部中间的手柄。

具）选择所有文本，并减小字体大小和行距等字符设置来使文本适合文本框架。

（4）为新的封面行应用 Purple 填充颜色（图 3.38）。

3.9.3 添加效果以提高可读性

与之前的封面行一样，可以为这两个文本框架添加效果，以提高文本的可读性。

（1）选择 VIOLET DREAMS 封面行，并选择【对象】>【效果】>【投影】命令。

由于要统一编辑所有文本，因此可以使用选择工具选择文本框架，或者使用文字工具选择所有文本。

（2）在【效果】对话框中选中【投影】复选框，按照下列内容更改设置，以便投影可以有效地衬托黄色文本。

- 确保【模式】设置为【正片叠底】，颜色设置为 Purple，并将【不透明度】设置为 75%。
- 在【距离】文本框中输入 0.0628 英寸。
- 在【X 位移】和【Y 位移】文本框中输入 0.444 英寸。
- 在【大小】文本框中输入 0.0556 英寸。

提示

通常不需要输入超过三位小数的参数值。当您在 InDesign 中看到长十进制值时，分数结果通常是在度量单位之间进行转换的结果。例如，2 点是 0.0278 英寸。

（3）保留其他设置不变，单击【确定】按钮。

（4）选择 KEIRA RIPLEY…封面行，并选择【对象】>【效果】>【外发光】命令。

（5）在【效果】对话框中选中【外发光】复选框，按照下列内容更改设置，以便阴影可以有效地衬托紫色文本。

- 确保【模式】设置为【滤色】，颜色设置为【纸色】，并将【不透明度】设置为 75%。
- 在【大小】文本框中输入 0.1875 英寸。
- 在【扩展】文本框中输入 27%。

（6）保留其他设置不变，单击【确定】按钮。

（7）切换到“预览”屏幕模式并缩小页面以使其适应文档窗口，查看效果（图 3.39），根据需要进行调整。

（8）保存文档。

您可能已经注意到，一种效果使用了正片叠底混合模式，另一种效果使用了滤色混合模式。混合模式会影响重叠颜色的组合方式，它们可能会使图像变亮、变暗或改变色调和颜色之间的对比。正片叠底是一种使底层颜色变暗的模式，因此它对于浅色文本周围的紫色阴影非常有用。滤色是一种使底层颜色变亮的模式，因此它对于深色文本周围的白色投影非常有用。

图 3.39 将“投影”效果应用于封面行文本

3.10 将插页应用于文本框架

★ ACA 考试目标 4.2

下面您将使用一些尚未使用的选项来创建其他具有附加格式的封面行。要创建第三个封面行，请执行下列操作。

（1）确保文档窗口在“正常”屏幕模式下显示。

（2）使用文字工具，拖动创建一个文本框架，该文本框架横跨最后一组列参考线，从最后一列的左侧参考线上距离页面顶部约 4 英寸处开始，到右页边距上距离页面顶部约 7 英寸处结束。

（3）使用选择工具，选择新文本框架，然后应用 Purple 色板填色。Purple 色板太暗，因此您需要为它创建色调。

（4）从“色板”面板菜单中选择【新建色调色板】命令，在【色调】文本框中输入 30%（图 3.40），单击【确定】按钮。

在“色板”面板中会添加一个名为 Purple 30% 的新色调色板。

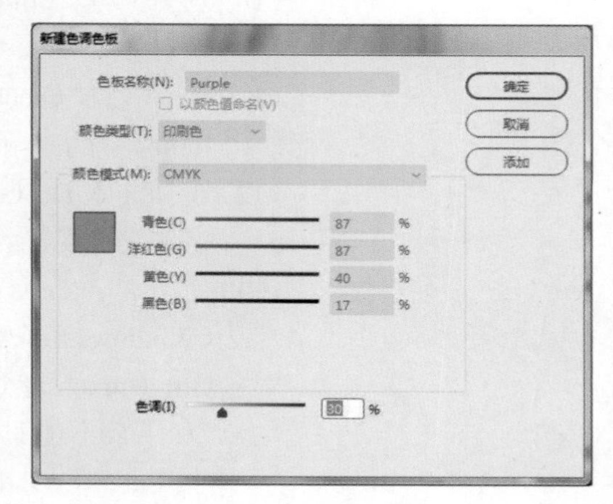

图 3.40 创建色调色板

（5）应用 Purple 色板描边，并将描边粗细设置为 1 点。

（6）使用文字工具在文本框架中单击插入点，输入 Comic Book Psyche check out an interview with Dr. Otto Burken。

此时，文本紧贴文本框架的边缘。接下来将用一种简单的方法将文本移离文本框架的所有边缘。

（7）仍选择该文本框架，选择【对象】>【文本框架选项】命令。

（8）在【内边距】部分中的【上】文本框中输入 0.125 英寸（图 3.41），单击【确定】按钮。

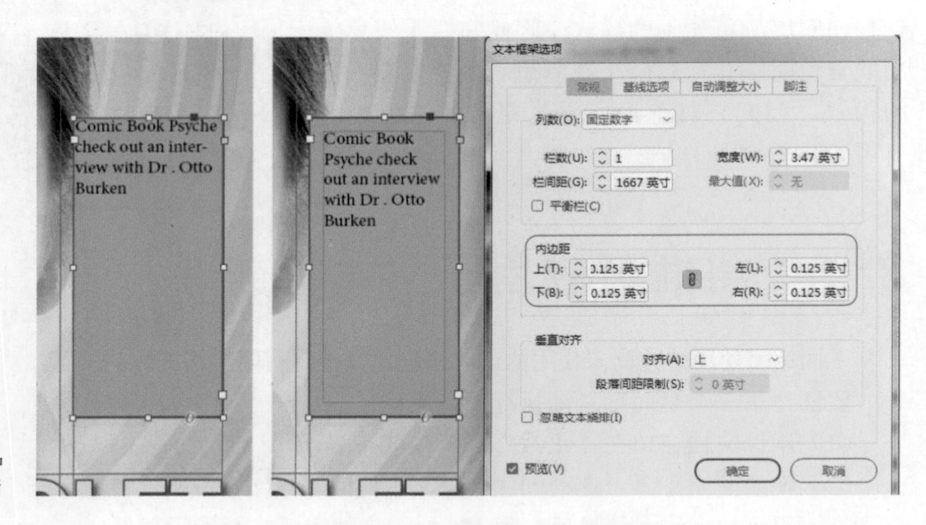

图 3.41 在文本框架中添加内边距之前和之后

如前所述，如果启用了该选项组中的链接开关，则更改任何一侧的值时，4 个侧边都将更改为相同的值。

（9）使用文字工具，选择文本框架中的所有文本，将字体更改为 Myriad Pro Regular。

（10）选择文本 Comic Book Psyche。将字体大小设置为 26 点。行距设置为 25 点。

（11）选择文本 check out an interview with，将其字体样式更改为 Italic。将字体大小设置为 16 点，行距设置为 17 点。

（12）选择文本 Dr. Otto Burken，将其字体样式更改为 Semibold。将字体大小设置为 26 点，行距设置为输入 23 点。

（13）使用文字工具，在文本 with 后单击文本插入点，按 Shift+Enter（Windows）或 Shift+Return（macOS）组合键，以便将文本 Dr. Otto Burken 转到下一行。

为什么不能只按 Enter（Windows）或 Return（macOS）键呢？按 Enter（Windows）或 Return（macOS）键，会创建一个新段落，可能会应用您不想要的段落间距和其他属性。强制换行只会将文本换到下一行，而不是开始新的段落。

（14）如果此时文本溢出，则使用选择工具选择文本框架，并将框架底部中间的手柄向下拖动，直到所有文本都显示出来。

（15）为文本框架中的所有文本应用【纸色】填充颜色。

（16）切换到“预览”屏幕模式并缩小页面以使其适合文档窗口，查看效果（图 3.42），根据需要进行调整。

（17）保存文档。

图 3.42 目前为止的杂志封面效果

3.11 添加多边形

InDesign 中创建多边形形状的方法不止一种。可以使用钢笔工具单击来创建多边形，但是使用创建包含多个星形点的形状并进行修改的方法可能更快一些。

★ ACA 考试目标 4.1

3.11.1 创建多边形

使用多边形工具可以创建规则多边形，例如六边形，但是还有一些设置可以用来创建星点。

要使用多边形工具创建一个星形形状，请执行下列操作。

（1）在“图层”面板中，确保选择了 Shapes 图层。

（2）选择多边形工具，它与矩形工具和椭圆工具为一个工具组（图3.43）。您可能需要单击并按住矩形工具或椭圆工具（在工具面板中是可见的）来查看和选择多边形工具。

（3）在封面左下角单击。

（4）在出现的【多边形】对话框中，执行下列操作，然后单击【确

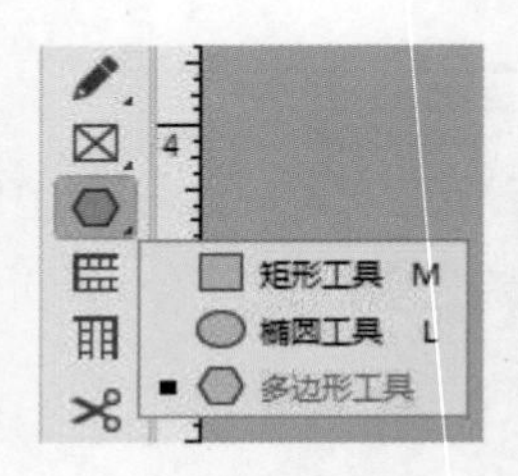

图 3.43 在工具面板中，可以看到多边形工具与矩形工具和椭圆工具为一个工具组

定】按钮（图 3.44）。

- 在【多边形宽度】文本框中输入 3.6 英寸。
- 在【多边形高度】文本框中输入 2 英寸。
- 在【边数】文本框中输入 20。
- 在【星形内陷】文本框中输入 10%。

（5）选择星形形状，应用下列设置（图 3.45）。

- 应用 Yellow 色板填色。
- 应用 Purple 色板描边。
- 将描边粗细设置为 3 点。

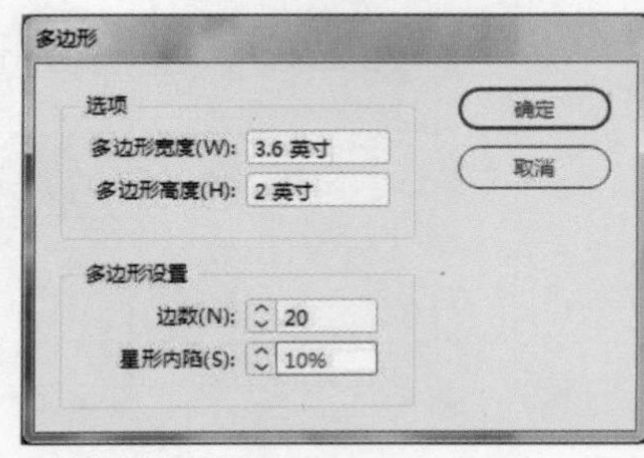

图 3.44 选择多边形工具后单击，弹出【多边形】对话框

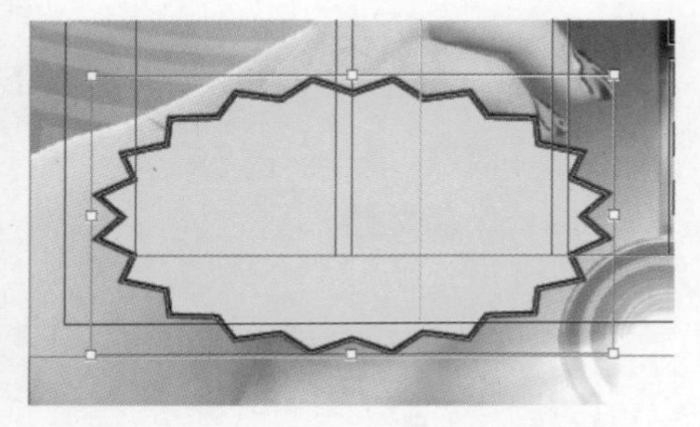

图 3.45 应用了图形属性之后的星形形状

提示

若要编辑多边形，请在选择多边形框架后双击多边形框架或多边形工具。可以将非多边形或星形框架转换为多边形形状。

（6）您也可以使用直接选择工具，通过拖动星形上的各个锚点来自定义形状。

为了能够选择各个锚点，您可能需要先取消选择星形，然后使用直接选择工具选择星形。锚点被选中时会显示为实心。

（7）取消选择星形。

3.11.2 在星形内部添加封面行

现在，您可以在星形内部添加封面行了。要先添加文本框架，请执行下列操作。

（1）在“图层”面板中，确保选择了 Coverlines 图层。

（2）使用文字工具，在星形中拖动以创建一个文本框架。

（3）在“字符”面板中，更改下列设置。

- 将字体设置为 Myriad Pro。
- 将字体样式设置为 Bold。

- 将字体大小和行距设置为 19 点。

（4）输入文本 VISIT BOOTH 300 for the new Thucydides graphic novel。

（5）使用文字工具，选择文本 visit booth 300，并在控制面板中单击【全部大写字母】按钮。

（6）使用文字工具，在 300 后单击文本插入点，并按 Shift+Enter（Windows）或 Shift+Return（macOS）组合键以强制换行。

（7）选择换行之后的文本，将其字体样式更改为 Italic。

（8）选择该文本框架中的所有文本，然后在控制面板或“段落”面板中单击【居中对齐】按钮。

（9）选择所有文本并应用 Purple 色板填色（图 3.46）。

图 3.46 格式化之后星形上的封面行

（10）根据需要进行其他调整，例如重新调整文本在星形中的位置，以便使星形和封面行看起来像一个图形单元。

（11）使用选择工具，选择星形和封面行（单击一个对象，然后按住 Shift 键单击另一个对象），选择【对象】>【编组】命令。

（12）使用以下任意一种方法，将所选的星形与封面行旋转大约 18°。

- 在控制面板中，在【旋转角度】文本框中输入 13，按 Enter（Windows）或 Return（macOS）键。
- 将选择工具放在框架的任意一个角外，直到鼠标指针变成旋转图标（图 3.47），然后拖动直到对象达到所需的旋转角度。

图 3.47 使用手柄旋转星形，同时突出显示控制面板中的【旋转角度】值

（13）切换到“预览”屏幕模式并缩小页面以使其适合文档窗口，查看效果（图 3.48），根据需要进行调整。

（14）保存文档。

提示

使用直接选择工具可以选择编组中的各个项并进行编辑，而无须取消编组。

图 3.48 完成的杂志封面

3.12 预检文档

★ ACA 考试目标 5.1

没有人愿意看到商业印刷工作中出现错误，因为大型印刷很昂贵（例如一本杂志需要印刷成千上万份）。在最坏的情况下，可能需要重新打印该项目，费用会很高。因此，InDesign 提供了一些方法，可以使您在潜在问题变成代价高昂的打印错误之前发现它们。审核文档中是否存在输出问题的过程称为印前检查。

要对文档进行印前检查，请执行下列操作。

（1）打开“印前检查”面板（【窗口】>【输出】>【印前检查】）（图 3.49）。

- 如果一切正常，则“印前检查”面板的底部将显示绿点和“无错误”，【错误】列表将为空。
- 如果有问题，则“印前检查”面板的底部将显示红点，并且【错误】列表将显示找到的所有错误。

（2）如果没有任何错误，则可以像第 2 章中所述的那样打包文档以进行输出。如果有错误，可以从【错误】列表中查找并解决。单击错误行上的页码，转到有错误的地方，以解决问题。

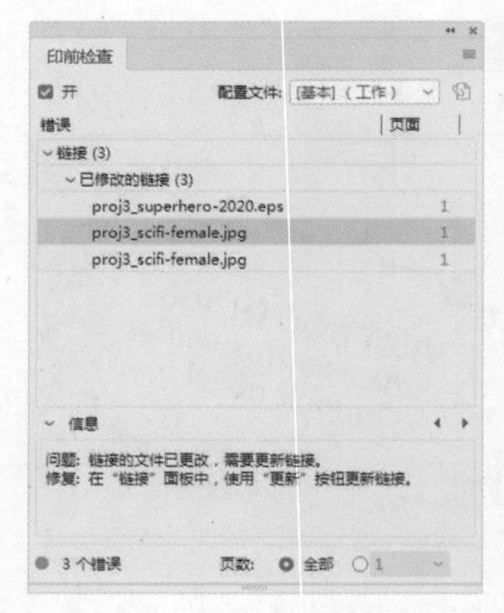

图 3.49 “印前检查”面板显示了错误

“印前检查”面板可以提醒您很多问题，包括以下几点。

- 缺少链接文件。置入的文件可能已不在最初放置它们的文件夹中，或者文件名已更改。可以通过将缺失的或已更改文件名的文件恢复到文档中记录的状态来解决此问题。还可以设置“链接”面板中的选项，使 InDesign 指向缺失文件的当前位置和文件名，但本书并未使用这种方法。
- 缺少字体。随着时间的推移，之前应用的字体可能被禁用或丢失，或者文档已移动到具有不同字体的另一台计算机上。要解决这个问题，可以使用可用的字体替换字体，或者使用 Adobe Typekit 下载匹配的字体。
- 溢流文本。溢流文本指的是在文本框架的末尾文本似乎被截断或丢失。可以通过编辑文本或文本属性来解决此问题，以使其适合文本框架中的可用空间。

如果您正确构建了封面图像，则它会通过印前检查而不会出现错误。如果您仍想查看错误的形式，请执行下列操作。

（1）使用选择工具，单击封面图像。

（2）右键单击（Windows）或者按 Control（macOS）键并单击封面图像，选择【图形】>【在资源管理器中显示】命令（Windows）或【在 Finder 中显示】命令（macOS）。

切换到桌面，将包含链接图形的文件夹打开，并选择封面图像文件。

（3）稍微更改图形的名称（例如在末尾添加 x），或者将图形移动到另一个文件夹中。

（4）切换回 InDesign，查看“印前检查”面板。

现在应该出现“缺少链接”错误，因为链接文件的当前名称或位置与置入 InDesign 文档中时记录的名称或位置不一致。

（5）切换到桌面，然后撤销所做的更改。

如果将文件的名称或位置恢复到其更改前的确切状态，则 InDesign 中的“印前检查”面板中将不再显示有错误。

提示

快速进行印前检查的方法是查看文档窗口底部的印前检查区域，此处会出现绿色或红色的小圆点。可以单击状态区域旁边的箭头并选择“印前检查”面板打开“印前检查”面板。

3.13 练习

选一个您自己最喜欢的主题，例如体育、学校或社区的新闻、科学、时尚、音乐或娱乐节目，创建自己的杂志封面。想出一个标题，为封面找到一个合适的图像，编写一些封面行，然后将所有这些元素整合在一起。您应该已经了解在繁杂的照片上让文本保持清晰的方法，例如本章中应用于封面行的效果。

此外，您还可以设计封面布局网格、段落样式和颜色样本，处理各种封面照片面临的问题。还等什么！马上使用不同的封面图像和封面行来测试您的想法吧！您最后可以生成一组示例，就像在本章开头看到的 3 个封面示例一样。

本章目标

学习目标

- 创建一个多列布局。
- 向主页添加主页项目。
- 将主页应用于文档页面。
- 使用专色。
- 使用测试文本创建设计方案。
- 跨多个页面串接文章。
- 在图像周围绕排文本。
- 添加表单元素。
- 创建交互式 PDF。

ACA 考试目标

- 考试范围 2.0
  项目设置与界面
  2.1、2.5
- 考试范围 3.0
  文档组织
  3.2
- 考试范围 4.0
  创建和修改视觉元素
  4.1、4.2、4.4、4.6、4.7
- 考试范围 5.0
  发布数字媒体
  5.2

第 4 章

设计杂志版面

该设计项目将向客户展示一种基本布局。具体来说，本章将介绍有关编辑备注页的设计和文本格式想法、作为折页包含在印刷版杂志中的订阅表单，以及供读者在 PDF 版本的杂志中填写的交互式表单；您将了解主页的概念，尝试其他段落格式控件，并学习如何在图像周围绕排文本；最后，您将了解 PDF 表单设计中使用的各种表单元素（图 4.1）。

EDITOR'SNOTE

COMIC CON ISN'T JUST FOR OLD COMIC NERDS - IT TRIES TO APPEAL TO ALL FANS OF POP CULTURE

Bruce A. Parker
Editor-In-Chief

MANAGING EDITOR
JAYDEN QUINN'S
FAVORITE COMIC BOOK GENRES

1. Fantasy
2. Science Fiction
3. Superhero
4. Alternative
5. Horror
   - Graphic Novel
   - Manga
   - Web Comic

Continued on page 3

2 COMIX 2020

Attendees share memories

TRENDING
"The Empire Comic Con brings together the most odd but fantastic individuals."
Billy Justice

Continued from page 2

COMIX 2020 3

COMIX
EMPIRE COMIC CON MAGAZINE
Subscription Form

Last Name
First Name
Email
Are You A Con Member?
Subscription
one year - $20.00
two years - $38.00
three years - $55.00
Note Favorite Fandoms:
superheroes
science fiction
horror
fantasy
other

CLEAR
SUBMIT
PRINT

图 4.1 完成的杂志设计

与上一个项目一样，该项目主要用于印刷。杂志内容由照片、标题、正文、背景色、线条和表单元素等组成。该项目中的杂志被折叠成纵向信纸大小（8.5 英寸 ×11 英寸），为对页设计（左页和右页），文本显示为 3 列。此外，杂志封面及其中一些内容设计还包含延伸到页面边缘的图像和背景色框架。

4.1 设置【新建文档】对话框

使用下列设置为此项目创建一个新文档（图 4.2）。

- 意图：选择【打印】。这会将文档的默认颜色模式设置为 CMYK。
- 名称：输入 project04_magazine_pages。
- 单位：选择【英寸】。
- 页面：杂志是多页文档，这里输入 4，在制作过程中再根据需要添加更多页面。
- 页面大小和方向：在“空白文档预设”部分，单击 Letter 图标；将【方向】设置为【纵向】。
- 对页：选中【对页】复选框以创建带有跨页的文档（左右两页并排放置）。请注意，选中了【对页】复选框后，【左】和【右】选项将更改为【内】和【外】。内页边距是书脊两侧的页边距。外页边距是非装订一侧边缘的页边距。
- 栏：输入 3。将【屏幕模式】设置为【正常】，栏参考线可帮助您轻松地放置间隔一致的设计元素。
- 边距：为所有边输入 0.5 英寸。
- 出血：为所有边输入 0.25 英寸。

该项目不会用到【辅助信息区】选项。

单击【确定】按钮，保存文档。

注意

请记住，可以选中【预览】复选框来查看根据您的设置构建的跨页效果。

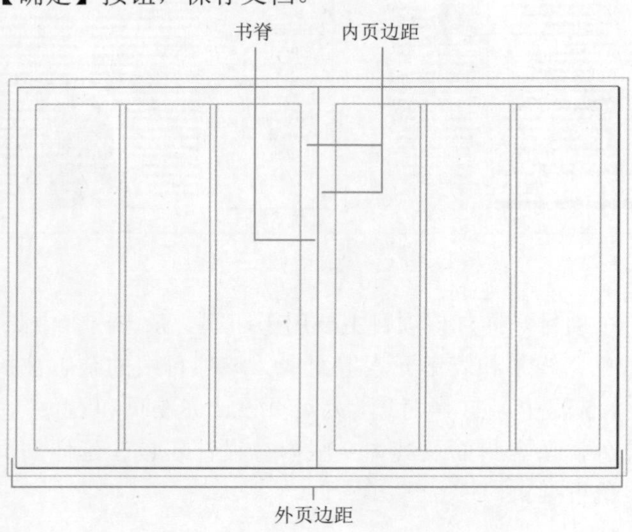

图 4.2 查看四对页文档的第二页和第三页，包括启用【对页】时的 3 个属性

4.2 设置主页

★ ACA 考试要点 2.1

使用主页可以为文档的各个页面应用通用的设计元素。这节省了将这些元素分别添加到每个页面的时间，确保了一致性，并提供了一种在整个文档中进行全局更改的简便方法。

如果您附近有杂志或其他多页出版物，请翻阅这些页面。您能找出常见的设计元素或布局特征吗？哪些设计元素在报告或书籍布局的多个页面中重复出现？

该杂志包含一些主页项目示例，这些项目位于主页上。页眉（页面顶部边距参考线上方的区域）和页脚（页面底部边距参考线下方的区域）是页面中的区域，可以让您在不同的页面上放置重复的元素（图 4.3）。常见的重复的页眉和页脚元素包括页码、公司 logo 和导航控件等。

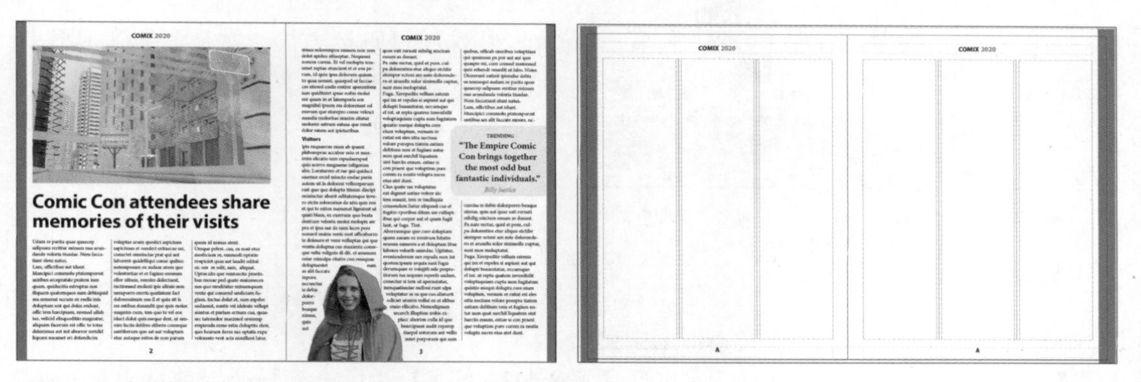

图 4.3 两跨页的杂志版面以及用于添加红色栏、页眉和页脚的主页

如果有一个项目想要在多个页面上显示，那么将该项目添加到主页。然后，将主页应用于文档页面时，该项目将自动出现在文档页面上。

4.2.1 创建和编辑主页

★ ACA 考试目标 4.1

创建新文档时，将打开一个空白文档，其中包含指定的页数。所有页面均自动应用名为 A-Master 的默认主页。此默认主页将应用于所有空白页，并应用原始的新文档设置，例如页面大小、方向、边距、栏数和出血设置。

在将项目添加到主页之前，通过执行下列操作之一来显示主页（图 4.4）。

- 在“页面”面板中，双击主页的名称（在本例中，是 A-Master）。
- 在状态栏中，从【转到页面】下拉列表框中选择主页名称（A-Master）。
- 选择【版面】>【转到页面】命令，然后从【页面】下拉列表框中选择主页名称（A-Master）。

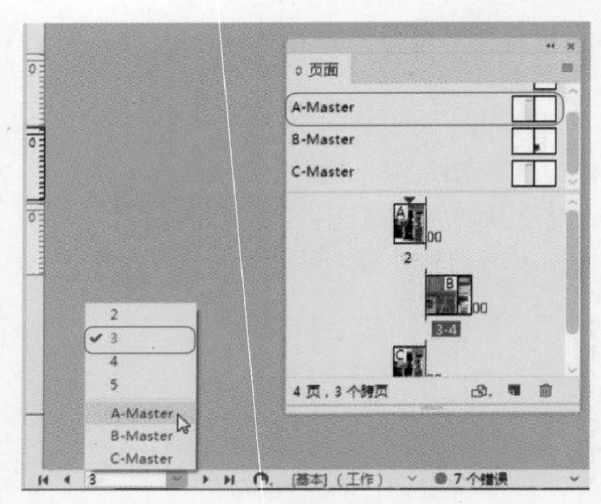

图 4.4 可从文档窗口底部的状态栏以及“页面”面板中选择 A-Master

A-Master 页面或跨页显示在文档窗口中，现在，可以开始添加常用的主页项目了。

使用对页时，主页跨页既包含左侧主页，也包含右侧主页，因此可以将项目添加到跨页的每一个页面中。

特殊的页码标志符通常是添加到主页中的第一个主页项，特别是对于较长的文档，如书籍、报告或杂志。标志符会自动更新以显示当前页码。

要添加当前页码标志符，请执行下列操作（图 4.5）。

（1）使用文字工具，在 A-Master 页面的页脚区域绘制文本框架，并在文本框架中单击。

（2）选择【文字】>【插入特殊字符】>【标志符】>【当前页码】命令。插入的特殊页码标志符显示为字母 A，与主页的前缀匹配。B-Master 上的页码将显示为字母 B。如果要向包含页码标志符的页脚文本框架中添加更多文本，例如杂志名称，请继续操作。

（3）返回到文档页面时，在使用该主页面的每个页面上查看新的主页项目。

如果您使用的是对页，并且希望在每个页面上都看到一个主页项目，请记住将主页项目添加到主页跨页的左侧页面和右侧页面。

同样，可以将其他任何文本或图形（例如文档标题或发布日期）添加到主页跨页中。

提示

要自定义“页面”面板的外观，例如使页面缩略图图标变大，请从“页面”面板菜单中选择【面板选项】命令进行设置。

提示

在主页上包含列参考线和行参考线有助于保持布局一致性。

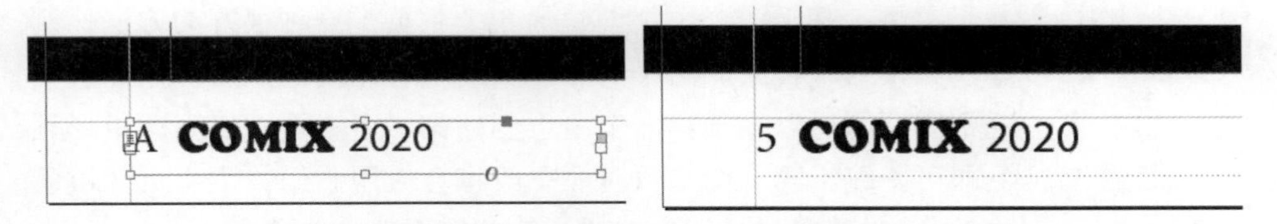

图 4.5 A-Master 左侧（顶部）的当前页码标志符，以及该标志符在第 5 页上的样子

主页不仅用于显示在每个页面上的对象，而且它们对于应用频繁重复使用的布局也很有用。

注意

请记住，主页项目位于其图层堆叠的底部。在文档页面的该图层上工作时，所有新对象都位于主页项目上方。

4.2.2 添加主页

文档并不限于一个主页或主页跨页。例如，在杂志版面中，不同的部分可能使用不同的标准版面。

要创建新的主页，请执行以下任意一种操作。

- 选择主页或跨页后，单击“页面”面板底部的【新建页面】按钮。
- 从“页面”面板菜单中选择【新建主页】命令。
- 在“页面”面板中右键单击主页区域，选择【新建主页】命令。

如果选择“新建主页”命令（或选择主页同时选择【主页选项】命令），则可以更改主页的以下设置（图 4.6）。

- 前缀：当没有空间显示整个主页名时，一种确定主页的简单方法。
- 名称：主页的名称。

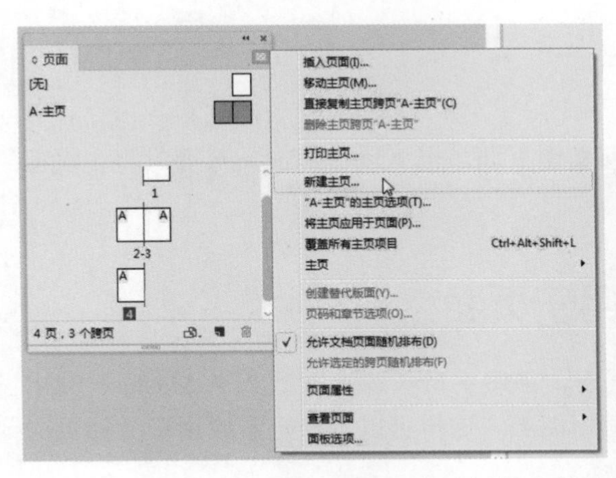

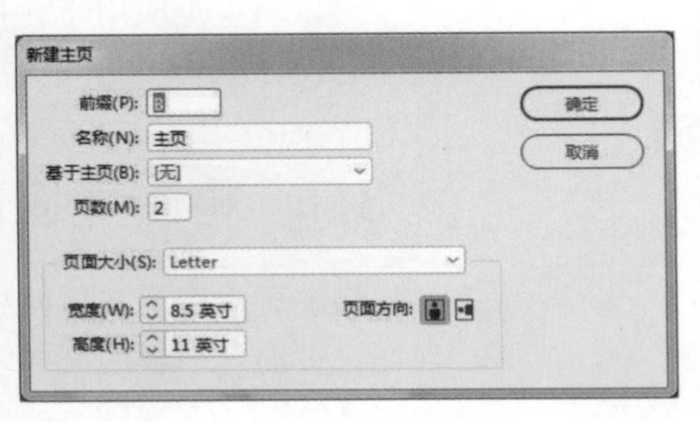

图 4.6 执行【新建主页】命令添加新的主页

- 基于主页：基于一个主页创建另一个主页是一种很好的方法。例如，如果一个目录的两个部分在页眉中有相同的矩形，但矩形填色不同，则可以基于第一个主页创建第二个主页，仅更改矩形颜色即可。编辑第一个主页时，更改也会应用于第二个主页（填色除外），也就是说只需要编辑一次就能更改两个主页。
- 页数：一个主页可以有两个以上的页面，例如，可以为三折页版面设计一个主页。

除了具有不同的对象和参考线，每个主页还可以具有自己的页面大小、边距设置和栏设置。

4.2.3 复制主页

可以复制现有主页，作为新主页的基础。创建多个相关的主页时，复制现有主页要比从空白页创建新主页快得多。

要复制主页或主页跨页，请执行以下任意一种操作。

- 选择主页，从“页面”面板菜单选择【直接复制主页跨页】命令。
- 右键单击主页并选择【直接复制主页】命令。
- 将主页拖放到“页面”面板底部的【新建主页】按钮上。

复制一个主页后，可以使用【主页选项】命令来自定义其名称和属性，还可以根据需要在副本上添加或删除选项。

4.3 应用主页

可以将主页应用于任何文档页面，也可以在添加新页面时将主页应用于它们。

提示

要创建复制文档页面设计的新主页，可以在“页面”面板中选择文档页面，然后从“主页”面板菜单中选择【主页】>【存储为主页】命令。

4.3.1 将主页应用于页面

将主页应用于文档页面时，前缀字母（例如 A 代表 A-Master）会出现在“页面”面板的页面缩略图上。这样可以轻松查看应用于文档页面的主页。

要为文档页面应用主页（图 4.7），请执行下列操作。

★ ACA 考试目标 3.2

（1）在“页面”面板中，选择将应用主页的文档页面。

（2）从“页面”面板菜单中选择【将主页应用于页面】命令。

（3）在【应用主页】对话框中，从【应用主页】下拉列表框中选择要应用于文档页面的主页。

（4）单击【确定】按钮。

快捷键

要在“页面”面板中选择连续的页面，请单击第一个页面，然后按住 Shift 键并单击最后一个页面。要选择非连续页面，请按住 Ctrl（Windows）或 Command（macOS）键并单击页面。

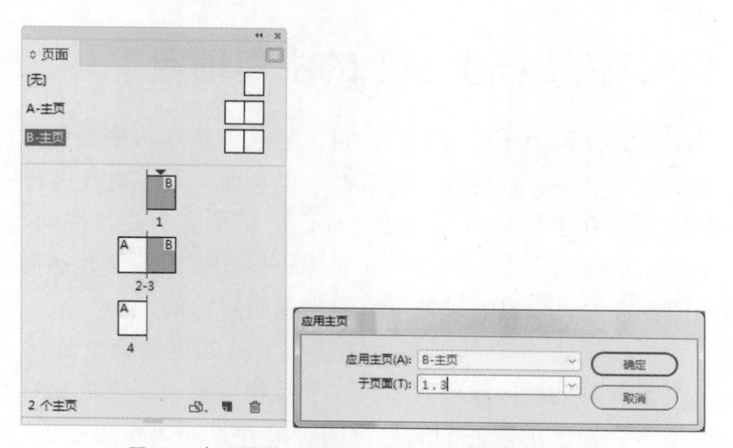

图 4.7 在“页面”面板中为所选文档页面的应用主页

还可以通过将主页缩略图拖到“页面”面板中的页面缩略图上来在“页面”面板中应用主页。

提示

从“页面”面板菜单中选择【插入页面】命令，或者按住 Alt（Windows）或 Option（macOS）键并单击“页面”面板中的【新建页面】按钮，可以打开【插入页面】对话框。

4.3.2 根据主页添加页面

添加新页面时，它将使用与添加新页面时所选页面相同的主页。

如果要选择用于新页面的主页，请选择【版面】>【页面】>【插入页面】命令，在【插入页面】对话框中，选择在何处添加新页面以及应使用哪个主页（图 4.8）。也可以通过将主页从“页面”面板的主页区域拖到“页面”面板的文档页面区域中的任何页面之前或之后来添加页面。

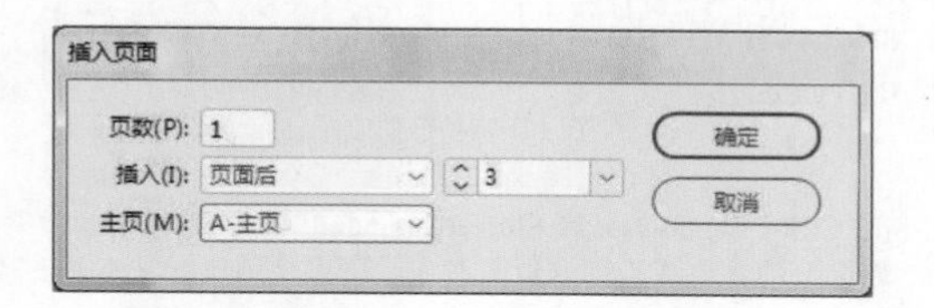

图 4.8 添加一个或多个页面并应用主页

4.3.3 删除主页

删除主页与创建主页的操作几乎相同。在“页面”面板中，只需将主页或跨页拖动到“删除选中页面”图标上即可。选择主页后，单击“删除选中页面”图标，或者从“页面”面板菜单中选择【删除主页】命令，也可以删除主页。

4.3.4 编辑文档页面上的主页项目

> **提示**
> 粘贴文本时，可能会希望放弃粘贴文本原来的格式，而采用被替换文本的格式。为此，应首先选择并复制格式化的文本，但不包括段落末尾的段落回车符¶，然后选择【编辑】>【粘贴时不包含格式】命令。要查看段落末的字符，请选择【文字】>【显示隐含的字符】命令，并将屏幕模式设置为【正常】。

当屏幕模式设置为【正常】时，可以通过细虚线边框识别主页项目。为了防止主页项目被意外更改，通常在文档页面上不能对其进行编辑。

有时，主页几乎就是您想要的布局，但又不完全是。例如，如果杂志的一个页面是特别策划，其中的背景或页眉元素应该与其他页面不同，则应覆盖或释放主页项目，以便可以编辑或删除它们。

请记住，覆盖主页项目可能会使其与主页的更新断开连接。例如，如果您更改了页面上被覆盖项的填色，并且稍后更改了主页项目的填色，则该颜色将不会在使用覆盖的文档页面上更新。如果希望主页在使用的所有地方都进行更改，请编辑主页本身，而不是编辑文档页面。

要覆盖文档页面上的主页项目（图 4.9），请执行下列操作。

（1）使用选择工具，按住 Shift+Ctrl（Windows）或 Shift+Command（macOS）组合键并单击主页项目。

（2）对对象进行任何设计更改，例如更改文本或颜色。如果需要，也可以删除该对象。

图 4.9 按住 Shift+Ctrl（Windows）或 Shift+Command（macOS）组合键并单击文本框架（主页项目），该主页项目将成为标准页面对象，可以使用实际文本替换该文本占位符

4.4 在印刷设计中使用专色

第 2 章介绍了颜色理论以及 RGB 和 CMYK 颜色模式。

从配色系统添加专色

InDesign 提供了许多内置的 PANTONE 色彩指南，以及 TRUMATCH、TOYO 和 HKS 色彩匹配系统。这些色彩匹配系统可提供参考列表和精确配制颜色的印刷样本簿。这些样本簿准确显示了特定颜色的打印方式，使用它们可以最大程度地打印出与计算机显示器上一致的颜色。即使设计师、客户和专业印刷机构在不同的地方，但只要他们参考的是相同的色卡编号，那么他们看到的颜色就完全相同。有这么多色彩系统的一个原因是，有些色彩系统是针对某些特定类型的材料进行优化的，如未涂布纸、哑光纸、涂布纸、光面纸或纺织品；有些色彩系统代表世界各地的印刷标准。涂布是指在印刷出版物的纸张或原料上涂覆一层聚合物。涂布纸适用于色彩和细节丰富的出版物。

要将专色添加到“色板”面板中（图 4.10），请执行下列操作。

（1）从“色板”面板菜单中选择【新建颜色色板】命令。

（2）在【新建颜色色板】对话框中，从【颜色类型】下拉列表框中选择【专色】选项。

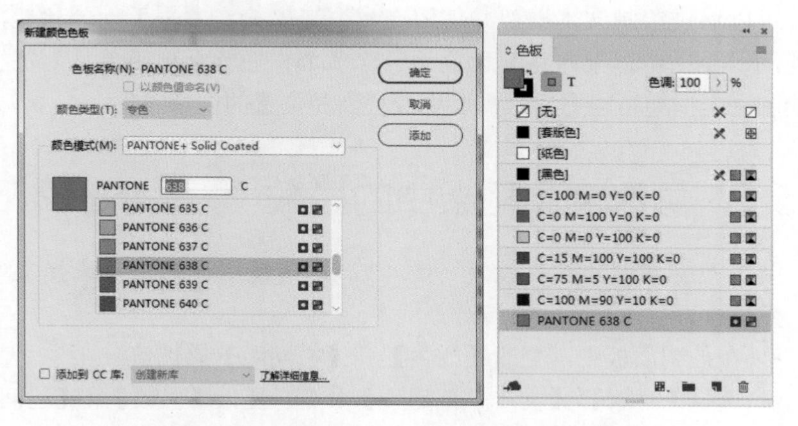

图 4.10 在“色板”面板中添加新的 PANTONE 专色

提示

可以通过在控制面板或“色板”面板中调整【色调百分比】来创建专色的色调，方法与之前处理原色的方法相同。

（3）从【颜色模式】下拉列表框中选择一种专色指南，例如 PANTONE+ Solid Coated。

如果不确定要选择哪种专色指南，请询问专业的印刷机构。

（4）从列表中选择一种颜色，或者在专色指南中输入颜色参考编号。

（5）单击【确定】按钮。

4.5 使用文本框架和栏

★ ACA 考试目标 4.1

★ ACA 考试目标 4.2

当设计使用多个栏来排列文本时，实现栏的方法不止一种。可以在整个页面的页边距内指定多个栏，或者可以让一个文本框架包含多个栏（图 4.11）。许多设计会同时使用文本框架和栏，其中页面级别的栏定义页面的整体设计网格，而文本框架级别的栏定义页面上各个文本的布局方式。

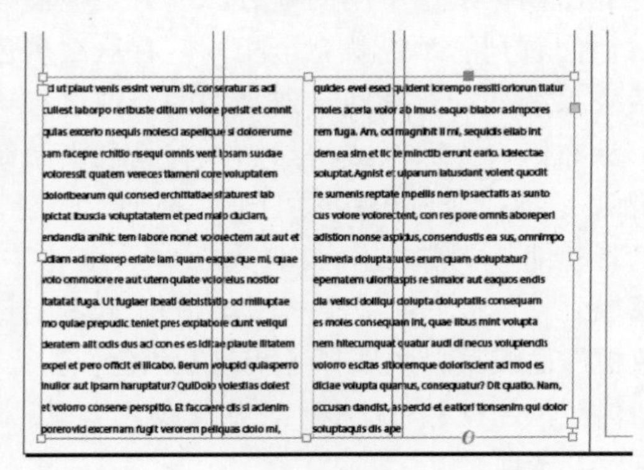

图 4.11 使用 3 列网格的页面设计，以及设置为包含两列文本的文本框架

可以通过绘制文本框架并使用文本框架串接文本来手动创建栏，但是绘制一个文本框架并将其设置为包含多个栏通常会更简单。为每栏手动绘制文本框架可能更适合需要更改栏高和位置的创意布局。

4.5.1 更改文本框架中的栏数

要更改文本框架的栏设置（图 4.12），请使用选择工具选择文本框架，然后执行以下任意一种操作。

- 在控制面板中，更改【栏数】和【栏间距】属性值。
- 选择【对象】>【文本框架选项】命令，更改【栏数】和【栏间距】属性值，单击【确定】按钮。

栏间距是栏之间的间隔。

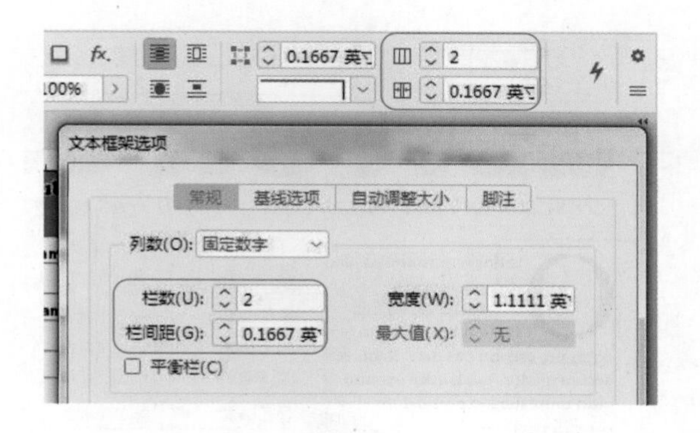

图 4.12 控制面板和【文本框架选项】对话框中的【栏数】和【栏间距】选项

4.5.2 改变文本在边框内的位置

为文本框架应用背景色调以突显文本时，文本最终可能会太靠近文本框架的边缘。要让文本远离文本框架的边缘，请在【文本框架选项】对话框的【常规】选项卡中更改【内边距】属性值。

4.6 创建首字下沉效果

★ ACA 考试目标 4.2

首字下沉通常用于突出故事的开头段，为首字增加一个或多个字符的大小，并使其下沉几行。尽管这种效果看起来像字符格式，但这实际上是一种段落格式，可以通过段落样式来应用它。

要以首字下沉的方式开始一个段落，请执行下列操作（图 4.13）。

（1）使用文字工具，在段落中单击。

（2）在控制面板中，单击【段落格式控制】按钮 ¶，或者打开“段落”面板。

（3）在【首字下沉行数】文本框中输入值，指定字符下沉的程度。

（4）要下沉多个字符（例如，当段落以引号开头时，您可能希望下沉该段落的前两个字符），请增加【首字下沉一个或多个字符】属性值。

现在您已经开始使用文本了，还有很多简单的控制段落格式的设置，例如调整段落距离、使用缩进和列表。

图 4.13　使用控制面板或“段落”面板以首字下沉方式开始一段文本

4.7　调整段落间距

★ ACA 考试目标 4.2

段落间距是排版和页面布局的重要组成部分。正确的间距可以帮助读者理解不同文本元素之间的关系，并增加设计的和谐感。

例如，标题和其余文本部分之间的间隔很重要。如果间隔太大，标题和接下来的正文部分之间的联系就可能会消失。如果间隔太小，标题就不会那么引人注目。适当的间距既能让标题突出，又能让读者清楚地知道标题和正文部分是一个整体。

提示

“段落”面板（【文字】>【段落】）还提供了【段前间距】和【段后间距】选项。

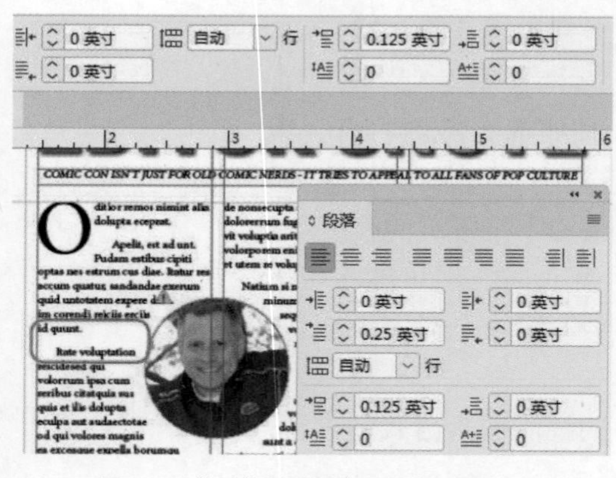

图 4.14　使用控制面板或“段落”面板在段落之间增大间距

要在段落之前或之后增大间距（图 4.14），请执行下列操作。

（1）使用文字工具，在段落中单击以将其选中，或者选择一个段落范围。

（2）在控制面板中，单击【段落格式控制】按钮。

（3）在【段前间距】或【段后间距】文本框中输入值，或者单击旁边的箭头。

4.8 设置缩进

缩进将段落文本远离栏的左侧或右侧。InDesign 提供了 4 个缩进控件，每个缩进控件可确定段落文本如何远离栏的左侧或右侧（图 4.15）。

- 左缩进：让段落中的所有行远离栏的左侧。
- 右缩进：让段落中的所有行远离栏的右侧。
- 首行左缩进：让段落的第一行远离栏的左侧。
- 末行右缩进：让段落的最后一行远离栏的右侧。

> **提示**
>
> 还可以使用【在此缩进对齐】命令来创建缩进。使用文字工具在段落中想要缩进的位置单击，然后选择【文字】>【插入特殊字符】>【其他】>【在此缩进对齐】命令。另外，也可以按 Ctrl+\（Windows）或 Command+\（macOS）组合键。

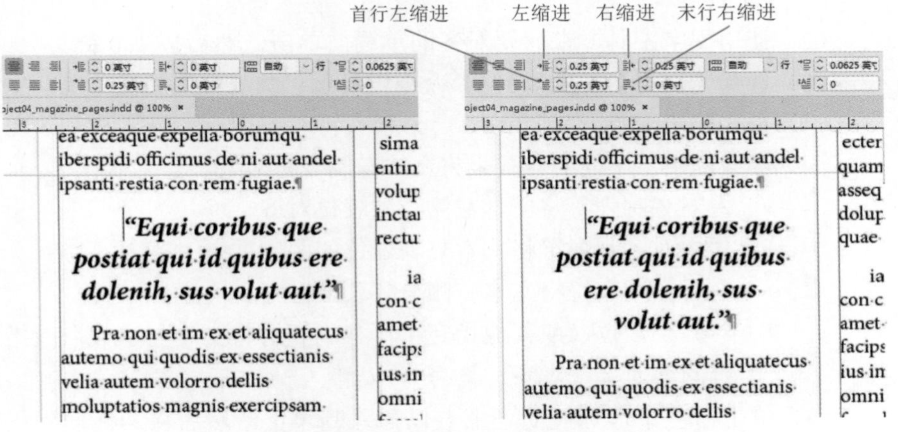

图 4.15　在控制面板中调整段落缩进有助于突出引用

4.9 设置制表符

> ★ ACA 考试目标 4.2

缩进的目的是控制整个段落的文本，而制表符的目的是控制列表或表格，例如餐厅菜谱和时间表。这是通过跨列设置制表符来实现的，这样每次按 Tab 键时，文本插入点都会移动至下一个制表符。

制表符文本的一个示例是评估表，它包含一个问题和答案表，制表符会将答案列对齐（图 4.16）。

要添加制表符，请执行下列操作。

（1）如有必要，请选择【文字】>【显示隐含的字符】命令，以便可以在文本中看到制表符（确保屏幕模式为“正常”）。

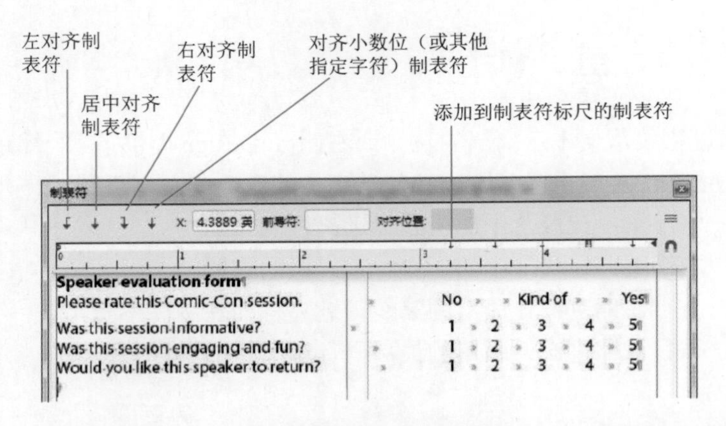

图 4.16 文本框架包含制表符，并使用“制表符”面板进行了格式化

（2）使用文字工具，在想要对齐的单词前单击，然后按 Tab 键。

（3）选择【文字】>【制表符】命令以显示“制表符”面板。

（4）单击制表符标尺上的其中一个制表符对齐图标。这 4 种制表符类型提供了不同的方式来将文本与制表符对齐。

- 左对齐制表符将文本左侧与制表位对齐。
- 居中对齐制表符将文本与制表位的两侧居中对齐。
- 右对齐制表符将文本右侧与制表位对齐。
- 对齐小数位（或其他指定字符）制表符将文本与小数点或指定的其他字符对齐。

（5）单击白色条形标尺的正上方以插入制表位，然后将其拖动到正确的位置；或者在选中制表位的情况下，在【X】文本框中输入确切位置。

（6）要为多行调整制表符，请首先使用文字工具选择行，然后在“制表符”面板中调整设置。

4.10 调整连字

★ ACA 考试目标 4.2

连字会使得不适合行尾的单词被分成两行，连字出现在第一行的末尾。使用连字是一种设计和编辑选择。启用连字有助于在段落中创建更均匀的单词间距，例如，对于要对齐的段落文本，启用连字可以帮助减少单词空间的变化。

要禁用段落的连字（图 4.17），请执行下列操作。

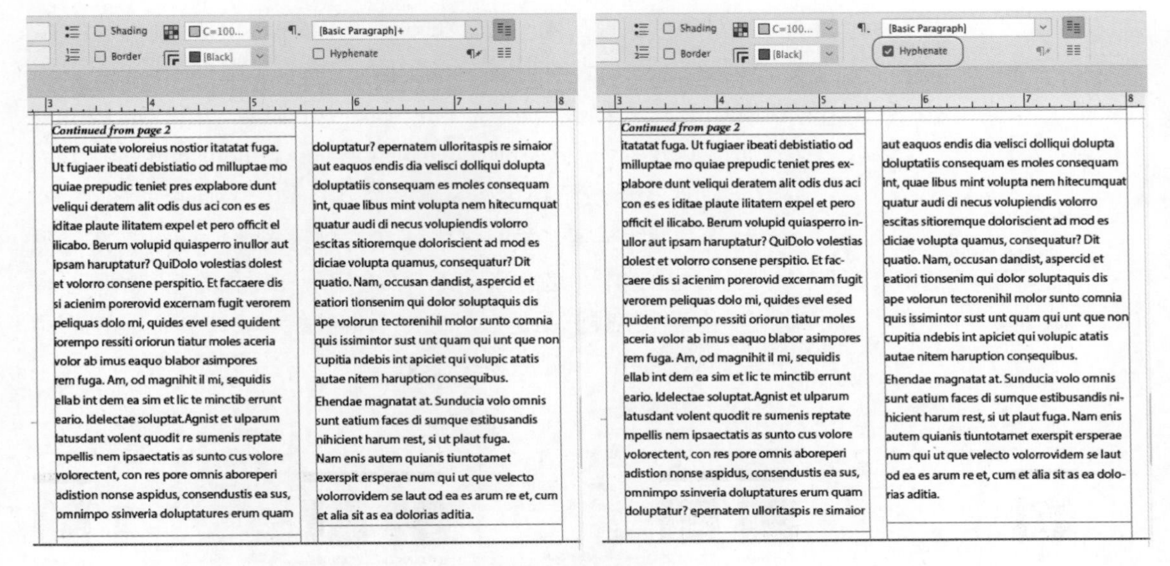

图 4.17 禁用（左）和启用（右）连字的文本

（1）使用文字工具，单击以选择段落。

（2）在控制面板或“段落”面板中，取消选中【连字】复选框。

提示

要定义连字设置，请从“段落”面板菜单中选中【连字】复选框。

4.11 在对象周围绕排文本

★ ACA 考试目标 4.2

★ ACA 考试目标 4.4

“文本绕排”面板提供了一种将文本绕排到对象周围的简单方法。文本通常绕排在导入图形的周围，但是文本绕排适用于任何类型的框架，例如，可以将文本绕排在包含引用的文本框架周围。为了处理各种情况，“文本绕排”面板支持文本绕排在对象、图像的矩形边框或导入图像的轮廓周围。

要在对象周围绕排文本，请执行下列操作。

（1）选择一个与文本框架重叠的对象。

（2）如果看不到“文本绕排”面板，请选择【窗口】>【文本绕排】命令。

（3）单击“文本绕排”面板顶部的按钮（图 4.18）。

- 沿定界框绕排：这会在对象的矩形边框周围绕排文本，而不考虑框架或其中对象的形状。

- 沿对象形状绕排：这会在对象而不是框架的周围绕排文本。如果框架是包含非矩形图形的矩形，请尝试根据图形指示其形状的方式从【轮廓选项】下拉列表框中选择一个选项。【Alpha 通道】表示使用额外图像通道的形状，【Photoshop 路径】或【剪切路径】表示使用矢量路径且与图像一起保存的形状。
- 上、下型绕排、：这将使文本跳过对象，而不是在对象周围绕排文本。这意味着文本不会出现在对象的左右两侧。注意，【下型绕排】不是在对象之后继续绕排文本，而是在与对象不重叠的下一列继续绕排文本。

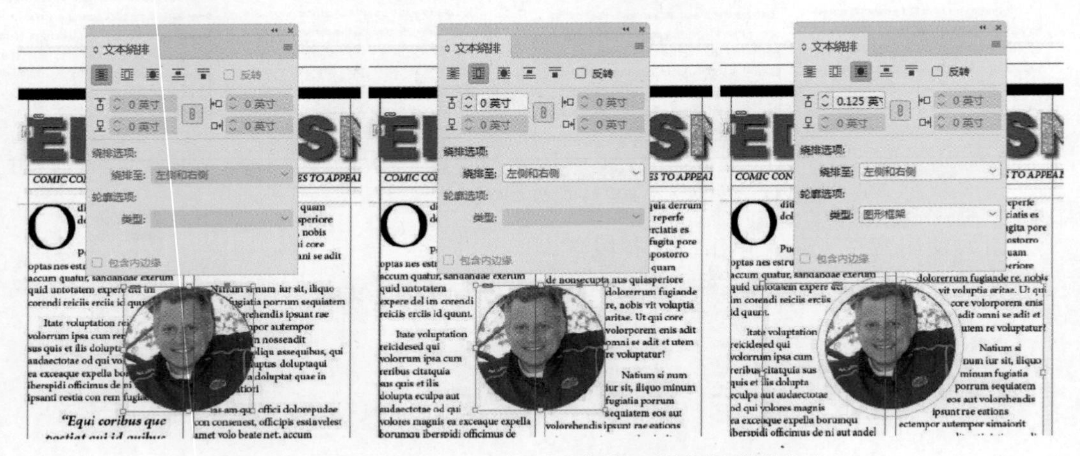

图 4.18　在“文本绕排”面板中应用绕排选项

（4）根据需要输入位移值，以使文本远离形状（图 4.19）。

图 4.19　在“文本绕排”面板中输入位移值

4.12 创建项目符号列表和编号列表

可以自动在段落中添加项目符号或编号。当步骤的顺序或序列明确时，请使用编号列表；当顺序不重要时，请使用项目符号列表。例如，在食谱中，原料可能使用项目符号列表，而说明可能使用编号列表。

要创建项目符号列表或编号列表，请执行下列操作。

（1）使用文字工具，选择想要使用列表的段落。

（2）请执行以下任意一项操作（图 4.20）。

- 在控制面板中，单击【项目符号列表】或【编号列表】按钮。
- 选择【文字】>【项目符号列表和编号列表】命令，从子菜单中选择【应用项目符号】或【应用编号】命令。

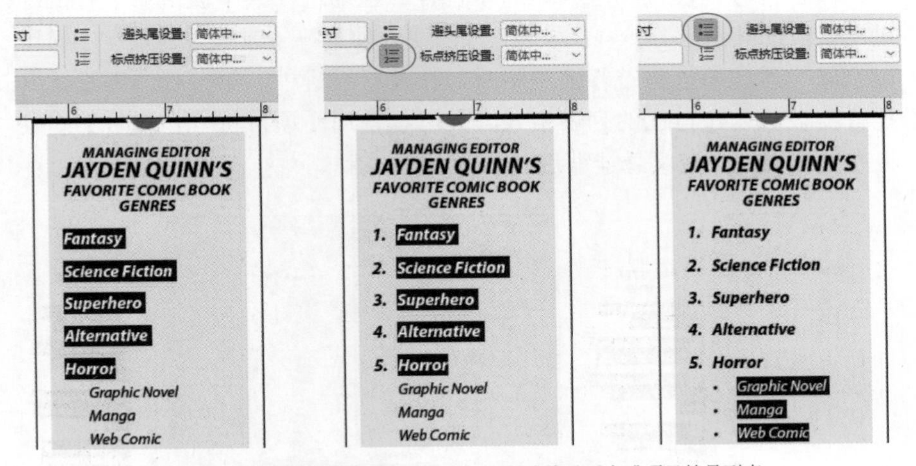

图 4.20 在控制面板中单击相应图标来创建编号列表或项目符号列表

要调整列表的格式，请执行下列操作。

（1）使用文字工具，选择想要调整列表格式的段落。

（2）请执行以下任意一项操作。

- 按住 Alt（Windows）或 Option（macOS）键，然后在控制面板中单击【编号列表】按钮。
- 从“段落”面板菜单中选择【项目符号和编号】命令。

（3）根据需要调整选项（图 4.21），单击【确定】按钮。

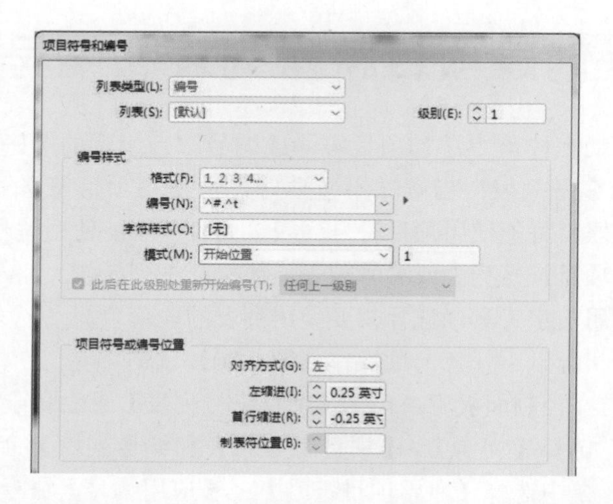

图 4.21 【项目符号和编号】对话框中的列表格式选项

项目符号列表或编号列表通常包含悬挂缩进，其中段落第一行的缩进比该段的其余部分少（图 4.22），以便为项目符号或编号的数字字符留出空间。悬挂缩进与首行缩进相反，在首行缩进中，第一行的缩进比其他行要多。创建自己的列表格式时，可以使用【项目符号和编号】对话框中的选项来自定义悬挂缩进。

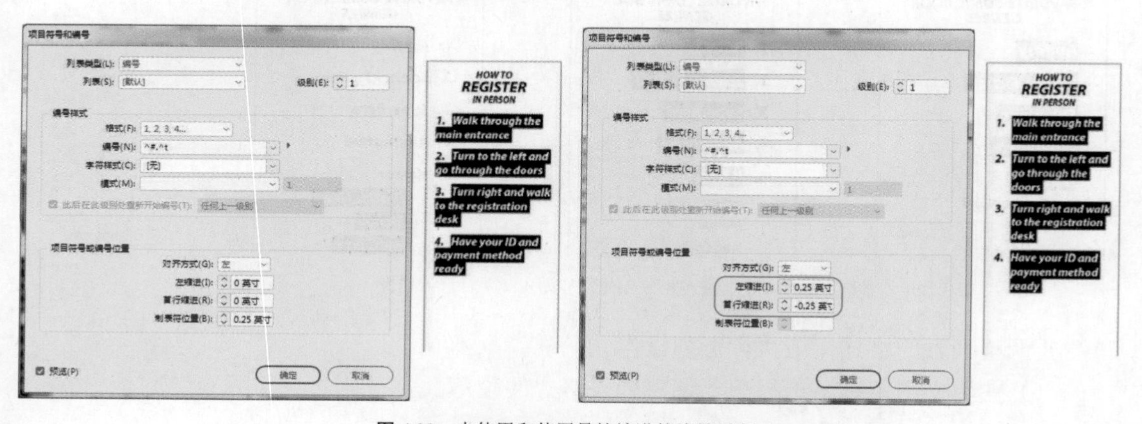

图 4.22 未使用和使用悬挂缩进的编号列表

提示

由于项目符号和编号应用于段落，因此可以将它们保存为段落样式的一部分。

要在【项目符号和编号】对话框中创建悬挂缩进，则【首行缩进】的值应小于【左缩进】值。通常，【首行缩进】与【左缩进】的绝对值相同，但【左缩进】的值为负数，例如，默认列表格式是【左缩进】为 0.25 英寸，而【首行缩进】为 –0.25 英寸。

4.13 通过文本框架串接文章

在 InDesign 中，“文章”专门指一篇连续的文本。文章可以放在一个文本框架中，例如标题也可以在一系列串接的（链接的）文本框架之间流动。如果文章太长，无法全部放在第一个文本框架中，则可以通过同一页面或跨页上的多个链接文本框架进行串接，例如拥有多个栏的故事、杂志等。更改串接文章中的字数时，它将影响所有串接文本框架中文本的总长度。

4.13.1 串接文本框架

★ ACA 考试目标 4.2

文本框架左上角有一个输入端，右下角有一个输出端（图 4.23）。这些端连接文本框架，并允许文本在这些框架之间流动。可以先绘制文本框架，然后串接它们，也可以在导入文本时就以交互方式串接文本框架。这两种方法都会使用文本框架的输入端和输出端。

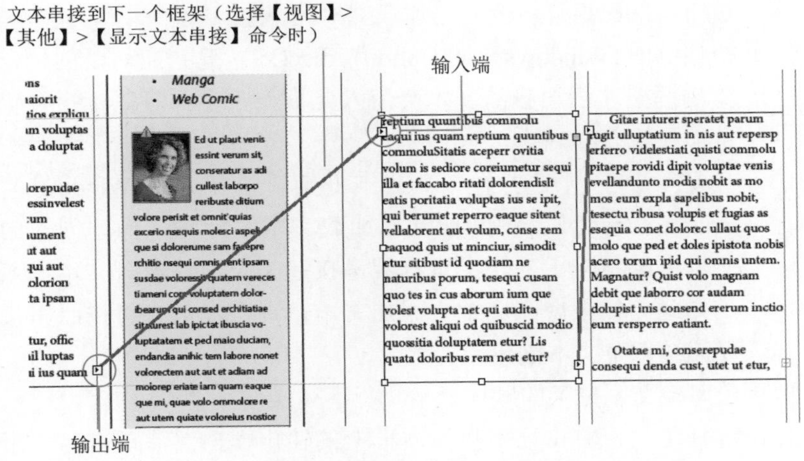

文本串接到下一个框架（选择【视图】>【其他】>【显示文本串接】命令时）

输入端

输出端

图 4.23 文本串接控件和指示器

如果要查看在“正常”屏幕模式下如何串接文本框架，请选择【视图】>【其他】>【显示文本串接】命令。

要串接已存在的文本框架，请执行下列操作。

（1）使用选择工具，单击第一个文本框架的输出端（图 4.24）。鼠标指针将变为带有串接图标的已加载文本图标，这表示单击的下一个文本框架将与上一个文本框架串接起来。

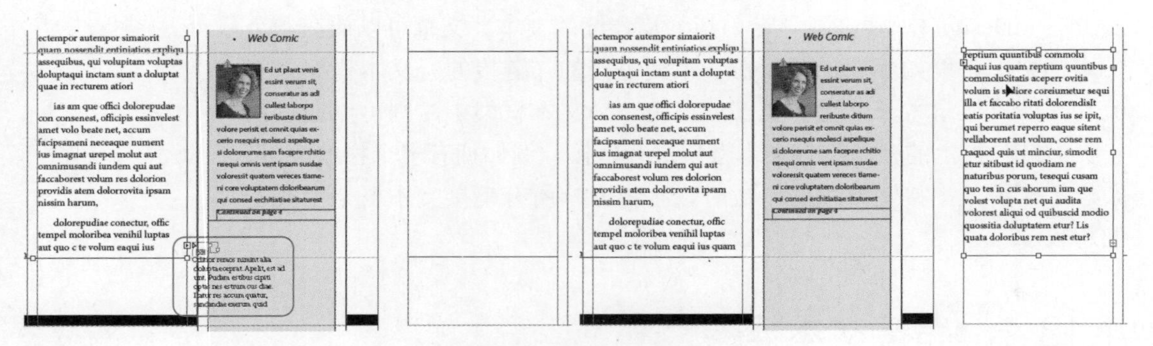

图 4.24 串接文本框架

（2）单击空文本框架上的已加载文本图标。两个文本框架现在已链接起来，从第一个框架中溢流出的文本将出现在第二个框架中。

要在创建文本框架时就将它们串接起来，请执行下列操作。

（1）选择【文件】>【置入】命令，选择一个文本文件，单击【打开】按钮，鼠标指针将变为已加载文本图标。

（2）按住 Alt（Windows）或 Option（macOS）键并拖动以创建一个文本框架。已加载的文本会流入此框架中，并且鼠标指针仍然是加载状态。

（3）重复第 2 步以创建下一个文本框架。按住 Alt（Windows）或 Option（macOS）键并拖动已加载文本图标时，拖动创建的该文本框架将与上一个文本框架串接起来，即使没有文本流入也是如此。如果您在文章中添加文本，则文本最终将按照串接顺序流经每个文本框架。

要更改串接文本框架的顺序，请执行下列操作。

使用选择工具，单击已串接文本框架的输出端，然后单击另一个目前未串接的文本框架。

4.13.2 创建跳转行

当文章在另一个页面上继续时，跳转行会告诉读者在哪里找到文章的其余部分，或者文章从哪里继续。

要添加跳转行（图 4.25），请执行下列操作。

（1）使用文字工具，为跳转行创建一个单独的小文本框架。

（2）输入跳转行文本，例如 Continued on page。

（3）将文本插入点放在该行的末尾，选择【文字】>【插入特殊字符】>【标志符】>【下转页码】命令。

（4）使用选择工具，调整文本框架的位置，使其与继续的其他文章文本区域相接触或稍微重叠。

提示

如果“下转页码”标志符与文章文本太近，可以尝试扩展文章文本框架的底部。下转页码只有在触及文本框架的实际文章区域（而不是文本框架边缘或插图）时才会更新。

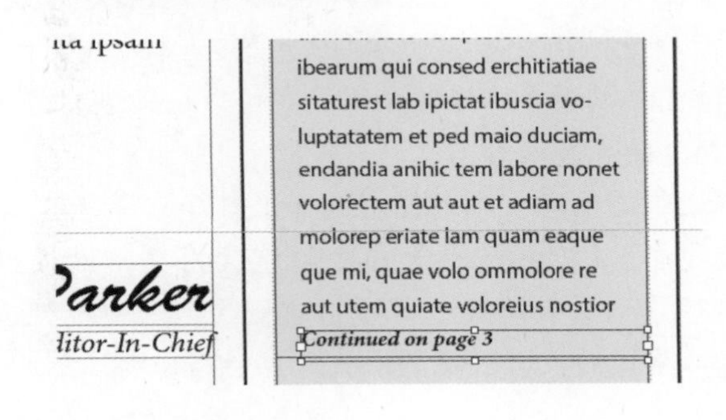

提示

要创建接上页的跳转行，请选择【插入特殊字符】>【标志符】>【上接页码】命令。

图 4.25 表示文章在另一页继续的跳转行

4.13.3 处理溢流文本

如果文本过多而无法在框架中完全显示，则输出端将显示一个红色加号。这表示有溢流文本，并用红色标记（图 4.26）。这意味着当前还有文本未显示，该部分文本不会出现在最终打印的文档中。

要处理溢流文本，请执行下列其中一项操作。

- 通过编辑来缩短文本，直到所有文章都包含在文本框架中。
- 让文本框架变高，直到所有文章都包含在文本框架中。
- 将文章串接到一个空文本框架，这样文章就可以在这里继续了。

ius imagnat urepel molut aut
omnimusandi iundem qui aut
faccaborest volum res dolorion
providis atem dolorrovita ipsam
nissim harum.

图 4.26 每个文本框架都有一个输入端和一个输出端。当输出端附近显示一个红色加号时，表示有文本溢流了

提示

通过多个文本框架串接的文章可能会很难编辑。选择【编辑】>【在文章编辑器中编辑】命令，可以在一个窗口中查看和编辑文章。您在文章编辑器中进行的所有更改都将反映在版面中，反之亦然。

4.14 将文本转换为图形

★ ACA 考试目标 4.4

单独使用文本控件并不一定能获得所需的文本效果。例如，您可能希望为标题文本应用 InDesign 无法实现的某种填充，但这种填充在 Photoshop 和 Illustrator 等应用程序中很好实现。在这种情况下，可以将文本转换为轮廓。

将文本转换为轮廓时，各个文本字符将成为图形框架。此时，就可以像处理图形框架一样对它们执行任何操作，例如编辑其路径（用于自定义字母格式）或使用图像填充文本。但这种方法有一个缺点：将文本转换为轮廓后，将无法再使用文字工具来编辑文本。您可能需要将原始文本的副本保留在粘贴板上，以便在需要时可以快速恢复。

将文本转换为图形有两种方式。

- 转换框架中的所有文本：使用选择工具，选择文本框架，然后选择【文字】>【创建轮廓】命令。这会将文本转换为复合路径，复合路径是一系列路径，可以将它们视为一个框架或一组对象。选择复合路径后，可以将图形放入复合路径内（图 4.27）。

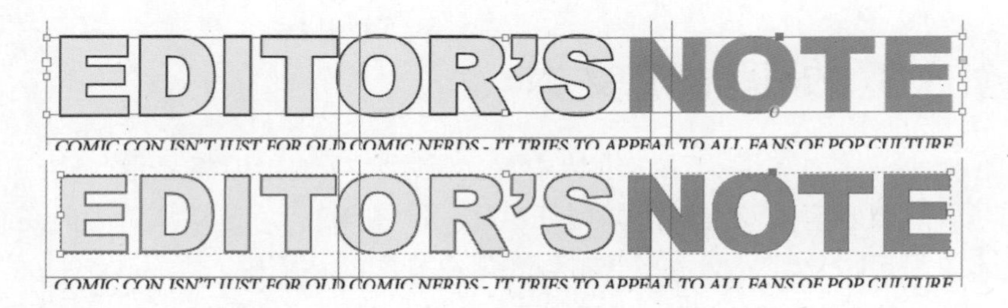

图 4.27 将文本框架中的所有文本转换为轮廓

- 转换所选文本：使用文字工具，选择要转换的文本，然后选择【文字】>【创建轮廓】命令。在这种情况下，仅转换所选文本。转换为轮廓的文本将形成文本形状的框架，该文本形状框架将锚固在其余文本中。

提示

要取消锚定文本形状的框架，请选择框架，选择【编辑】>【剪切】命令，在页面上的任意位置单击，然后选择【编辑】>【粘贴】命令。

将直接选择工具移动到转换后的文本上时，可以看到所有锚点和线段（图 4.28）。

图 4.28 转换为轮廓的文本将形成文本形状的框架

提示

使用选择工具双击一个组，可以选择该组中的其他元素。

如何用导入的图像填充这些轮廓？由于它们是图形框架，因此可以像之前在矩形图形框架中置入图像那样执行相同的操作，唯一不同的是，这些框架不是矩形的。只需确保在置入图像时选择了轮廓线，则图像将被放在轮廓线内（图 4.29）。

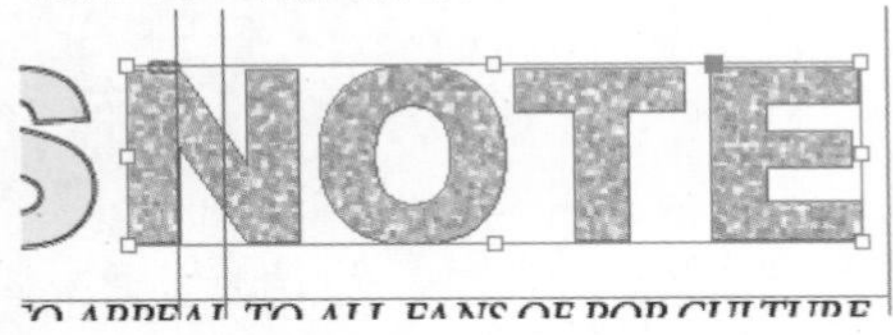

图 4.29 置入转换文本中的蓝色图案

我们以前在图形框架内进行过编辑，它们的工作方式相同：既可以使用直接选择工具或内容采集器来调整框架内的图像，也可以使用直接选择工具来编辑框架路径。

4.15 置入图形而不使用占位符

★ ACA 考试目标 4.1

到目前为止，您已经通过以下方式将大部分图形置入了杂志中：首先绘制图形框架，然后在选择它的同时置入导入的图形。但这不是置入图形的唯一方法。

可以通过拖动来自由放置图形，甚至可以在完全空白的页面上放置图形。要置入图形而不使用占位符，请执行下列操作。

（1）选择【文件】>【置入】命令，选择一个图形文件，单击【打开】按钮。还可以通过将图形文件从桌面拖入 InDesign 文档窗口中来置入图形。

（2）拖动加载的鼠标指标来设置图形的大小（图 4.30）。

提示

通过拖动来设置置入图形的大小和位置时，可以释放鼠标左键并选择【编辑】>【还原】命令来重新设置，鼠标指针将保持加载状态，因此可以立即再次拖动。

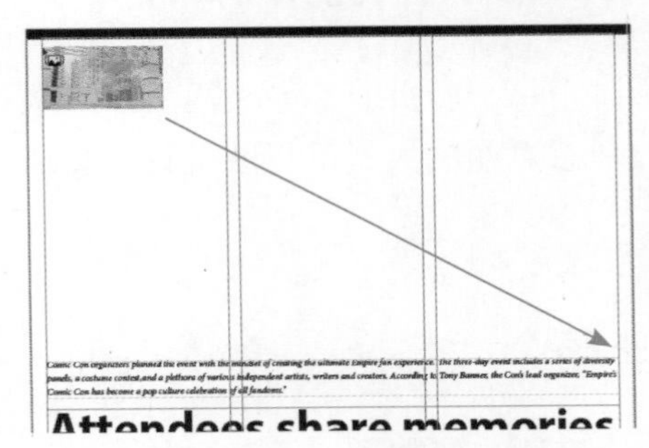

图 4.30 拖动置入的图形以调整其大小

拖动时，会出现一个临时矩形，显示释放鼠标左键后图形的大小。矩形表示置入图形的比例，因此无须按住 Shift 键也可按比例置入图形。

（3）当图形是所需的大小时，释放鼠标左键。图形将置入 InDesign 自动创建的图形框架内。

4.16 添加引用

★ ACA 考试目标 4.2

★ ACA 考试目标 4.4

引用是一段简短、吸引人的文本，旨在引起读者对该文章的兴趣。它通常作为一个单独的文本框架来设置，其中的摘录片段常用大号字体显示。

您只需要一个带有引用文本的文本框架（图 4.31），引用文本框架不应与任何其他文本框架串接起来。前面已经介绍了创建引文所需的方法，下面需要将它们组合起来。

（1）创建一个文本框架并输入文本。

（2）设置文本样式，使其大而醒目。

（3）如果引用将与文本列重叠，则为引用文本框架应用文本绕排，并设置文本绕排选项，以使文章在引用文本框架周围排列。

图 4.31 引用

4.17 在单个文档中使用不同的页面大小

★ ACA 考试目标 3.2

当您将更多的页面添加到杂志中时，每个新页面都会采用所用母版的页面大小来设置。您可以单独更改任意页面的大小，也就是说，文档可以使用多种页面大小。

4.17.1 防止页面随机排布

处理有对页的文档时，奇数页位于右侧，偶数页位于左侧。通常最好一次添加两个页面，以使现有页面保持在书脊的两侧。当您插入奇数个新页面时，每个后续页面将从右页更改为左页，反之亦然。换句话说，InDesign 会自动在跨页的两侧之间随机调整页面。随机排布可能会导致问题出现，例如，专门为跨页左侧设计的页面可能会在右侧出现。

在向文档添加新页面时，只需确保“页面”面板菜单中的【允许文档页面随机排布】命令未被选中，即可保留左页和右页的原始页面位置。当您添加更多的页面时，页面仍然会被重新编号，但是左页或右页将始终为左页或右页。另外，可以在“页面”面板中选择跨页，并从“页面”面板菜单中选择【允许选定的跨页随机排布】命令（图 4.32），从而使所有页面跨页保持在一起。

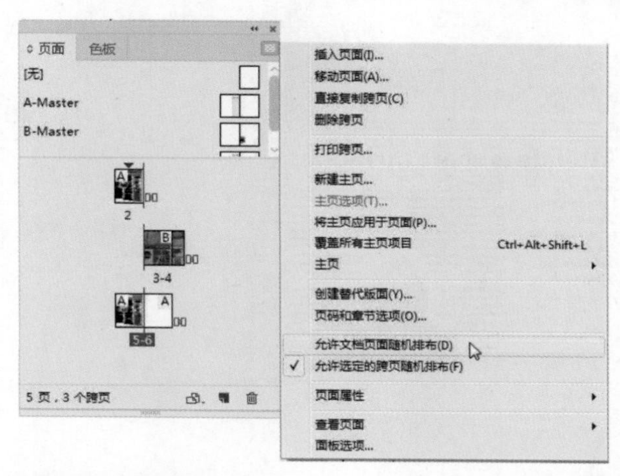

图 4.32 插入或删除页面时，取消选择“页面”面板菜单中的【允许文档页面随机排布】命令，将阻止左页变为右页（或右页变为左页）。

4.17.2 添加具有不同页面大小的折页

如上一节所述，禁用【允许文档页面随机排布】功能时，可以向跨页添加一个不同尺寸的折页，而不会导致其他页面移动。

要调整文档中页面的大小（图 4.33），请执行下列操作。

（1）选择页面工具。

（2）在“页面”面板中，单击想要调整大小的页面图标，也可以在文档窗口中单击页面本身。

（3）在控制面板中，更改所选页面的【宽度】和【高度】属性值。或单击【页面】面板底部的【编辑页面大小】按钮，选择【自定】选项，在【自定页面大小】对话框中输入【宽度】和【高度】的值，然后单击【确定】按钮。

提示

可以在【自定页面大小】对话框中将折页的页面尺寸保存为可重复使用的页面尺寸。输入页面大小的名称，单击【确定】按钮，保存页面大小后，可以从任何【页面大小】下拉列表框中选择它（例如在【新建文档】对话框中）。

图 4.33　更改文档页面的大小

4.18　创建交互式表单

★ ACA 考试目标 4.7

交互式表单是一种可以通过电子方式填写的 PDF 表单。例如，可以输入文本，从菜单中选择选项，单击各种按钮等。许多税务表格、登记表和合同都是交互式 PDF 表单格式，需要填写后通过电子邮件返回。

借助“按钮和表单”面板（【窗口】>【交互】），可以将交互式表单元素添加到 InDesign 页面，然后将文档导出为交互式 PDF。

4.18.1　了解表单元素

InDesign 支持许多不同的表单元素。在设计表单之前，请查看表单元素及其典型用途。您可能在网站上使用过这些元素。

- 文本域：用于输入一行或多行文本的矩形框。例如用于填写姓名（单行）或书面反馈（多行）的文本框。

- 列表框：带有选项的可滚动列表，可从其中选择一个或多个选项。例如一个可供选择的事件日期列表。
- 组合框：只有一个选项可供选择的菜单或选项列表。例如年龄组的列表。
- 复选框：状态为被选中或未被选中（带有选中标记或 X）的正方形框。
- 单选按钮：属于一组按钮的圆形按钮，在一个组中，任何时候都只能选择一个按钮，这使得它们相互排斥。例如一组用于选择新订阅的长度的单选按钮，可以包括一年、两年和三年。
- 签名域：用于插入电子签名或数字签名的矩形框，签名字段用于以电子方式提交的 PDF 表单。

除了域外，PDF 表单还可以包含按钮。

- 清除按钮：清除表单中输入的所有信息。
- 打印按钮：填写表格后进行打印。
- 提交按钮：通过电子邮件将填写好的表单发送给收件人。

4.18.2 设计和创建表单元素

可以使用框架工具或钢笔工具创建表单元素，这样就可以轻松地应用颜色和样式了。例如，可以使用矩形工具创建文本域和复选框，还可以为表单元素导入图形，但不要让表单元素变得过于华丽或具有装饰性。表单的设计应简单明了，以便所有年龄和能力的人都能快速输入准确的信息。

在为表单添加了所有设计元素之后，就可以将这些元素转换为表单域了。

要将矩形转换为文本域（图 4.34），请执行下列操作。

（1）选择为文本域绘制的矩形。

（2）选择【对象】>【交互】>【转换为文本域】命令，或者从“按钮和表单”面板的【类型】下拉列表框中选择【文本域】选项。

（3）在“按钮和表单”面板中，为该字段输入唯一的名称。如果多个字

图 4.34　将矩形转换为文本域

段具有相同的名称，则在这些字段中输入的文本会自动出现在具有相同名称的其他所有字段中。

（4）单击【PDF 选项】左侧的三角形，然后设置转换后的文本字段的选项，如下所示。

- 说明：在【说明】字段中输入的文本在 Adobe Acrobat Reader 中显示为工具提示。此外，它还帮助那些依赖屏幕阅读器等辅助技术的读者更轻松地访问该表单。建议始终为每个字段输入说明。
- 可打印：选中【可打印】复选框将允许打印填写的表单内容。在大多数情况下，应启用此功能。
- 必需：如果有人必须在提交电子表单前填写此字段，请启用此功能。
- 密码：启用该功能的字段会隐藏输入的文本，并用星号或项目符号代替它。
- 只读：用户不能在启用该功能的字段中选择文本或向其中输入文本。
- 多行：为需要更多文本输入的字段（如反馈或更多信息字段）选中【多行】复选框，确保增加字段矩形的深度，以便为多行留出足够的空间。
- 可滚动：取消选中【可滚动】复选框可以将在字段中输入的文本限制为字段大小。对于需要打印的表格，应取消选中此复选框以避免在打印输出的结果上仅看到部分输入的文本。
- 字体大小：启用该功能后，可为输入字段中的文本选择字体大小。

如果将文档导出为交互式 PDF，则转换后的矩形将成为可填写的文本字段。

可以使用相同的方法将对象转换为“按钮和表单”面板中的任何【类型】选项。

★ ACA 考试目标 4.6

4.18.3 添加按钮

按钮是可以执行操作的交互元素。如果您曾经使用过在线订单，则在单击【提交订单】按钮时，系统将检查您的信用卡详细信息并发送订单详细信息。

制作一个按钮需要两个步骤，如下所述。

（1）设置事件。用户需要如何与按钮交互才能触发事件？是单击按钮，还是将鼠标指针移到按钮上就足够了？

（2）设置动作。事件被触发后，应该发生什么？是否出现打印对话框以便打印表单？电影会开始播放吗？页面会跳转到网络浏览器中吗？

最常用的事件是“在释放或点按时”，当鼠标指针在按钮上方时单击并释放鼠标左键，或者在平板电脑设备或手机上单击按钮时，会发生此事件。

各种设计元素都可以变成一个按钮，如下所述。

- 使用图形或图像作为按钮。
- 使用带有填色和文本的简单文本框架。
- 编组多个对象（【对象】>【编组】），例如形状、框架中的文本和图像。

一旦知道了如何设置按钮，就可以将其与下列步骤（用于创建杂志表单的【打印】按钮）结合起来。

要添加【打印】按钮（图 4.35），请执行下列操作。

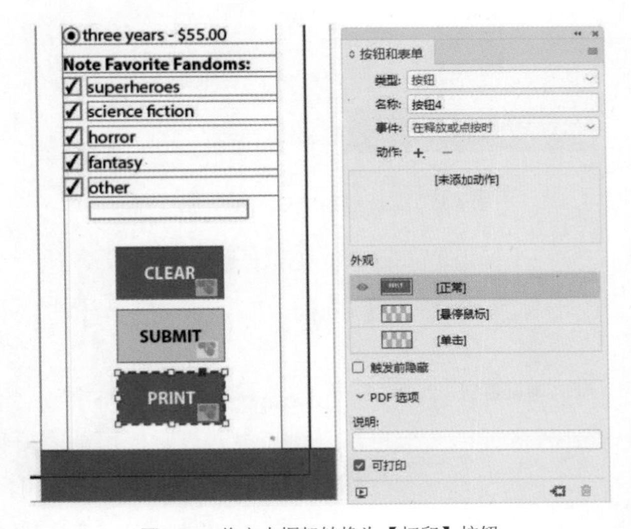

图 4.35　将文本框架转换为【打印】按钮

（1）使用选择工具，选择将作为按钮的对象或组。

（2）选择【对象】>【交互】>【转换为按钮】命令，或者在“按钮和表单”面板中，从【类型】下拉列表框中选择【按钮】选项。

（3）在“按钮和表单”面板中，输入按钮的名称。

（4）将【事件】设置为【在释放或点按时】。

（5）单击【动作】右侧的加号按钮，选择【打印表单】选项。

（6）单击【PDF 选项】左侧的显示三角形。

（7）为防止该按钮被打印出来，请取消选中【可打印】复选框。

4.18.4 设置按钮外观

您可能使用过一些按钮，它们根据是将鼠标指针悬停在按钮上还是单击按钮来更改按钮外观。您可以创建以不同方式响应的 InDesign 按钮：按钮可以根据其状态（当前发生的情况）显示不同的外观。

在 Adobe Acrobat Reader 中首次打开 PDF 表单时，看到的是“正常”外观。将鼠标指针移到按钮上时，就是“悬停鼠标”外观。单击按钮时会出现“单击”外观。

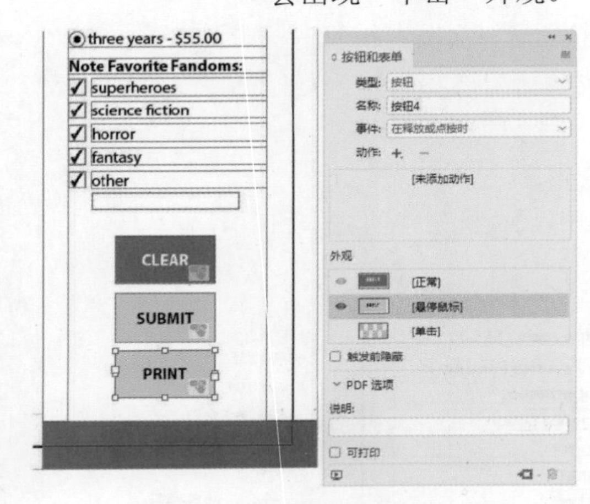

图 4.36 为按钮添加替代外观

要为按钮添加不同的外观（图 4.36），请执行下列操作。

（1）选择按钮。

（2）在“按钮和表单”面板中，单击想要添加的外观，例如【悬停鼠标】。

（3）为了能够更改此按钮外观的图形格式，例如更改填色，请双击按钮。

（4）完成所有按钮的外观编辑后，将它们全部设置为“正常”外观，以使 InDesign 中的表单外观与在 Adobe Acrobat Reader 中首次看到的外观一致。

4.19 编号和章节

★ ACA 考试目标 3.2

InDesign 部分包含一个或多个页面范围。设计不同的出版物（例如杂志、书籍和报告）时，可能需要将不同的页面范围定义为多个部分。

- 印刷杂志的封面可能印在与内页不同的纸上，封面本身可能不需要任何页码，第一个内页需要从第 1 页开始。
- 一本书的开头部分（核心文本前面的几页，如前言或目录）可以使用罗马数字（i、ii、iii、iv 等），而不是阿拉伯数字（1、2、3、4 等）。
- 您可能希望将不影响其他页面页码的折页添加到杂志的跨页中。

杂志折页是使用章节的一个示例。例如，杂志的页面编码为 1 到 4，如果在第 3 页和第 4 页之间添加折页后，最后一页的页码就增加到 5。

如果您不希望添加的折页更改杂志的页码，那么可以为折页创建一个新的部分，就可以更改此页面的编号样式（例如改为A、B、C），以便其与杂志页码使用的阿拉伯数字不冲突。最后，可以在折页后开始一个新的部分，从上次页面编号结束的地方开始，即从第4页开始编号，并将样式改回阿拉伯数字。

要开始一个新的部分并更改该部分的页码（图4.37），请执行下列操作。

（1）在“页面”面板中，双击表示该部分开始的页面。

（2）选择【版面】>【页码和章节选项】命令。

（3）在【新建章节】对话框中，选中【开始新章节】复选框。

（4）要调整该部分的起始页码，请在【起始页码】文本框中输入一个数字。

（5）从【样式】下拉列表框中，选择首选的页码样式，然后单击【确定】按钮。

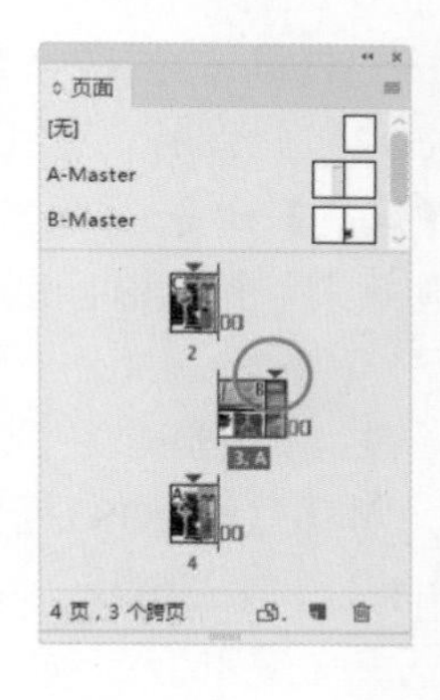

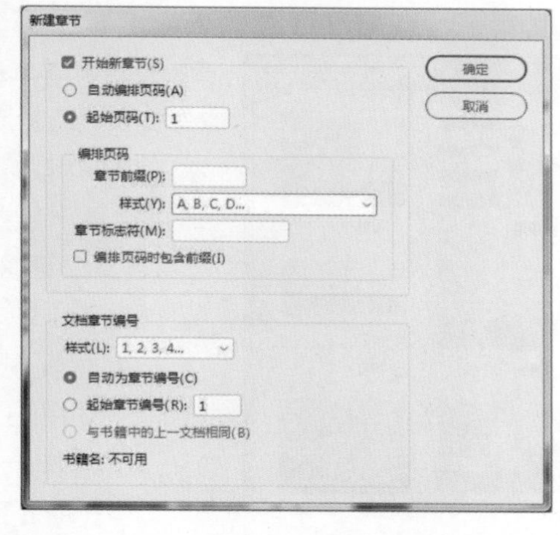

图 4.37 在“页面”面板中，章节指示器标记了折页开始的新章节

页面顶部会出现一个章节指示器图标（一个小三角形），表示章节开始。

对于杂志设计，您需要这样做两次，第一次是使用非阿拉伯编号系统（如A、B、C、D）将折页设置为一部分，第二次是将第4页设置为另一个部分，在第4页重新启动阿拉伯编号。

要在任意阶段编辑页码和章节选项，请执行下列操作之一。

- 双击“页面”面板中的章节指示器图标。
- 选择页面，并从“页面”面板菜单中选择【页码和章节选项】命令。
- 选择页面，选择【版面】>【页码和章节选项】命令。

提示

要快速创建章节，请右键单击（Windows）或按住Ctrl键并单击（macOS）“页面”面板中的页面图标，从快捷菜单中选择【页码和章节选项】命令。

4.20 添加页面过渡效果

★ ACA 考试目标 4.7

在页面之间导航时，会出现页面过渡效果，例如渐隐。可以将不同的页面过渡效果应用于 InDesign 文档中的每个页面。

要向跨页添加页面过渡效果（图 4.38），请执行下列操作。

（1）在“页面”面板中选择一个跨页。

（2）选择【版面】>【页面】>【页面过渡效果】>【选择】命令，显示【页面过渡效果】对话框。

（3）要预览过渡效果，请将鼠标指针移动到对话框中的缩略图上。

（4）要将过渡效果仅应用于所选跨页，请取消选中【应用到所有跨页】复选框。

（5）选择其中一种过渡效果，单击【确定】按钮。

注意

仅当读者以“全屏”屏幕模式查看 PDF 时，页面过渡效果才有效。

在“页面”面板中，该跨页旁边会出现一个小图标，表示该页面已应用过渡效果。要更改过渡效果，请右键单击（Windows）或按住 Ctrl 键并单击（macOS）此图标，然后从快捷菜单中选择【选择】命令。

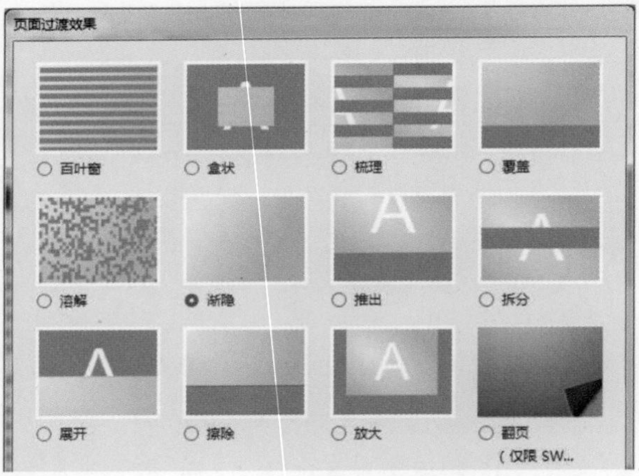

图 4.38 为所选跨页应用页面过渡效果

要编辑过渡效果、持续时间或计时，请执行以下任意一种操作。

- 右键单击（Windows）或按住 Ctrl 键并单击（macOS）“页面”面板中的过渡效果图标，从快捷菜单中选择【编辑】命令。
- 选择一个跨页，并选择【版面】>【页面】>【页面过渡效果】>【编辑】命令。

4.21 创建交互式 PDF

★ ACA 考试目标 4.7

★ ACA 考试目标 5.2

要完成此项目，还需要做一件事——创建交互式 PDF，以便可以测试过渡效果和表单元素。

要创建交互式 PDF（图 4.39），请执行下列操作。

（1）选择【文件】>【导出】命令。

（2）从【保存类型】子菜单（Windows）或【格式】子菜单（macOS）中，选择【Adobe PDF（交互）】格式。

（3）输入 PDF 的名称并导航到系统上的保存位置。

（4）单击【保存】按钮，出现【导出至交互式 PDF】对话框。

（5）请确保启用了下列设置。

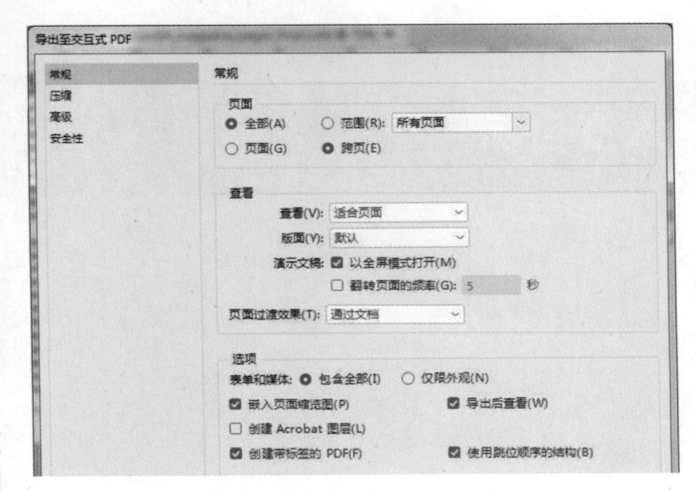

图 4.39　导出交互式 PDF

- 查看：选择【适合页面】选项，这样文档打开时会适合查看器的屏幕大小，而不用放大或缩小。
- 导出后查看：选中该复选框将在 Adobe Acrobat 或 Adobe Acrobat Reader 中打开 PDF，以便您可以测试它。
- 以全屏模式打开：选中该复选框使您可以查看和测试过渡效果。
- 页面过渡效果：选择【通过文档】选项以保留每个跨页的不同过渡效果。
- 包含全部：选择【包含全部】选项，以便表单和媒体元素能够正常工作并具有交互性。
- 创建带标签的 PDF、使用跳位顺序的结构：要使依赖辅助技术的人更轻松地使用 PDF，请选中【创建带标签的 PDF】和【使用跳位顺序的结构】复选框。

（6）单击【确定】按钮以保存 PDF。现在可以在 Adobe Acrobat 或 Adobe Acrobat Reader 中测试该文档。

恭喜您完成了杂志页面和交互式 PDF 项目。在下一个项目中，您将学习如何将菜谱组合在一起，以及如何使用样式来格式化文本、表格和对象，从而加快设计流程的制作部分。

本章目标

学习目标

- 使用渐变设置文本样式。
- 将角选项应用于框架。
- 从其他文件格式导入文本。
- 使用样式设置文本格式。
- 从其他应用程序导入文本。
- 创建和格式化表。
- 创建表和单元格样式。
- 创建目录。

ACA 考试目标

- 考试范围 2.0
  项目设置与界面
  2.1、2.4、2.5

- 考试范围 4.0
  创建和修改视觉元素
  4.1、4.3、4.4、4.6、4.7、4.8

第 5 章

设计食谱版式

您正在成为一名经验丰富的设计师，因此本章的项目重点是学习如何更巧妙地工作，而不是更努力地工作。您将学习如何从其他文档导入文本，并使用段落样式和字符样式快速格式化文本；使用对象样式来格式化对象，这样就不必为了将它们应用到另一个对象而记下所有的设置，例如效果设置；使用表将文本格式化为表格式；最后创建目录。所有这些新技能都是为了能够更轻松地构建更长的、更复杂的文档。

5.1 准备食谱

★ ACA 考试目标 2.1

InDesign 能够让您创建精美的设计作品。通过使用主页和样式，可以更快速高效地创建精美的设计作品。本章的主题是教您一些技能，使制作变得更简单。您已经在杂志封面项目（第 4 章）中了解了一些样式，在本章中将实际使用它们。有了样式，格式化文本、表和对象会变得快速简单，因此您可以花更多的时间来设计版式（图 5.1）。

创建、设置和保存新文档的方法与前几章相同，但这次使用【新建文档】对话框设置，包括设置主页，然后再自定义封面。

图 5.1 食谱设计成品

删除色板

可以使用“色板”面板中的【删除选定的色板 / 组】按钮（图 5.2）来删除文档中未使用的色板。

要删除应用于对象的色板时，必须选择为这些对象重新应用一种颜色，否则将连对象带色板一起删除（图 5.3）。请执行下列任一操作。

图 5.2 【删除选定的色板 / 组】按钮

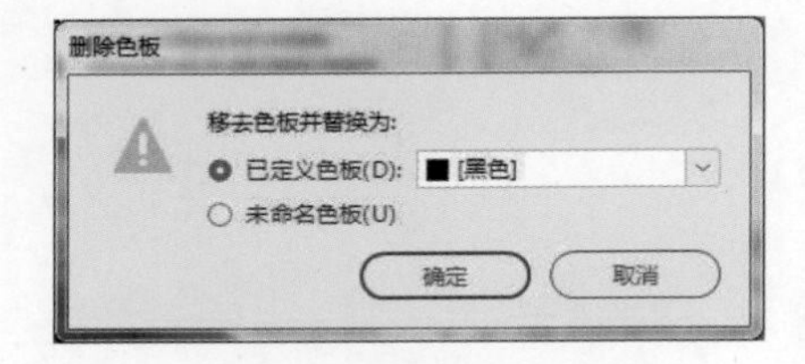

图 5.3 【删除色板】对话框

- 如果您希望对象使用其他现有色板，请选择【已定义色板】选项，然后从【已定义色板】下拉列表框中选择一个色板。

- 如果您希望对象保留其颜色，请选择【未命名色板】选项。这样，对象就可以保留其使用的颜色，而无须使用命名色板。

如果您选择删除应用于多个对象的颜色，并且不希望对所有对象应用相同的颜色，那么第二种方法更好。

5.2 使用渐变色板设置文本样式

★ ACA 考试目标 2.5

第 2 章介绍了渐变以及如何使用“渐变”面板。渐变是两种或多种不同颜色或色调之间的混合。对于使用了较大字体的文本（例如书名），使用渐变色板设置文本样式有助于吸引注意力。

之前您已经学习了对框架应用渐变，其实也可以对文本框架中的所有或部分文本应用渐变。要将渐变应用于文本（图5.4），请执行下列操作。

（1）请执行下列其中一种操作。

- 要影响框架中的所有文本，请使用选择工具单击文本框架。
- 要影响一定范围的字符，请使用文字工具选择要编辑的文本。

（2）单击“色板”面板或控制面板中的“填色”图标或“描边”图标，然后单击“格式针对文本”图标。

（3）在“色板”面板中选择渐变色板。

（4）要调整渐变，请打开“渐变”面板并根据需要设置选项。

提示

可以从“色板”面板菜单中选择【新建渐变色板】命令来创建渐变。

图 5.4 将渐变填充应用于文本框架中的所有文本

想要编辑应用于文本的渐变时，请记住以下几点。

- 避免对小文本应用渐变，因为这会使小文本难以阅读。最好对大的文本（标题和题目）应用渐变，尤其是那些粗字体的文本。
- 要编辑应用于文本的渐变，请记住在更改渐变设置之前选择该文本。如果渐变仅应用于框架中的某些文本，则在编辑渐变设置之

- 前，需要使用文字工具选择这些文本。
- 如果只想更改所应用渐变的角度，则无须打开“渐变”面板，只需选择渐变工具，并在所选文本上拖动以更改渐变的角度。如果要输入特定的角度值（如 36°），则需要使用“渐变”面板。
- 与颜色一样，编辑应用于选定文本框架的渐变时，请记住单击“格式针对文本”图标，以确保编辑将影响文本而不是包含文本的框架。

5.3 在文本框架中垂直对齐文本

您已经了解了如何对段落应用居中对齐，但是如何才能迅速地将文本垂直居中呢？可以使用【文本框架选项】对话框来实现这一点。

要使文本在框架中垂直居中（图 5.5），请执行下列操作。

（1）使用选择工具选择一个文本框架。

（2）选择【对象】>【文本框架选项】命令。

（3）在【垂直对齐】部分，从【对齐】下拉列表框选择【居中】选项。

注意

水平对齐方式在“段落”面板中，因为它是一个段落属性，而垂直对齐方式在【文本框架选项】对话框中，因为它是文本框架属性。

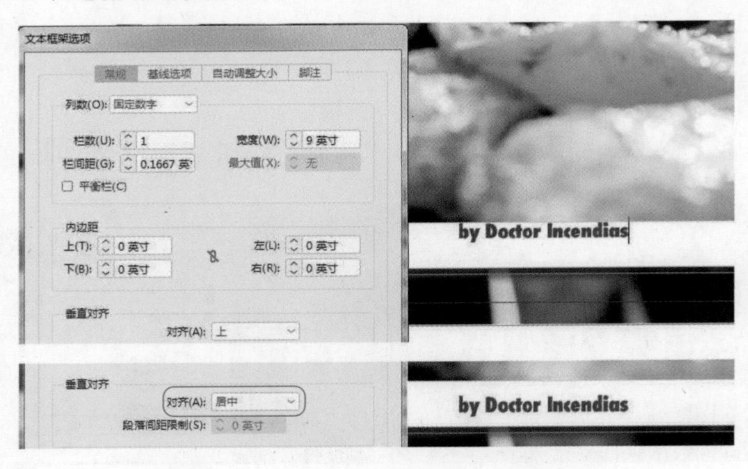

图 5.5 在【文本框架选项】对话框中选择【上】和【居中】选项，文本垂直对齐的效果不同

5.4 设置角样式

★ ACA 考试目标 4.4

在【角选项】对话框中能够更改包含尖角的设计元素的外观，如矩形、多边形或星形。例如，可以将那些尖角圆化，如上一个项目中所演示的那样。

5.4.1　应用角选项

要应用角选项，请执行下列操作。

（1）使用选择工具选择对象。

（2）选择【对象】>【角选项】命令。

（3）如果想要所有角使用相同的设置，请单击启用【统一所有设置】开关。对于本食谱中的示例，该开关处于未启用状态，因为左上角和右上角的设置与其余设置不同（图 5.6）。

（4）输入【转角大小】数量，然后从【形状】下拉列表框中选择一个选项。选中【预览】复选框以查看更改，并在得到满意效果时单击【确定】按钮。

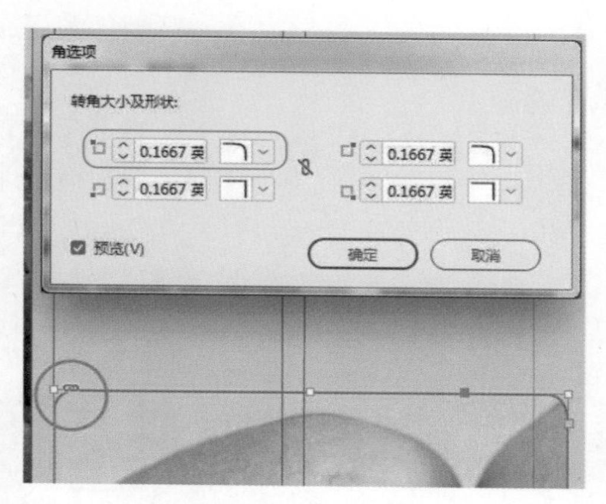

图 5.6　将圆角应用于顶部角

5.4.2　在实时转角模式下工作

前面的示例是通过在【角选项】对话框中输入值来调整角选项，而实时转角模式允许您使用鼠标指针调整角选项。

要在实时转角模式下编辑角选项（图 5.7），请执行下列操作。

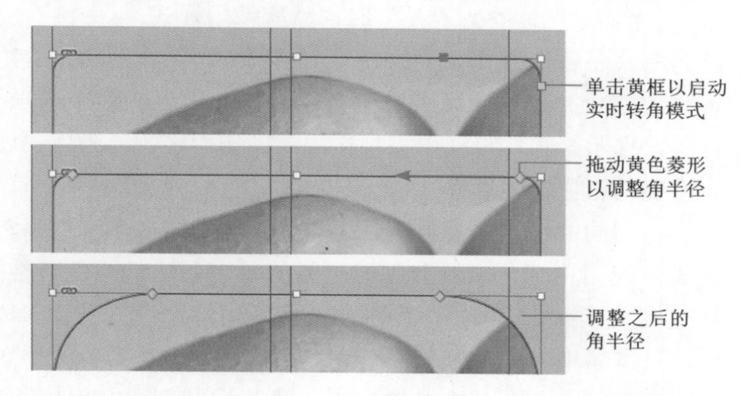

图 5.7　在实时转角模式下编辑转角形状和大小

（1）如果需要，选择【视图】>【其他】>【显示实时转角】命令。

（2）使用选择工具，选择框架。在实时转角模式下，边框边缘的右上角会出现一个黄色的小方框。

（3）单击黄色框，然后向内拖动黄色菱形以调整边角大小。

- 要更改角半径，请拖动黄色菱形。
- 要调整各个角，请按住 Shift 键并拖动黄色菱形。
- 要更改角的形状，请按住 Alt（Windows）或 Option（macOS）键并单击黄色菱形。注意，这样做将改变所有角的形状。
- 要更改一个角的形状，请按住 Shift+Alt（Windows）或 Shift+Option（macOS）组合键并单击黄色菱形。

（4）在框架外单击以退出实时转角模式。

5.5 使用样式更快地进行格式设置

★ ACA 考试目标 4.6

到目前为止，您可能已经注意到，在 InDesign 中，样式只是一种单击一次即可应用特定格式设置组合的简单方式。但是，如何管理并充分利用样式呢？

5.5.1 何时使用样式

您可能已经注意到，将设置组合保存为样式比仅应用这些设置所花费的时间更长一些。您可能会问：什么时候应使用样式？答案是，当您对以下至少一个问题的回答为“是”时，就应使用样式。

- 特定格式是否涉及要设置的许多选项的特定组合？单击应用样式显然比定位并正确应用可能分布在多个面板上的多个选项要快。此外，您不必记住设计中每种格式的确切规格，因为样式可以完全准确地记住这些设置。
- 您会将相同的格式化设置应用于整个文档中的多个实例吗？文档越长，应用格式化时，节省的时间就越多。当需要更新格式时，样式再次节省了时间，因为不必查找应用特定设置组合的每个实例，只需编辑样式，每个应用的实例就可以更新为新的样式。例如，您已经在 500 页的书中为所有章节标题创建并应用了样式，则只需花几秒钟的时间，简单地编辑应用于标题的样式，就可以将 500 页书中的每个标题的字体大小从 12 点更改为 14 点。

- 文档将导出为结构化格式，如 CSS（如 Web 或 EPUB 文档）或 XMP 吗？由于样式标记的是对象或所选文本，因此可以将样式应用于可转换为结构化文档格式的结构。

如果您对上述任何一个问题的回答为“是”，那么使用样式所节省的时间将远远超过设置样式所花费的时间。样式可以帮助您更快地应用复杂的格式，保持设计一致性，减少格式错误，提高生产速度和效率。

5.5.2 了解样式类型

下面将回顾到目前为止遇到的各种类型的样式及其用途。

- 段落样式设置段落的文本格式，即使您仅选择一个单词或只是单击段落中的插入点，段落样式也始终会影响整个段落（图 5.8）。段落样式最多应用到下一个回车符或文章的结尾，因此段落样式也可以应用于不是段落回车符的换行符。

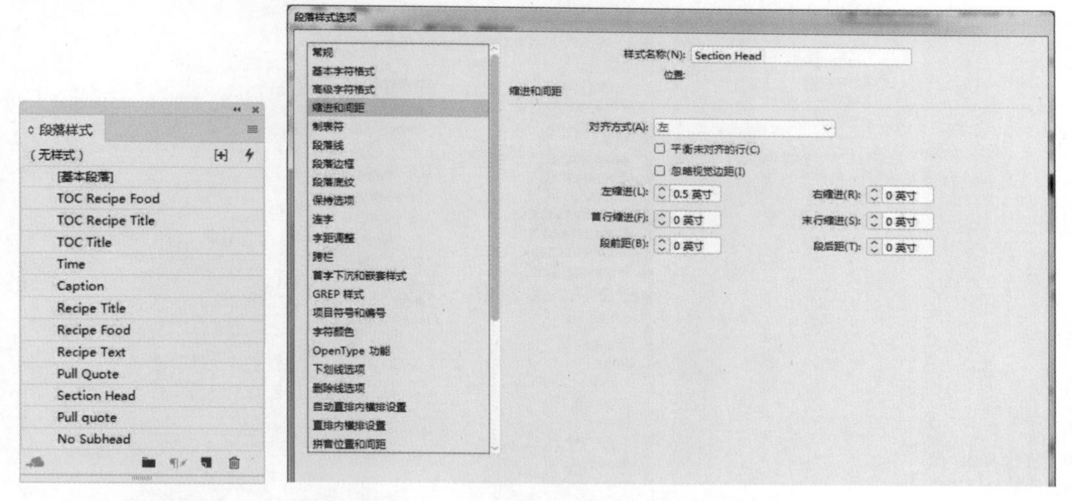

图 5.8 “段落样式”面板中列出的段落样式，以及在创建或编辑段落样式时可以设置的选项

- 字符样式可以影响一个或多个文本字符（图 5.9）。当您需要格式化比段落短的文本时，就需要使用字符样式，例如用蓝色来突出显示重要的名称。与段落样式相比，使用字符样式的机会要少得多，因为段落样式可以满足大多数常规文本设置需求，例如总体文档类型规范、段落之间的间距、缩进以及区分常见的文本元素

注意

不要对整个段落使用一种字符样式，这没有什么好处。如果整个段落需要相同的格式，最好定义和应用段落样式。字符样式应用于比段落短的文本范围。

（例如题目、标题、正文、页码和列表）等。

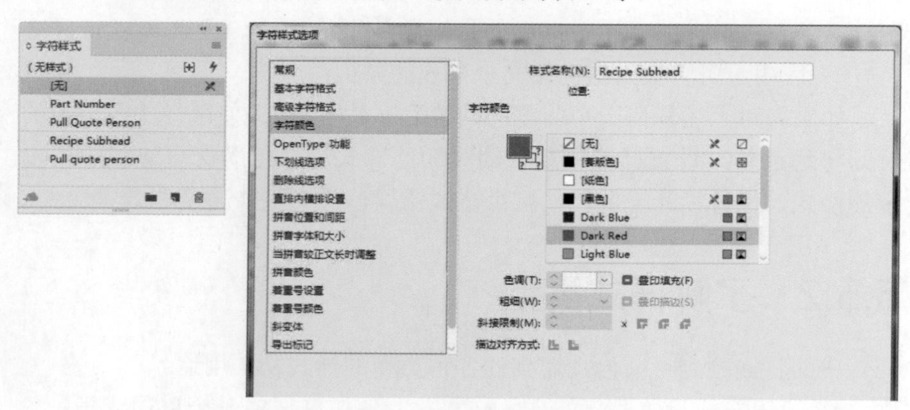

图 5.9 “字符样式”面板中列出的字符样式，以及在创建或编辑字符样式时可以设置的选项

- 对象样式设置所有选定对象的图形属性的格式，例如角选项、填色和描边选项，以及效果（如阴影）。应用于框架时，对象样式会影响框架及其内部的内容（如文本）（图 5.10）。

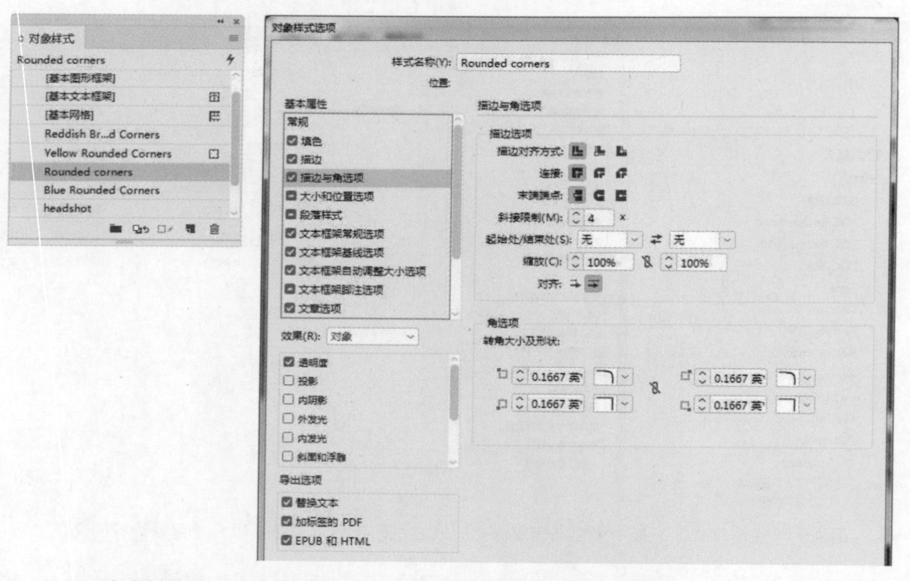

图 5.10 “对象样式”面板中列出的对象样式以及创建或编辑对象样式时可以设置的选项

- 表样式用于设置表格组成部分的属性，例如页眉、页脚、主体行的外观、列，以及表格周围的边框（图 5.11）。稍后您会看到本章使用的表样式。
- 单元格样式用于设置所选表格单元格的图形属性以及单元格中的文本属性。稍后您会看到本章使用的单元格样式。

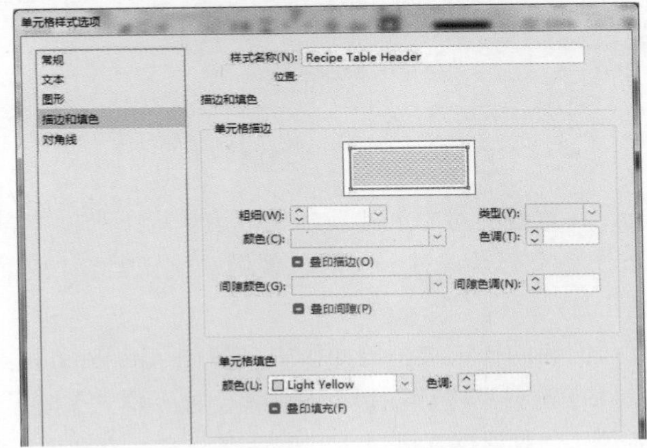

图 5.11 可以在表样式和单元格样式中设置的选项

5.5.3 使用样式

无论是应用段落样式、字符样式、对象样式，还是即将使用的表样式和单元格样式，它们通常都以相同的方式工作（图 5.12）。它们之间的唯一差异与文本、对象和表格之间的自然差异有关。例如，段落样式可以包含字体设置，因为段落样式是针对文本的；对象样式自然没有字体设置，但是具有框架适合选项，因为对象样式可以应用于框架。

1. 创建样式

可以通过两种方式创建样式：进入面板并设置选项，或者选择已经按照所需方式设置好的内容，然后以该样式为基础创建新样式。由于设计是探索性和迭代性的，因此通常您会以第二种方式来创建样式。尝试了不同的设计思路之后，就会生成一个不错的示例，然后以其为基础定义样式。

提示

如果您有使用级联样式表（CSS）进行网页设计的经验，就会对InDesign样式的工作方式有所了解，因为许多原理和概念是相似的。

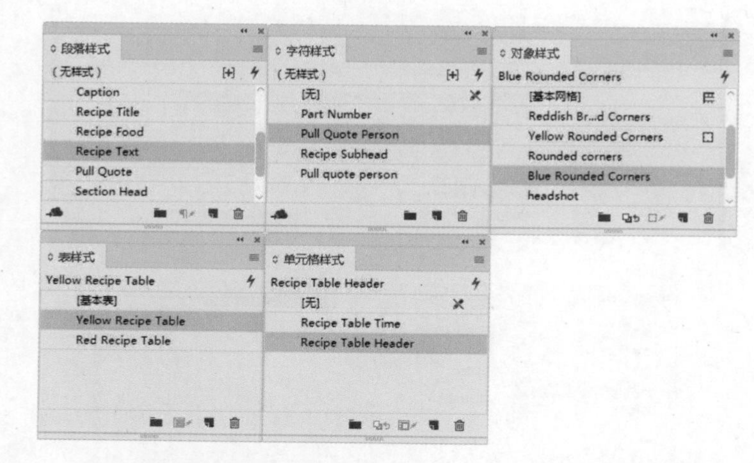

图 5.12 学习了样式的基本知识后，就可以将该知识应用于InDesign中的各种样式

要基于已经设置好的对象创建新样式，请执行下列操作。

（1）选择对象或文本。对于段落，使用文字工具在段落内的任意位置单击。

（2）在正在创建的样式类型的面板中，按住Alt（Windows）或Option（macOS）键并单击该面板底部的【创建新样式】按钮（图5.13），会打开一个对话框，可以在其中命名样式并立即调整其设置。如果不按住Alt（Windows）或Option（macOS）键，则只会在面板中添加一个以默认名称命名的新样式，并且需要对该样式重命名。如果要编辑样式，则必须在面板中双击样式名称。

图 5.13 两个不同的样式面板中的【创建新样式】按钮

（3）为样式输入一个描述性名称。

（4）选中【将样式应用于选区】复选框以确保创建的段落样式应用于步骤1中所选的对象（并不是所有样式类型都有【将样式应用于选区】复选框）。

（5）取消选中【添加到CC库】复选框，单击【确定】按钮。

2. 应用样式

创建样式后，就可以立即将其应用于设计元素了。

要应用样式，请执行下列操作。

（1）选择想要设置格式的对象或文本。对于段落，请使用文字工具在段落中的任意位置单击。

（2）在包含所需样式的面板中，单击列表中的样式名称。

3. 更新样式

设计是一个反复的过程，因此在处理文档时自然要完善样式。编辑样式很简单，一旦完成，该样式的所有应用实例都会立即更新。

要编辑样式，请执行下列操作。

在包含样式的面板中，双击样式名称，在【样式选项】对话框中更改设置，然后单击【确定】按钮。

有时您会覆盖样式（应用不属于样式定义一部分的格式），并且意识到覆盖的效果看起来比该样式的效果更好。您不必记住所做的操作即可编辑样式以进行匹配，只需一步就可以重新定义样式，使其包含当前覆盖效果。

要重新定义样式，请执行下列操作。

（1）选择包含样式覆盖的文本或对象。

在该样式的面板中，选择该样式，并且样式面板应该使用加号表示该样式的覆盖。

（2）从面板菜单（例如“段落样式”面板菜单或“对象样式”面板菜单）中为该样式类型选择【重新定义样式】命令（图 5.14）。

4. 删除样式

可以像删除其他面板中的选项一样删除样式。

要删除样式，请执行下列操作。

（1）在包含样式的面板中选择样式，然后单击【删除选定样式 / 组】按钮，或者将样式拖动到该按钮上（图 5.15）。

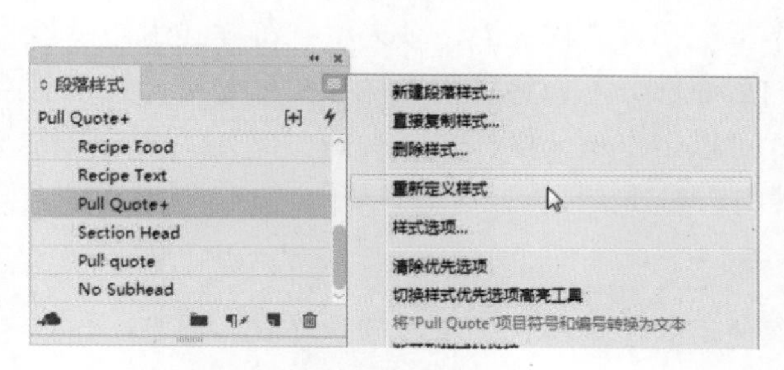

图 5.14 根据覆盖更新样式定义

图 5.15 【删除选定样式 / 组】按钮

提示

要在删除应用于设计元素的对象样式时保留当前对象设置，请选择【无段落样式】作为替代样式，并在【删除对象样式】对话框中选中【保留格式】复选框。

（2）在出现的对话框中，从【并替换为】下拉列表框中选择另一种样式，这决定了在删除应用于对象的样式后如何重新为对象设置样式。

（3）单击【确定】按钮。

5.5.4 常见样式选项

InDesign 提供的大多数样式类型中都有一些有用的样式选项。

1. 基于一种样式构建另一种样式

可以基于一种样式构建另一种样式，从而节省时间并降低复杂性。例如，“正文”段落样式和“项目符号列表”段落样式之间的唯一区别可能是缩进和项目符号字符；它们还共享所有其他属性设置，如字体、大小和行距。您可以在正文文本样式中定义所有这些属性，而无须从头开始定义项目符号列表样式，即使用【基于】下拉列表框根据正文文本样式构建项目符号列表样式（图 5.16）。因此，项目符号列表样式中唯一要更改的设置就是缩进和项目符号字符。

图 5.16 【段落样式选项】对话框中的【基于】下拉列表框

2. 将一种样式用作其他样式的一部分

一些样式可以用作其他样式的一部分。您已经学习了设置【段落样式选项】对话框的【首字下沉和嵌套样式】选项来将字符样式用作段落样式的一部分。在本章的后面部分，您将使用表样式和单元格样式，在这两种样式中，段落样式可以用作单元格样式定义的一部分，而单元格样式可以用作表样式定义的一部分。

3. 覆盖样式

应该为在文档中多次使用的任意格式设置组创建样式。但是，当只想对样式进行细微更改，并且只在文档中使用一次该更改时，通常无须为此专门创建样式。您可以应用最接近的样式，然后手动修改不同的格式。样式面板将在该样式名称旁边显示一个加号，表明该样式已应用覆盖效果。可以删除应用于样式化文本或对象的覆盖效果，以使其完全符合所应用的样式。一些样式面板具有【清除选区中的优先选项】按钮 ¶✗；另外，在样式面板菜单中有一个【清除优先选项】命令（图 5.17）。

> **提示**
> 下面是清除优先选项的快捷方式：选择具有覆盖效果的对象或文本，按住 Alt（Windows）或 Option（macOS）键并单击样式名称。执行上述操作后，您会看到面板中其样式名称中的加号消失。

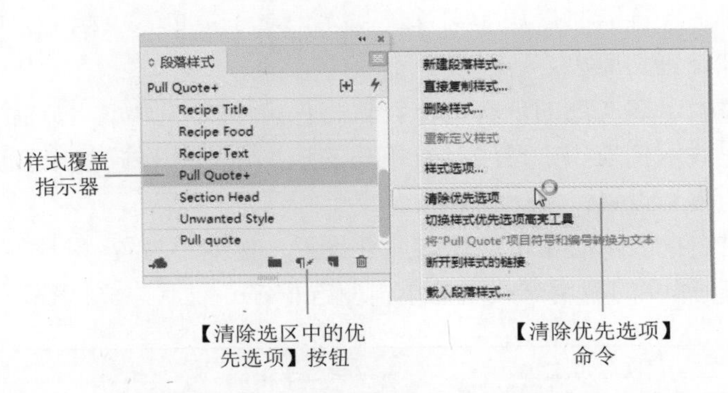

图 5.17 加号表示覆盖，可以通过选择【清除优先选项】命令或者（如果可用）单击【清除选区中的优先选项】按钮来删除它

> **提示**
> 要在创建样式组时命名它，请按住 Alt（Windows）或 Option（macOS）键并单击【新建样式组】按钮。

4. 分组样式

在一些列表面板（如“色板”面板）中，可以通过分组来组织选项。在这些面板中，组显示为文件夹图标。也可以对样式进行分组。

要将样式分组，请执行下列操作。

（1）在样式面板中，单击【创建新样式组】按钮（图 5.18），或从面板菜单中选择【新建样式组】命令。

（2）将所有样式名称从列表中拖动到新的样式组中。

（3）双击该样式组名称，编辑该名称，然后按 Enter（Windows）或 Return（macOS）键。

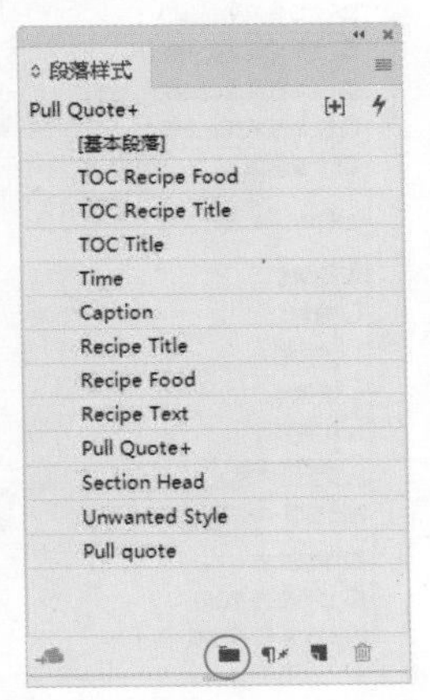

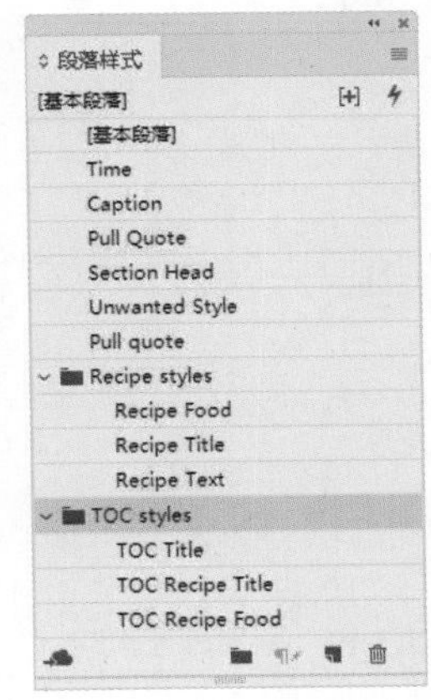

图 5.18 使用组来组织长样式列表之前（左）和之后（右）

5.5.5 控制对象样式如何影响现有格式

在【对象样式选项】对话框中，每个属性的选项旁边都有一个复选框（图 5.19），用于控制应用样式时，该属性是否会更改所选对象。

- 选中复选框意味着将属性应用于对象。例如，如果您应用了一个对象样式，其中的填色被设置为蓝色，则【填色】复选框被选中时，该样式将应用于对象，且无论对象是否有填充，其填色总是被设置为蓝色。
- ▣表示该属性的现有对象设置将保持不变。例如，如果将上面的样式示例应用于已经具有填充的矩形，则该样式将不会更改现有的填充设置。
- 空白框表示对象不应用该属性设置（例如不设置“投影”效果）。

要更改属性的应用方式，请单击复选框在 3 种状态之间循环。

提示

要在忽略除一个之外的所有基本属性和选择除一个之外的所有基本属性之间快速切换，请按住 Alt（Windows）或 Option（macOS）键并单击复选框。

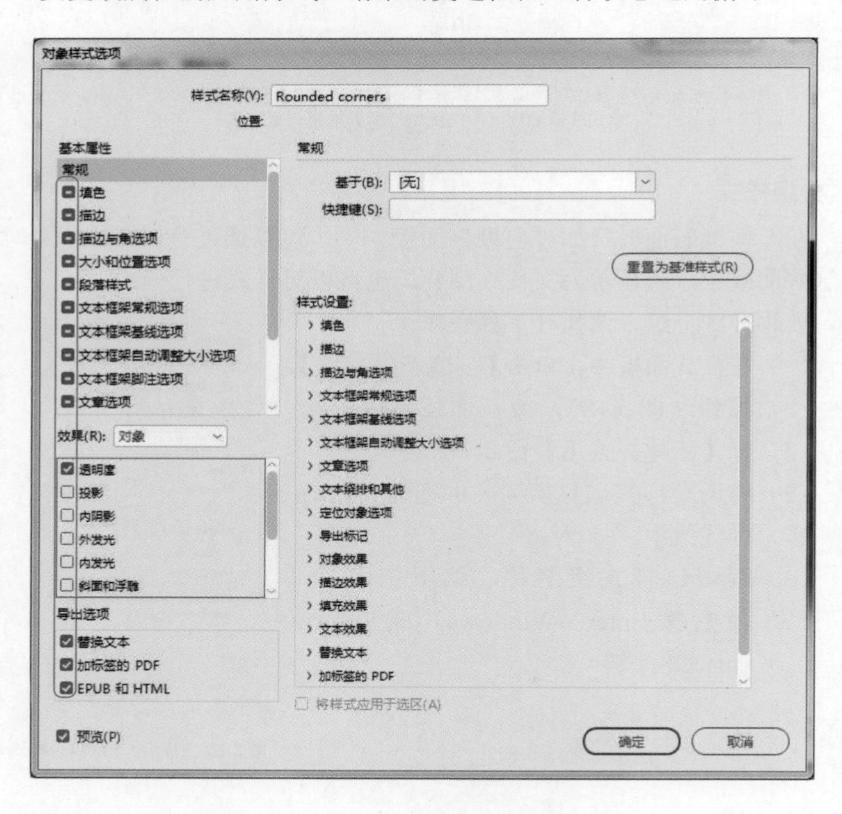

图 5.19 样式属性名称旁边的复选框控制对象的现有属性是否会被样式更改

5.5.6 嵌套文本样式

有时，段落不仅是一个简单的文本块，它可能有不同的格式。例如，每个段落的第一句话可能需要加粗。手动格式化段落的不同部分需要进行大量的工作，但幸运的是，您不必这样做，因为 InDesign 提供了嵌套样式。对段落的多个部分应用不同的字符样式，这被称为嵌套样式，因为字符样式嵌套在段落样式的定义中。

例如，在食谱中，每个食谱均以标题开头，该段落的第一部分与其余部分的格式不同。InDesign 如何知道在哪里更改样式呢？您可以告诉 InDesign 哪个字符表示第一个字符样式的结尾。在食谱标题中，样式以冒号结尾。当然，只有在应用该样式的段落中始终如一地使用该字符时，此方法才有效。食谱标题就是这样做的，因此它们的嵌套样式有效。可以使用嵌套样式在食谱的第 3 页上创建食谱标题（图 5.20）。

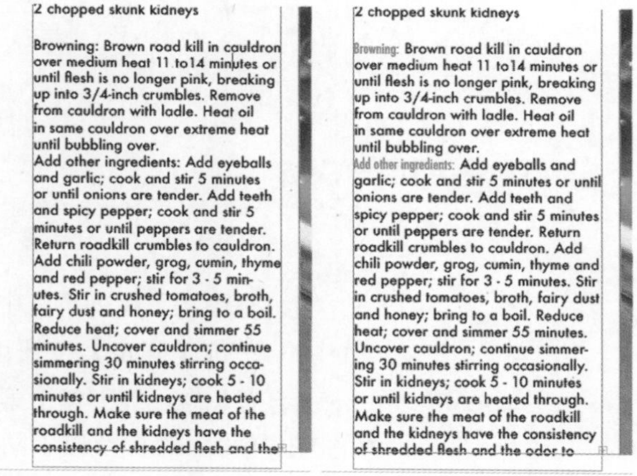

图 5.20 创建嵌套样式之前（左）和之后（右）

要为食谱标题创建嵌套样式，请执行下列操作。

（1）在“段落样式”面板中双击 Recipe Text，打开【段落样式选项】对话框（图 5.21）。

（2）选择【首字下沉和嵌套样式】选项卡。

（3）选中【预览】复选框以查看您在文档中所做的更改。

（4）单击【嵌套样式】下面的【新建嵌套样式】按钮。

（5）从【字符样式】下拉列表框中选择【Recipe Subhead】选项。

（6）选择【包括】选项以确保字符样式也适用于冒号字符。

注意，如果选择【不包括】选项，则字符样式将在冒号字符之前停止应用。

（7）将实例数量设置为 1，因为只想对文本中的第一个冒号及之前的文字应用字符样式。

最后的下拉列表框定义了控制何时停止应用字符样式的项，其中有一长串预定义的项，但是并没有列出冒号字符。

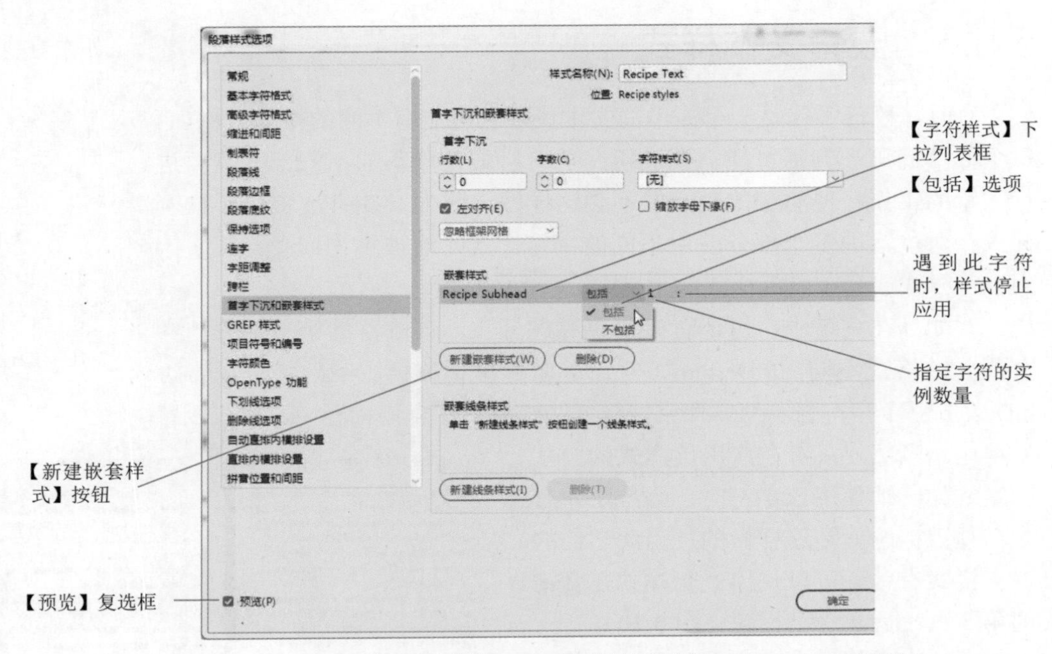

图 5.21 创建一个嵌套样式，自动为栏外标题应用 Recipe Subhead 字符样式

（8）不用从下拉列表框中选择，单击文字【字符】，输入一个冒号字符。

（9）单击【确定】按钮以关闭“段落样式选项”对话框。

恭喜您！您已经创建了第一个嵌套样式。图 5.20 所示为嵌套样式在段落中的工作方式，该段落以不同数量的单词开头，以冒号结尾。您可以尝试将不同的嵌套样式和段落样式组合，您会看到嵌套样式的强大功能和灵活性。

5.6 添加来自其他应用程序的文本

★ ACA 考试目标 2.4

您已经学习了在 InDesign 中将文本输入到新创建的文本框架中，添加占位符文本，复制和粘贴文本等操作。常见的文本工作流程类似于图形的使用方式：以文档形式接收设计项目的文本，然后使用【置入】命令将它们导入 InDesign 文档。此工作流程在制作中提供了最大的灵活性。客户和编写者可以在文字处理器中设置文本格式，而 InDesign 可以保留格式，从而减少了在 InDesign 中必须进行的格式设置的工作量。【置入】命令还提供了高级选项，可以自定义格式化文本如何导入 InDesign，尤其是当文本文档的格式与 InDesign 文档的格式不一致时。

5.6.1 支持的文本格式

可以直接在 InDesign 中输入文本，也可以从文本编辑应用程序（如 Microsoft Word）导入文本。此外，还可以导入 TXT 和 RTF 格式的文本。

文本导入最常用的文件格式如下。

- Microsoft Word (DOCX, DOC)：可以使用 Word 文档中提供的格式，将其映射到 InDesign 样式，也可以在导入时删除原有的设置。
- 富文本格式（RTF）：RTF 是大多数文本编辑程序支持的一种导出格式，它保留样式的设置，例如标题。当客户使用不能导出为 DOCX 格式的文本编辑应用程序时，可以将文本导出为 RTF。
- 仅文本或纯文本（TXT）：此文件格式会去除应用于文本的所有样式。与 RTF 一样，这是客户无法提供 DOCX 时可以使用的导出格式。
- Microsoft Excel (XLSX, XLS)：Excel 电子表格主要包含数值数据。例如，年度报告中的财务报表可以导出为 XLSX 格式。此文本可以作为选项卡式文本或以表格格式导入。

5.6.2 导入文本和表格

前面已经讲过导入图形时，可以先创建一个框架并将图形放置其中，或者先执行【置入】命令，然后拖动以定义要导入图形的框架的大小。导入文本时，其工作方式相同。您已经了解了如何将文本导入现有框架中，下面将快速回顾一下以便将两种方式进行比较。

要将文本导入现有的占位符文本框架，请执行下列操作。

（1）选择文本框架。

（2）选择【文件】>【置入】命令，浏览到文本文件的位置。

（3）选择文件，然后单击【打开】按钮，文本会输入所选的框架中。

要立即导入文本并创建文本框架，请执行下列操作。

（1）在没有选择对象的情况下，选择【文件】>【置入】命令，浏览到文本文件的位置。

（2）选择文件，然后单击【打开】按钮。

（3）单击【置入】图标，在页面上拖动创建文本框架并插入文本（图 5.22）。

提示

要将导入的文本插入现有文本文章中，请使用文字工具单击文章中的插入点，然后选择【置入】命令。

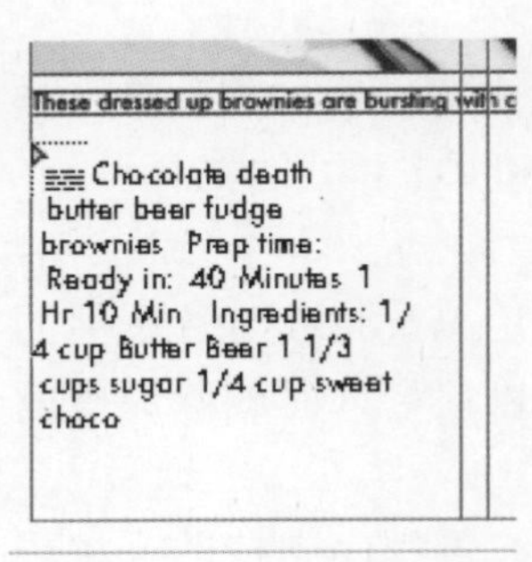

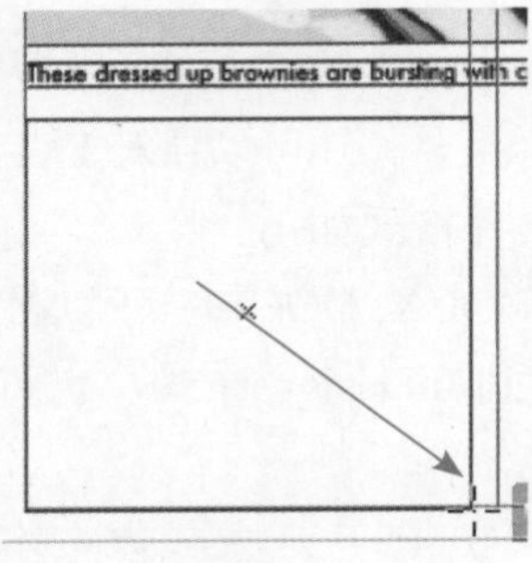

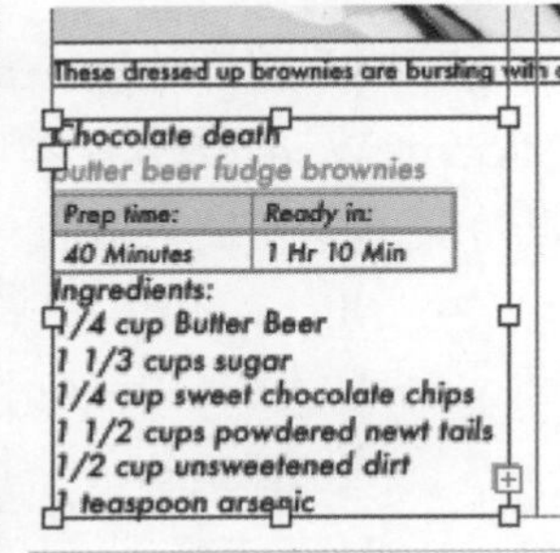

图 5.22 创建框架置入文本文件

5.6.3 自定义导入的 Word 或 RTF 文件

★ ACA 考试目标 4.3

由于 RTF、DOCX 和 DOC 文件可以包含样式信息（例如标题样式），因此可能需要调整将这些文件导入 InDesign 文档的方式。在某些情况下，您可能会选择去除客户已应用的所有格式。在其他情况下，可能会导入带有格式的文本，加快文本编辑过程。

使用主文本框架更快地输入文本

前面提到，主页上的文本框架很有用，因为它们使您不必在每次添加页面时都重新创建布局。但是不方便的是，在文档页面上，必须先从主页上覆盖（释放）该文本框架，然后才能在文本框架中输入内容。如果文档很长，那么不断释放文本框架可能会很麻烦。

而使用主文本框架则不必先释放，只需在文档页面上的主文本框架中单击并开始输入即可，就像在文字处理应用程序中一样。此外，如果您的文本到达框架的末尾并溢流，则 InDesign 会自动添加另一个页面，在该页面上的主文本框架中继续显示您的文本，并与上一个框架串接在一起。您不必持续释放框架或创建新页面，您要做的就是继续输入！通过这种方式，当文档具有一个主故事时，例如在小说或年度报告中，主文本框架可以使输入大量文本的工作变得更加轻松快捷。

每个主页上都可以有一个主文本框架。还记得【新建文档】对话框中的【主文本框架】复选框吗？选中它则会在每个主页边距内自动创建一个主文本框架。在主页上，还可以单击主文本框架指示符将任何文本框架转换为主文本框架（图 5.23）。

本书的课程文件中并未使用主文本框架，因为示例文档展示了不同布局的许多不同的短篇小说。主文本框架的一种适当用法是格式化小说，其中，页面由一个较长的文本故事主导，该故事跨越许多布局大致相同的页面。

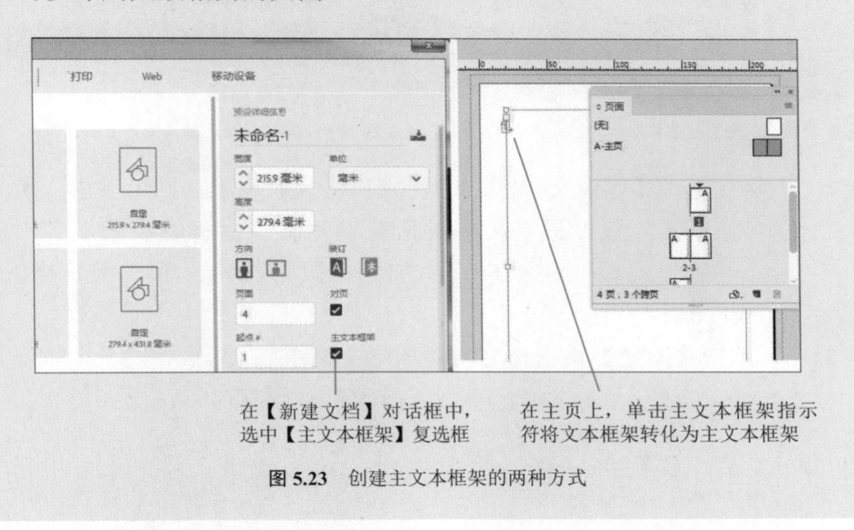

图 5.23 创建主文本框架的两种方式

要在置入文本文件时更改导入选项，请执行下列操作。

（1）选择【文件】>【置入】命令。

（2）选中【置入】对话框底部的【显示导入选项】复选框（图 5.24）。

（3）浏览到文本文件，选择它，单击【打开】按钮。

（4）在【Microsoft Word 导入选项】对话框（图 5.25）中，设置导入文本时应用的选项。

- 选择【移去文本和表的样式和格式】选项，可以清除文本文件中应用的所有格式，然后再将其添加到 InDesign 中。这意味着一旦将文本添加到设计中，您就完全可以控制格式。

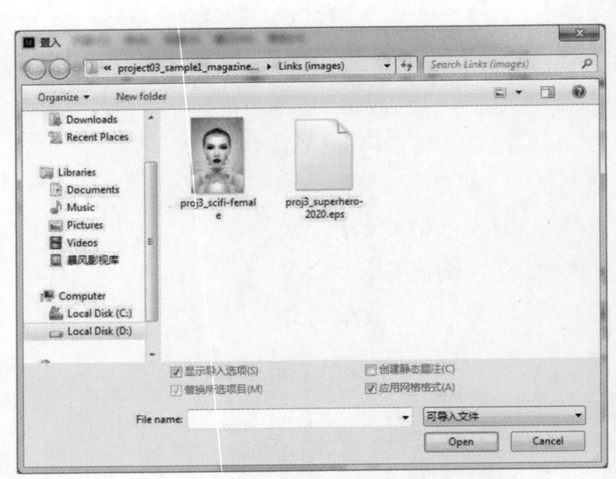

图 5.24 【显示导入选项】复选框

图 5.25 【Microsoft Word 导入选项】对话框

提示

可以置入 Microsoft Excel 文档，从而轻松导入表格和电子表格。在【置入】对话框中选择 Excel 文档时，请确保已选中【显示导入选项】复选框，以便可以控制数据的导入方式。例如，InDesign 可以将 Excel 电子表格作为表或制表符分隔的文本置入。

- 选择【保留文本和表的样式和格式】选项，则可以引入所有格式，包括原文档中的所有图片。这会将色板添加到“色板”面板，并将样式添加到“段落样式”和“字符样式”面板。

（5）单击【确定】按钮将文本添加到文档中。

5.7 使用表格

表格提供了一种以表格或网格格式设置内容格式的简单方法，例如餐馆菜单、公交车时刻表和体育统计信息。虽然许多表格是文本，但是也可以将图形添加到表格的单元格中。

★ ACA 考试目标 4.8

下面是关于表格的一些知识。

- 表格由行、列和单元格组成（图 5.26）。
- 表头行是表格的第一行，通常包含列标题，大多数表格都会使用这种方式。
- 表尾行是表格的最后一行，并非所有表格都有这行内容。

Recipe	Prep time	Ready in
Road Kill and Kidney Chili	15 Minutes	1 Hr 45 Min
Spicy Taco Cheeseballs	20 minutes	2 weeks
Twice Fried French Fries	15 Minutes	1 Hr 45 Min
Butter Beer Fudge Brownies	40 minutes	1 Hr 10 Min

图 5.26 包含表头行、4 行正文和 3 列内容的表格

- 表头行和表尾行的格式通常与表的其余部分（正文行）不同。此外，当表格很长并且会跨越多个文本框架、列或页面时，它们会重复出现。
- 表格不是独立的对象。表格总是与文本一起内联显示，要么作为故事的一部分，要么作为独立的文本框架出现。
- 可以使用文字工具编辑表格。

可以通过下面的方式将表格添加到设计中。

- 导入 Excel 电子表格或包含表格的 Word 文档。
- 在文章的文本插入点创建一个新表格。
- 在新的独立文本框架中创建一个表格。
- 根据列和行的分隔符（例如制表符或段落结束标记）将文本转换为表格。

5.7.1 创建表格

如果您打算自己输入所有数据，那么从头开始创建一个表格效果最好。要创建一个新的内联表，请执行下列操作。

★ ACA 考试目标 4.4

（1）使用文字工具 T，单击为表格设置一个插入点。通常会在空白段落的开头位置单击。

（2）选择【表】>【插入表】命令。

（3）在【插入表】对话框中，输入表所需的【正文行】和【列】的初始数量（图 5.27）。

（4）如果需要【表头行】或【表尾行】，请同时输入数量。单击【确定】按钮。

（5）使用文字工具在任意表格单元格中单击以设置插入点，并为该单元格输入文本。对每个单元格重复该过程。

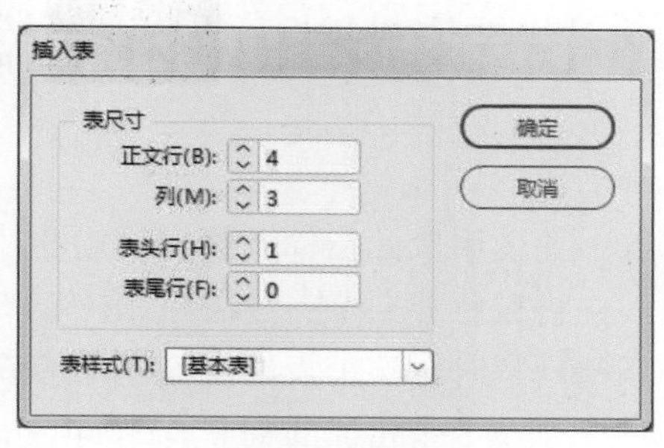

图 5.27 设置表属性

要在单独的文本框架中添加新表，请执行下列操作。

（1）选择【编辑】>【全部取消选择】命令以确保未选择页面上的任

提示

可以不使用文字工具在每个单元格中单击以设置文本插入点，而是按 Tab 键将插入点移动到表中的下一个单元格。按 Shift+Tab 组合键可以将插入点移动到上一个单元格。

提示

要更轻松地查看在哪里插入表格，请确保在“正常”屏幕模式下查看文档，然后选择【文字】>【显示隐含的字符】命令。

何内容。

（2）选择【表】>【创建表】命令。

（3）在【创建表】对话框中，输入表所需的【正文行】和【列】的初始数量。

（4）如果需要【表头行】或【表尾行】，请同时输入数量。单击【确定】按钮。

（5）表设置被加载到鼠标指针中，拖动设置将包含表格的文本框架的大小，就像动态创建文本框架一样。

释放鼠标左键时，文本框架将填充第 3 步和第 4 步中指定的行数和列数。

5.7.2 调整列宽和行高

可以更改表格的列宽和行高。

要以数字方式调整列的宽度，请执行下列操作。

提示

要仅更改列分隔符两侧的两列的宽度，请按住 Shift 键并拖动分隔符。

（1）使用文字工具，单击列的顶部边缘以选择该列。

（2）选择【窗口】>【文字和表】>【表】命令，显示【表】面板。

（3）在“表”面板中，在【列宽】文本框中输入值（图 5.28）。还可以在控制面板中设置列宽。

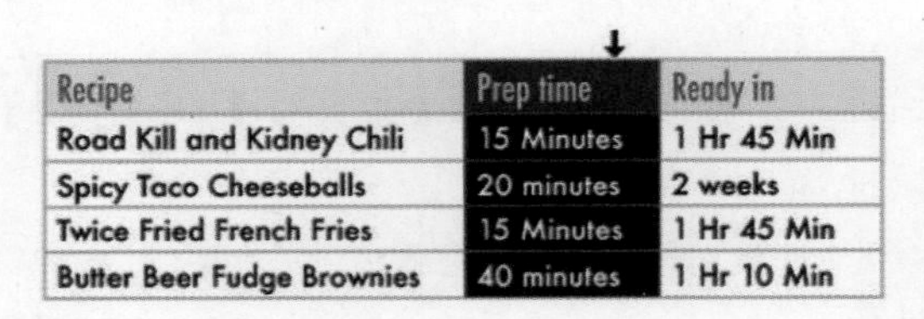

Recipe	Prep time	Ready in
Road Kill and Kidney Chili	15 Minutes	1 Hr 45 Min
Spicy Taco Cheeseballs	20 minutes	2 weeks
Twice Fried French Fries	15 Minutes	1 Hr 45 Min
Butter Beer Fudge Brownies	40 minutes	1 Hr 10 Min

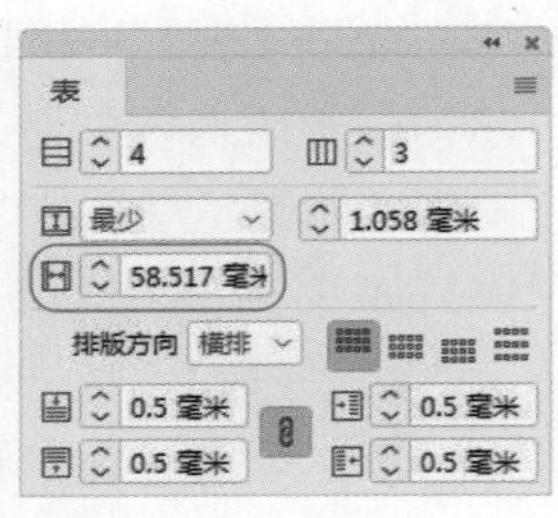

图 5.28 选择一个列并更改列宽度

要使用鼠标指针调整列的宽度，请执行下列操作。

将鼠标指针置于列的右边缘，当出现双箭头时，向左或向右拖动。调整列宽时，整个表的宽度会增加或减少。

提示

还可以通过使用文字工具在一个单元格中单击，然后拖动希望选择的单元格范围（例如列、列或行）来选择一系列单元格。

要使多个相邻的列具有相同的宽度，请执行下列操作。

（1）使用文字工具，单击第一列的顶部边缘以选择该列。

（2）按住 Shift 键并单击想要选择的列范围的最后一列的顶部。

（3）选择【表】>【均匀分布列】命令（图 5.29）。还可以右键单击

（Windows）或者按住 Ctrl 键并单击（macOS）选择的列，然后从出现的快捷菜单中选择【均匀分布列】命令。

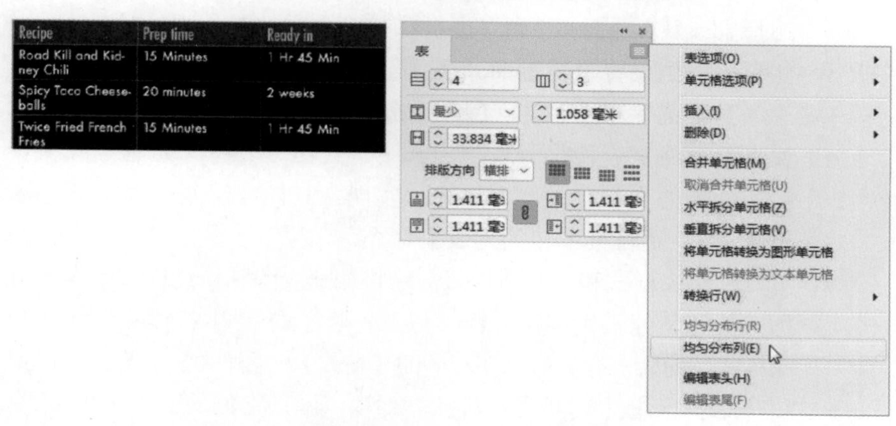

图 5.29　均匀分布列

提示

为多列设置相同的列宽的另一种方法是选择列的范围并输入列宽值，每个选定的列将采用输入的宽度值。

提示

要为多行设置相同的行高，请单击第一行的左边缘，然后按住 Shift 键并单击最后一行，在“表”面板或控制面板中，输入新的【行高】值。

要更改行的高度，请使用与更改列宽相同的技巧，但是要采用以下方法。

（1）单击左侧边缘以选择一行。

（2）在“表”面板或控制面板中，输入【行高】的值。使用文字工具调整行高时，拖动行的顶部边缘。

提示

要查看单元格中隐藏的溢流文本，请选择【编辑】>【在文章编辑器中编辑】命令。

5.7.3　编辑和格式化表格

★ ACA 考试目标 4.8

可以通过对行、列和各个单元格应用各种设置（如填色、描边、边框，以及各种类型对齐等）来改善表的设计。第一次使用表时，您可能会发现要设置的选项太多了，并且它们位于多个面板和对话框中。请遵循以下准则以了解应在何处编辑表的不同方面。

- 如果所需的表选项未激活，请使用文字工具在表中单击或选择要编辑的单元格、行或列。
- 选择表元素的命令位于【表】>【选择】子菜单上。这些命令提供了一种快速、简单的方法来选择单元格、行、列或整个表。如果您喜欢使用快捷键，则了解【表】>【选择】子菜单上的快捷键很有用。
- 用于编辑表的命令位于“表”菜单、“表”面板的面板菜单，以及在使用文字工具右键单击（Windows）表或按住 Control（macOS）键并单击表时出现的快捷菜单中。

- 选择表或表元素时，“表”面板和控制面板会显示表选项。
- 如果找不到设置表特定部分格式的方法，请同时查看【表】>【表选项】子菜单和【表】>【单元格选项】子菜单。
- 如果希望将文本转换为表，当其中包含由分隔符（如逗号或制表符）分隔的项目行时，可以轻松实现。具体方法是选择文本并选择【表】>【将文本转换为表】命令。
- 可以创建表样式和单元格样式，这将加速表的制作过程，就像使用样式加速其他工作过程一样。与“段落样式”“字符样式”和“对象样式”面板一样，可以在相同的【窗口】>【样式】子菜单中找到“表样式”面板和“单元格样式”面板，因为它们的工作方式相同。由于表通常主要包含文本，因此可以在单元格样式的样式定义中包括段落样式。例如，在食谱中，在 Recipe Table Header 单元格样式中使用 Recipe Text 段落样式来设置单元格文本的格式（图 5.30）。

提示

将插入点放在单元格中，按 Esc 键以在选择该表单元格和该单元格中的文本之间切换。

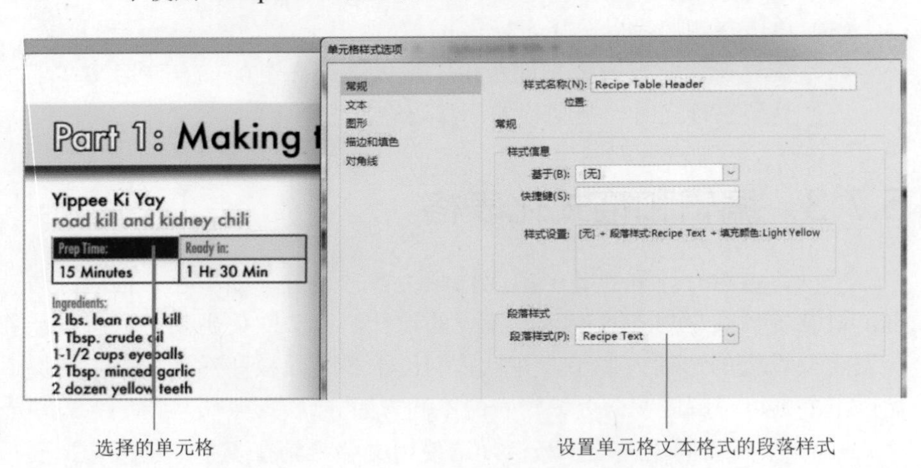

图 5.30 在单元格样式中如何使用段落样式

5.8 使用内容传送装置

随着文档变得越来越长，可能需要开始重复使用徽标、标准图形和预先设计好的文本块等元素。在大多数应用程序中，重复使用元素的传统方法是选择【编辑】>【复制】和【编辑】>【粘贴】命令，这两个命令分别将所选内容移到剪贴板和移出剪贴板。但是，复制和粘贴可能很烦琐，并且受到限制，因为一次只能复制一个内容。

内容传送装置就像剪贴板的增强版本。可以将文本和图形项目移至内容传送装置上，且可以保留多个项目，还可以选择要放入其他页面或文档中的项目。

剪贴板对于一次内容传输很有用，但是当必须将大量内容移动到其他页面或文档时，使用内容传送装置会很有用。例如，假设您制作了一系列男式服装的目录，现在想为同一家公司的女装创建目录，并需要重复使用在第一个文档中使用的大量季节性图样，则您可以使用内容传送装置从第一个文档中选择并仅加载所需的项目，然后切换到第二个文档并在新页面上放置这些项目。

要将页面项目添加到内容传送装置，请执行下列操作。

（1）单击内容收集器按钮，出现内容传送装置（图 5.31）。

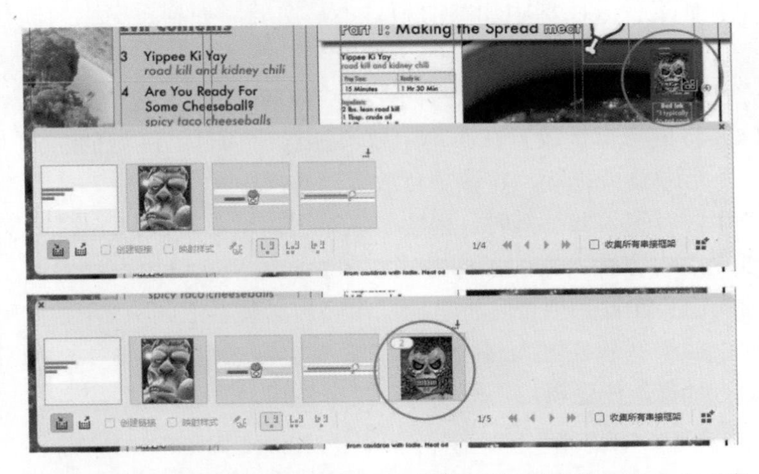

图 5.31 使用内容收集器工具单击对象以将其添加到内容传送装置

（2）使用内容收集器，单击要添加到内容传送装置中的每个对象。

请注意，如果您单击了一个组或框架内的对象，则会添加包含该对象的组或框架。

要将项目从内容传送装置传输到页面，请执行下列操作。

（1）在内容传送装置中，单击内容置入器按钮（图 5.32）。

当内容传送装置切换到用于向布局添加项目的模式时，将启用不同的选项。鼠标指针会变为已加载的置入图标，包含内容传送装置上的项目。它的工作方式与在磁盘上选择多个文件进行置入的方式相同。

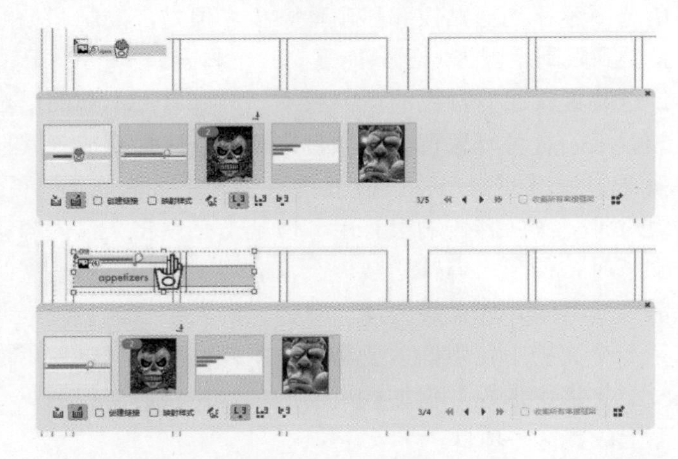

图 5.32　单击内容置入器按钮，将要添加至页面的内容传送装置中的项目加载到鼠标指针

（2）转到需要内容传送装置上的项目的页面，该页面可能位于其他文档中。

（3）如果置入图标中加载的项目不是您要添加到布局中的项目，请单击内容传送装置中的【上一个】或【下一个】按钮以切换到另一个项目，也可以按向左箭头或向右箭头键。

（4）将鼠标指针放置在布局中要添加当前项目的区域的左上角，然后单击或拖动，将该项目放置到布局中。

使用内容置入器工具时，内容传送装置提供 3 个按钮（图 5.33）。它们可以更改内容置入器的工作方式。例如，如果您仅想一次置入一个项目（因为这会在置入项目时将它们从内容传送装置上删除），则使用第一个按钮；如果您想要置入每个项目的多个实例，则使用第二个按钮；如果您想随时置入任意项目，则使用第三个按钮。

注意

仅当选择内容收集器工具时，内容传送装置才会出现，因此内容传送装置不会作为“窗口”菜单中的面板列出。

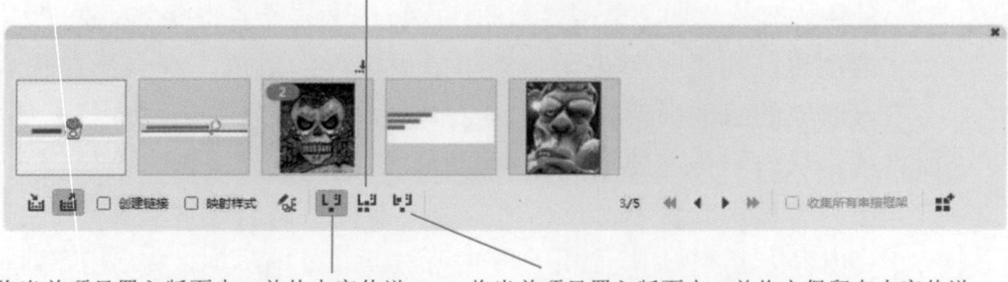

图 5.33　内容置入器选项

内容收集器工具还提供了其他高级功能，本书并未介绍这些功能。除非需要添加与相同内容链接的文档的不同版本，否则通常不需要它们。

5.9 自己设计食谱的第 5 页

★ ACA 考试目标 4.1

您可以根据需要自己设计食谱的第 5 页。但是实际上，如果要您用现有的一组样式和设计指南为食谱创建页面，那么您的工作实际上是创建一个在视觉上与文档其余部分一致的新页面设计。所以，您应从已经设计好的页面中获得部分灵感，并加入自己的想法。

本章还提到了一些您还未看到的功能和提示，如下所述。

- 间隙工具可帮助您调整版面中对象之间的空间。将间隙工具放置在对象之间或对象与页面边缘之间的任何空白区域上，拖动以调整间隙的大小（图 5.34）。要重新定位两个对象的间隙，请按住 Alt（Windows）或 Option（macOS）键拖动。要更改间隙的大小，请选择间隙工具并按住 Ctrl（Windows）或 Command（macOS）键拖动。

图 5.34 使用间隙工具控制对象之间的空间

- 置入多个图像。可以在【置入】对话框中选择多个图像文件。单击【打开】按钮时，所有选定的图像都会加载到置入图标中（图 5.35），每次单击或拖动时，都会在版面中放置这些图像之一，这与内容置入器工具的工作方式类似。按向左箭头或向右箭头键以选择要置入的图像，按 Esc 键以取消加载而不是置入图像。持续按 Esc 键直到置入图标中没有图像时，InDesign 将返回到执行【置入】命令之前所用的工具。

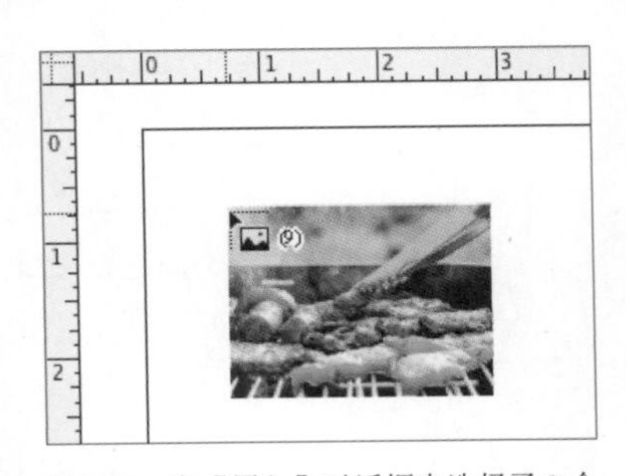

图 5.35 在【置入】对话框中选择了 9 个图像文件，它们会一一加载到置入图标中

提示

如果您从桌面或其他应用程序中拖动多张图像到 InDesign 文档窗口中，则它们将被加载到置入图标中，就像使用【置入】命令后选择这些图像一样。

- 网格化。可以在拖动矩形框架工具（图 5.36）、矩形工具或加载了多个图形的置入图标时按箭头键，以交互方式创建矩形框架网格。向上箭头和向下箭头键控制网格中的行数，向左箭头和向右箭头键控制网格中的列数。

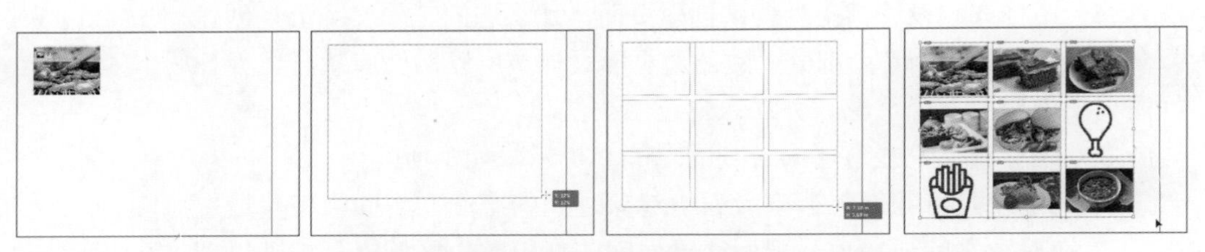

图 5.36 在置入图标中加载了多个图形文件后，可以按箭头键为它们创建网格

5.10 创建目录

★ ACA 考试目标 4.7

目录通常是出版物的重要组成部分。目录通常会列出整个出版物使用的不同标题，例如，食谱标题和副标题，或者章节标题和这些章节中使用的副标题。作为练习，可以找一本有目录的书，例如您现在正在读的书，您能看出目录文本和整本书使用的标题之间的关系吗？

构建目录的关键是对任何想要包含在目录中的标题或其他文本使用段落样式。例如，您有标题 1 和标题 2 两种样式，想要将它们应用于文档中的标题级别，则可以设置选项以将这两种样式包含在目录中。生成的目录将是具有标题 1 和标题 2 样式的分层段落列表。

您还可以使用段落样式来格式化生成的目录。通常，您还会设计一组样式来控制目录文本的显示方式。这两种在目录中使用样式的方式可能会造成一些混乱，因此请注意：您将选择一组段落样式来告诉目录要包括哪些段落，并选择另一组段落样式来格式化目录文本（图 5.37）。

在定义目录之前，请执行下列操作。

- 始终将段落样式应用于设计项目中的文本，尤其是文本的题目和各级标题，因为目录是依靠这种格式来创建的。

InDesign 自动生成的目录

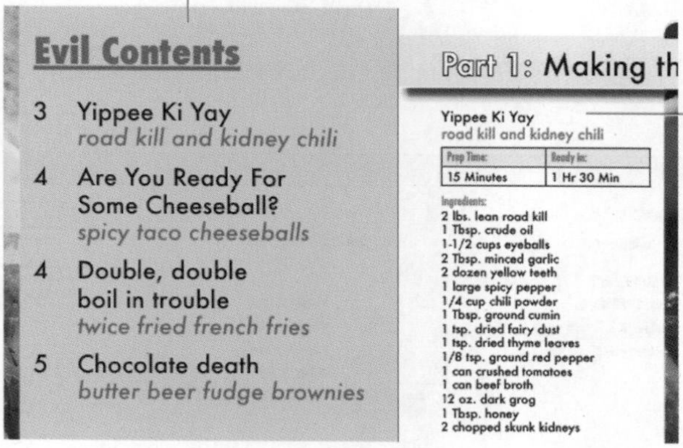

Evil Contents

3 Yippee Ki Yay
road kill and kidney chili

4 Are You Ready For Some Cheeseball?
spicy taco cheeseballs

4 Double, double boil in trouble
twice fried french fries

5 Chocolate death
butter beer fudge brownies

Part 1: Making th

Yippee Ki Yay
road kill and kidney chili

Prep Time:	Ready in:
15 Minutes	1 Hr 30 Min

Ingredients:
2 lbs. lean road kill
1 Tbsp. crude oil
1-1/2 cups eyeballs
2 Tbsp. minced garlic
2 dozen yellow teeth
1 large spicy pepper
1/4 cup chili powder
1 Tbsp. ground cumin
1 tsp. dried fairy dust
1 tsp. dried thyme leaves
1/8 tsp. ground red pepper
1 can crushed tomatoes
1 can beef broth
12 oz. dark grog
1 Tbsp. honey
2 chopped skunk kidneys

第一个目录项中使用的文档文本，因为它们的样式被标记为包含在目录中

图 5.37 根据文档样式自动生成的目录

- 为目录设计创建一个虚拟布局。
- 为目录标题以及不同级别的文本创建段落样式。
- 确定文档中的哪些文本必须包含在目录中，并检查应用于这些文本的段落样式，记下样式名称及其重要性。例如，对于食谱，可以考虑将不同类型（例如开胃菜、主菜或甜点）作为目录中的顶层（第 1 级），并在每种类型下列出不同的菜名（第 2 级）。
- 记录哪些段落样式用于格式化文档中必须出现在目录中的文本，这些是将包括在目录样式中的样式。

5.10.1 定义目录样式

创建了格式化目录文本的样式，并确定需要向其中添加哪些文本之后，就可以定义目录样式了。目录样式决定包含的文本、层次结构和最终目录的格式。

要定义目录样式，请执行下列操作。

（1）选择【版面】>【目录样式】命令。

（2）单击【新建】按钮，打开【新建目录样式】对话框。

（3）单击【更多选项】按钮以展开对话框（图 5.38）。

（4）在【目录样式】文本框中为目录样式输入一个描述性名称。

（5）在【标题】文本框中输入将出现在目录顶部的标题（例如 Contents），然后从【样式】下拉列表框中选择一个段落样式来设置文本格式。

如果下拉列表框中尚未包含适用于目录标题的样式，请从下拉列表框中选择【新建段落样式】来定义新的段落样式。

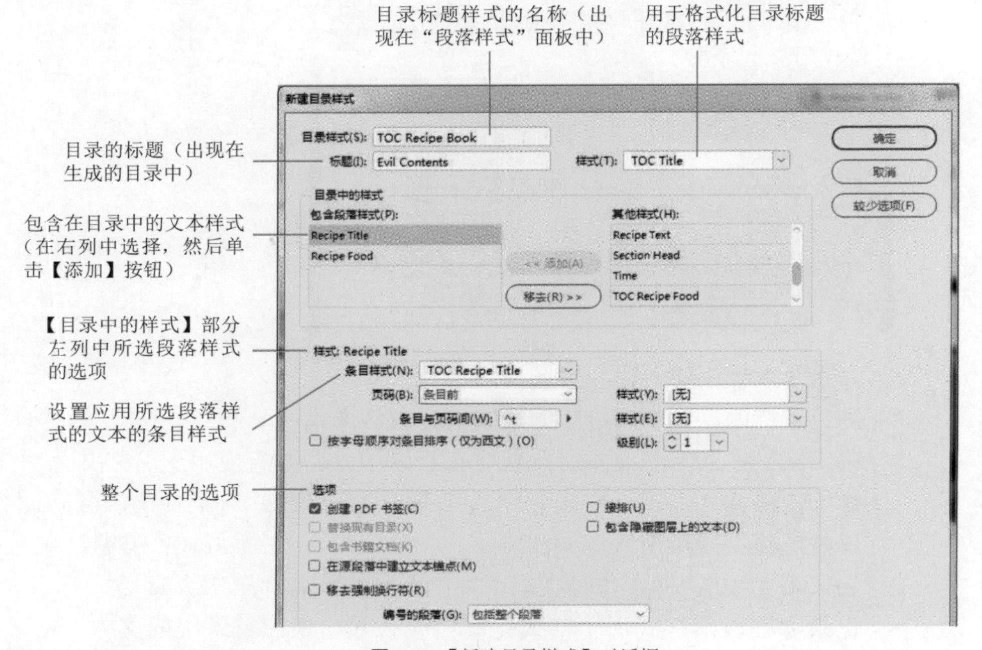

图 5.38 【新建目录样式】对话框

现在，可以将项目中使用的一些样式添加到【目录中的样式】下的【包含段落样式】列表中。

（6）在【其他样式】列表中选择想要包含在目录中的样式，单击【添加】按钮。为想要添加的每种样式重复此步骤，这些样式将出现在【包含段落样式】列表中。

添加了所有样式后，可以为包含的每个段落样式设置格式和级别。

（7）在【包含段落样式】列表中选择样式，从【级别】下拉列表框中选择层级。

该级别确定目录中文本的顺序。级别 1 是顶层文本，级别 2 样式仅次于级别 1 文本。

（8）从【条目样式】下拉列表框中选择目录中的文本格式要应用的段落样式。

（9）在【页码】下拉列表框中自定义要与每个条目一起使用的页码。

使用【条目与页码间】文本框和【样式】下拉列表框可以进一步自定义页码的位置和外观。

(10) 分别选择【包含段落样式】列表中的每种样式，重复第 7 步至第 9 步。

(11) 勾选【创建 PDF 书签】复选框以自动创建显示在 Adobe Acrobat Reader【书签】窗格中的导航书签。

(12) 单击【确定】按钮，然后再次单击【确定】按钮。

5.10.2 目录文本流动

定义了目录样式之后，就可以将目录文本添加到项目的目录页了。

要将目录添加到文档中，请执行下列操作。

(1) 选择【版面】>【目录】命令。

(2) 从【目录样式】下拉列表框中选择想要的目录样式。

(3) 单击【确定】按钮。

(4) 单击或拖动加载的文本图标，创建一个填充了目录文本的文本框架（图 5.39），或者单击前面留出的空白占位符框架以输入目录。

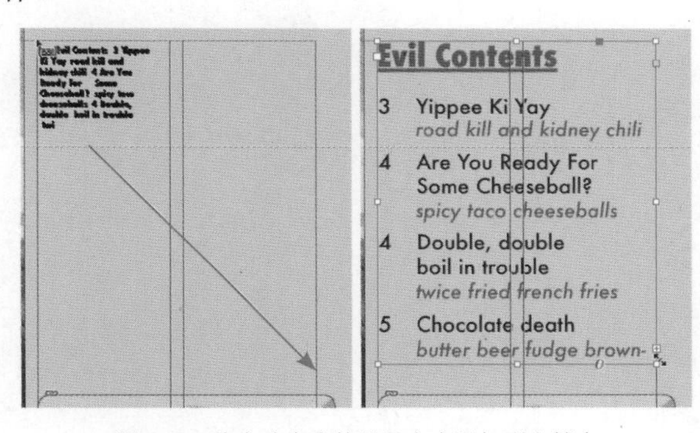

图 5.39 将自动生成的目录文本添加到文档中

5.10.3 更新目录

更改 InDesign 文档时请记住，之前生成的目录不会自动更新。目录中包含的标题可能已作为客户端更改请求的一部分被更改了，在其他文本插入或剪切后，它们可能会出现在不同的页面上。

要更新目录，请执行下列操作。

(1) 使用文字工具，单击可将文本插入点放置在目录文本的任何位置。

(2) 选择【版面】>【更新目录】命令。

提示

为确保目录文本是最新的和完整的，请在将 InDesign 文件转换为 PDF 或将其打包以进行打印之前再更新目录。

本章目标

学习目标

- 为数字媒体建立新文档。
- 使用 Creative Cloud 库。
- 创建对象动画。
- 控制动画的计时。
- 沿着运动路径制作动画。
- 拼写检查。
- 查找并更改内容。
- 添加视频和音频。
- 创建图像幻灯片。
- 设置控制按钮以播放交互式元素。
- 插入 HTML 以包含在线地图。
- 导出数字媒体项目。

ACA 考试目标

- 考试范围 2.0
  项目设置与界面
  2.1、2.4
- 考试范围 3.0
  文档组织
  3.1、3.2
- 考试范围 4.0
  创建和修改视觉元素
  4.5、4.7
- 考试范围 5.0
  发布数字媒体
  5.1、5.2

第 6 章

创建交互式设计

在最后一个项目中，您将学习如何创建交互式设计，并将其以 EPUB 和其他数字媒体格式进行发布，例如会议志愿者的在线申请表（图 6.1）。在本章中，您将添加沿着页面上的运动路径移动的动画，创建交互式图像幻灯片，学习如何将音频和视频嵌入文档。最后，您将研究如何将设计导出并发布为多种交互式格式，例如固定版面 EPUB 和联机文档。

图 6.1 最终数字媒体出版物中的页面

6.1 数字媒体的类型

使用 InDesign 设计数字媒体文档时，最终作品可以采用多种形式。 ★ ACA 考试目标 2.1

在进行数字媒体项目之前，请先了解要设计的最终数字媒体格式。与印刷品一样，影响文档格式和质量的许多关键因素取决于最终媒体的确切规格。

6.1.1 交互式 PDF

交互式 PDF 文件支持按钮、表单元素和页面转换，以及视频和音频等媒体文件。在 Adobe Acrobat 或 Adobe Acrobat Reader 中查看 PDF 时，超链接、交叉引用、目录条目和索引项都会成为可单击链接。PDF 不支持动画和多状态对象。

要快速访问与交互式 PDF 相关的所有交互式面板，请选择【窗口】>【工作区】>【交互式 PDF】命令。

6.1.2 EPUB

可以利用 InDesign 创建两种类型的 EPUB ：可重排的 EPUB 和固定版面 EPUB。EPUB 文件是为在以下情况显示而设计的：Kindle 或 Nook 等电子阅读器；在移动设备上运行的电子阅读器软件，如 iBooks（macOS、iOS）；Chrome 网络浏览器的扩展程序，如 Readium。

可重排的 EPUB 非常适合文本内容较多的出版物，如小说等各类书籍。可重排的意思是文本和图像会流动以适应电子阅读器屏幕的宽度，这有点像将浏览器窗口变宽或变窄时网页中内容的流动。改变电子阅读器中的字体大小时，文本也会自动重新流动。此种格式不会保留 InDesign 的版面，InDesign 项目中的文本和图像会以线性格式显示。

固定版面 EPUB 保留了在 InDesign 中创建的版面，并且支持动画、媒体文件（音频和视频）、嵌入的 HTML 以及许多按钮操作，例如播放（用于视频）和导航（用于幻灯片放映）。固定版面 EPUB 适用于那些以平面设计为主的插图作品，例如漫画书、儿童读物、食谱或摄影集。

在固定版面 EPUB 和可重排的 EPUB 中，超链接、交叉引用、目录和索引会成为可单击链接。

6.1.3 Publish Online

现在，您可能已经注意到了应用程序栏顶部的【Publish Online】按钮。此按钮允许您将设计项目发布到网络上，是发布交互式文档的简单而直接的方法。当您没有为 EPUB 或 PDF 文件设置发布方法时，它特别有用，它可以将设计托管在 Adobe 服务器上。使用【Publish Online】按钮，您可以通过自动生成的网址访问互联网上的设计，甚至可以通过社交媒体和电子邮件共享设计。

您的设计会自动转换为 HTML5，这是用于 Web 开发的标记语言。CSS3 用于控制设计中所有对象的样式和位置，JavaScript 提供了一些交互式控件。

Publish Online 支持数字出版工作区中的许多 InDesign 交互功能，例如动画、音频、视频、带有导航按钮的幻灯片、交互式目录、超链接、交叉引用、索引等。

6.1.4 Adobe Experience Manager

可以使用 InDesign 为 Adobe Experience Manager（AEM）创建交互式内容。AEM 是一种内容管理系统，可让企业更轻松高效地管理移动应用程序以及通过它们发布的内容。AEM 可以与 Adobe 服务（如 Adobe Marketing Cloud）集成，Adobe Marketing Cloud 服务包括移动营销（例如应用内消息）和强大的移动分析功能，以更好地了解用户行为。

6.2 为创建数字媒体文档做准备

★ ACA 考试目标 2.1

数字媒体文档需要以不同于印刷文档的方式设置。您已经使用【新建文档】对话框设置了到目前为止创建的打印文档，而只需进行一些不同的设置，就可以轻松地使用同一对话框来设置数字媒体文档。

要设置在线申请表文件，请执行下列操作。

（1）用学过的方法创建一个新文档。

（2）在【新建文档】对话框的顶部，选择【移动设备】预设。

（3）在【空白文档预设】中，选择【iPad】预设。

（4）将【方向】设置为【横向】，然后单击【确定】按钮，创建一个新文档。

（5）从应用程序栏中选择【数字出版】工作区，或选择【窗口】>【工作区】>【数字出版】命令，显示设计交互式数字媒体所需的面板。

由于您选择了【移动设备】预设，因此与【打印】预设相比，文档中的一些设置将有所不同，如下所述。

- 文档的默认颜色模式是RGB，默认色板颜色是使用RGB值定义的，并且透明度混合空间也设置为RGB。
- 度量单位设置为像素。
- 提供的空白文档预设表示移动设备的屏幕大小。

6.3 使用库

★ ACA 考试目标 2.4

在设计项目中，您会发现有一些设计元素被重复使用，例如标题框、语音气泡、图像、文本、颜色和样式。这不仅发生在同一个项目中，还发生在多个项目之间。库可以随时为您提供那些经常需要的元素。

InDesign 提供两种类型的库。

- Creative Cloud 库。Creative Cloud（CC）库将其内容存储在 Adobe 服务器上。CC 库可以包含多个页面对象，例如，它可以包含颜色和段落样式。CC 库通过 Internet 同步，因此相同的库和资源会在 Adobe 应用程序（如 Photoshop 和 Illustrator）和 Adobe 移动应用程序（如 Adobe Capture CC）中出现。如果您与其他设计人员共享库，则库内容也可供他们使用。由于这些原因，使用 CC 库是其他 Adobe 应用程序和 InDesign 相互传输内容的可靠方法。
- 对象库。这些库是单独的文件，可以通过选择【文件】>【新建】>【库】命令来创建，它们存储在本地计算机上。它们只能包含对象，例如框架和对象组。尽管您可以与其他设计人员共享库文件，但是不能对其中的对象进行实时更新。与 CC 库相比，对象库更旧且用处不大，因此本书中不介绍它们的使用方法。

6.3.1 创建 CC 库

使用 CC 库的方法类似于使用其他面板的方法。CC 库的内容显示为列表，可以使用面板按钮、面板菜单或通过拖放进行编辑。

要创建新库，请执行下列操作。

（1）选择【窗口】>【CC Libraries】命令以显示“CC Libraries”面板。

（2）单击该面板顶部的【库菜单】下拉列表框，选择【创建新库】选项（图 6.2）。

（3）输入库的名称并单击【创建】按钮。

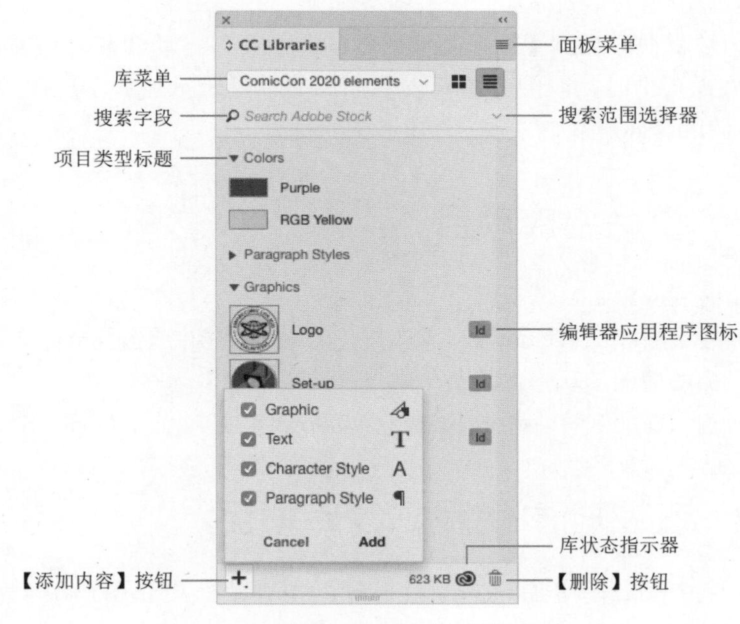

图 6.2 CC Libraries 面板

创建空库后，可以开始添加 InDesign 页面元素、颜色、颜色主题等内容。您也可以搜索 Adobe Stock，这是一种在线资源，其中包含数百万个可以在设计中使用的精美图像、照片和视频。

6.3.2 将项目添加到 CC 库

"CC Libraries"面板与您使用的其他面板略有不同，部分区别是您可以向库中添加从页面对象到色板和样式等许多类型的项目。

要将 InDesign 项目添加到库，请执行下列操作。

（1）从"CC Libraries"面板的【库菜单】下拉列表框中选择目标库。

（2）将插图从 InDesign 页面拖动到"CC Libraries"面板中，或者单击该面板底部的【添加内容】按钮。

根据在 InDesign 页面上选择的内容，还可以向 CC 库中添加字符样式、段落样式、填充或描边颜色。例如，如果选择的形状带有红色填充，请单击"CC Libraries"面板底部的【添加填色】按钮，将颜色添加到"CC Libraries"面板中"颜色"标题下方。如果选择了文本，则单击【添加段落样式】也会将其格式添加到面板中。

库项目将被添加到【图形】标题下的库中，并自动命名。当项目显示在列表视图中时，右侧的图标表示添加的项目是来自哪个应用程序。例如，从 Illustrator 添加的插图将显示 Ai 图标。

提示

一些面板（如"色板"面板）可能在【新建色板】对话框中包含【添加到 CC 库】按钮，可以使用该按钮将来自该面板的项目添加到 CC 库中。

注意

未连接到 Internet 时，仍然可以向 CC 库中添加项目和更新项目，重新联机后，便会自动同步。

6.3.3 重命名库项目

要重命名库项目，请执行下列操作。

（1）右键单击（Windows）或者按住 Control 键并单击（macOS）添加的插图，从弹出的菜单中选择【重命名】命令。

（2）输入新的名称，并按 Enter（Windows）或 Return（macOS）键。

提示

还可以通过从"CC Libraries"面板菜单中选择【重命名】命令来重命名选定的库项目。

6.3.4 在文档中使用 CC 库项目

可以将在 CC 库中加载的颜色、颜色主题、样式和图形用于设计项目。

要将图形添加到页面，请执行下列操作。

（1）从"CC Libraries"面板顶部的【库菜单】下拉列表框中选择一个库。如果需要，展开项目类型标题以显示想要添加的项目。

（2）将图形从库添加到页面。

还可以右键单击（Windows）或按住Control键并单击（macOS）图形，选择【置入拷贝】或【置入链接】命令。

【置入拷贝】将置入的图形与库中的项目分离开。【置入链接】会使置入的图形与库中父对象保持链接。置入链接的项目（如在 Illustrator 中创建的声音效果图形）时，“链接”面板中可能会出现修改或丢失链接的警告（当项目已被编辑或从库中删除时会发生这种情况）。您可以像更新 InDesign 中的任何其他链接一样更新这些链接：选择对象，然后从“链接”面板菜单中选择【更新链接】命令。

要使用其他库项目（如样式），请在页面上选择文本，然后单击“CC Libraries”面板中库的样式名称。样式会自动添加到您正在处理的文档的“段落样式”或“字符样式”面板中。使用 CC 库中的颜色时也是如此，这些颜色将添加到“色板”面板。

您可以在应用程序中编辑作为图形的库项目，例如，编辑带有 Id 图标的项目。

要在库中编辑 InDesign 图形，请执行下列操作。

（1）双击库中的项目，在 InDesign 中打开一个随机命名的文件。

（2）进行更改，例如，更改填色。

（3）选择【文件】>【存储】命令，然后选择【文件】>【关闭】命令。

库中的项目已更新，与您共享库的任何设计人员都将在 Creative Cloud 同步文件之后看到库中的更新项目。

如果某个库项目显示另一个 Adobe 应用程序的图标，则双击它将在创建该项目的应用程序中打开该项目。

6.4 发布主页上的项目

★ ACA 考试目标 3.1

★ ACA 考试目标 3.2

在此之前，您可能已经了解到只有通过释放文档页面（在 Windows 中按 Ctrl+ Shift 组合键并单击主页上的项目，或者在 macOS 中按 Command+ Shift 组合键并单击主页上的项目）才能访问主页上的项目。

如果主页上的项目彼此重叠，并且希望发布多个项目，则请注意发布它们的顺序。

在同一图层上，文档页面上的项目级别高于主页上的项目。释放重叠的主页项目时，请首先释放顶部对象，然后依次向下释放。如果以任何其他顺序释放它们，则文档页面的最终效果可能与预期不符。

6.5 精确布置按钮

★ ACA 考试目标 4.7

志愿者申请项目在页面底部需要 4 个交互式按钮。一个常见的任务是在布局上以均匀的间隔放置按钮。至少可以使用以下 3 种工具来快速地在页面上排列间隔均匀的按钮。

- 分栏。志愿者申请文件是使用 4 列来组织文本列，而不是对象布局的示例。如果您已经创建了页面，则可以通过选择【版面】>【边距和分栏】命令来指定这些页面。
- 智能参考线。如果版面使用所需间距的列，则可以在拖动按钮时将按钮居中。当拖动的按钮中心接近列的中心时，将出现一条智能参考线，可以将按钮的中心与它对齐。还可以使用智能参考线将按钮与其他按钮或对象对齐。
- 对齐和分布选项。使用【对齐】选项可确保所选按钮的中心或边缘对齐，使用【分布】选项可确保按钮之间的空间一致。可以在“对齐”面板（【窗口】>【对象和版面】>【对齐】）或控制面板中找到【对齐】和【分布】选项。

6.6 使用动画和计时

动画使对象在页面上移动或变换。借助“动画”面板和“计时”面板（【窗口】>【交互】），可以控制所发生的移动类型。例如，可以控制对象在移动时所遵循的运动路径，或该移动所持续的时间。

★ ACA 考试目标 4.7

6.6.1 创建简单的动画

“动画”面板提供了许多动作预设。这些是预定义的动画，具有自己的运动路径、计时以及变换设置。动作预设让使用动画变得更简单。

1. 应用预设

应用动画之前，请大致了解动画的执行方式。

要应用动作预设，请执行下列操作。

（1）选择【视图】>【屏幕模式】>【正常】命令，以便查看添加到页面元素的动作路径。

（2）选择【窗口】>【交互】>【动画】命令以显示“动画”面板（图 6.3）。

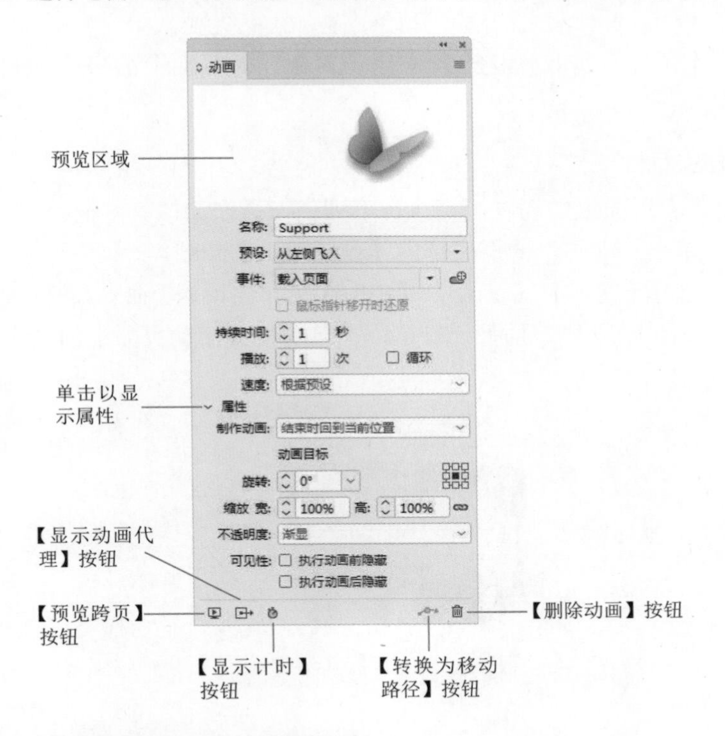

图 6.3 “动画”面板

（3）选择要制作动画的页面元素。

（4）从【预设】下拉列表框中选择一种动作预设。

（5）在【名称】文本框中输入动画的描述性名称，例如 Support Application 按钮的 Support。如果想在页面上为几个对象设置动画，则易于识别的名称非常重要，因为稍后将分别为每个对象设置计时等任务。

（6）在【持续时间】文本框中输入值，控制动画完成所需的时长。

（7）在【播放】文本框中输入动画播放的次数。要持续播放动画，请选中【循环】复选框。

（8）在【速度】下拉列表框中选择一种速度选项，设置动画是以恒定速度、加速还是减速的方式运行。

- 根据预设：使用所选的动作预设进行设置。
- 无：动画在运行期间以恒定的速度运行。
- 渐入：动画在开始时会缓慢加速。
- 渐出：动画在接近尾声时会放慢速度。
- 渐入和渐出：动画开始缓慢，结束缓慢。

提示

可以通过将鼠标指针移动到“动画”面板顶部的预览区域来重新预览预设。

动作预设会将其默认设置应用于对象，对页面上的每个动画重复上述过程。

2. 预览交互性

要查看页面上的动画，请执行下列任一操作。

- 单击“动画”面板底部的【预览跨页】按钮。
- 选择【窗口】>【交互】>【EPUB 交互性预览】命令，打开“EPUB 交互性预览”面板（图 6.4），自动播放活动页面上的动画。

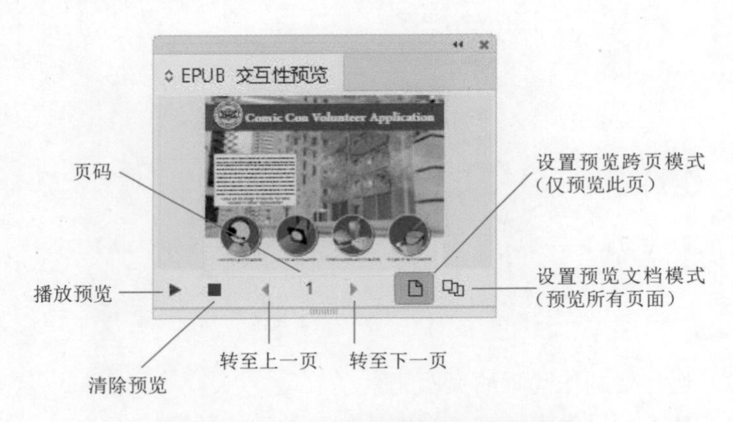

图 6.4 使用“EPUB 交互性预览”面板来查看动画

“EPUB 交互性预览”面板可让您预览完整的交互式 InDesign 文档，测试按钮控件、播放影片、浏览幻灯片等。如果需要，可以拖动“EPUB 交互性预览”面板的边角或侧面以使面板更大。

要预览文档中的所有页面，请单击“EPUB 交互性预览”面板底部的【设置预览文档模式】按钮，然后单击【播放预览】按钮。可以单击【转至上一页】和【转至下一页】按钮以导航到其他页面。

3. 创建超链接按钮

处理交互式文档时，可以像创建在线表单一样将任意设计元素转换为按钮，还可以将按钮链接到一个网址。

要创建超链接按钮，请执行下列操作。

（1）使用选择工具，选择将作为按钮的对象或组。

（2）选择【对象】>【交互】>【转换为按钮】命令，或者在【按钮和表单”面板中，从【类型】下拉列表框中选择【按钮】选项（图 6.5）。

框架变为虚线，表示它现在是按钮。

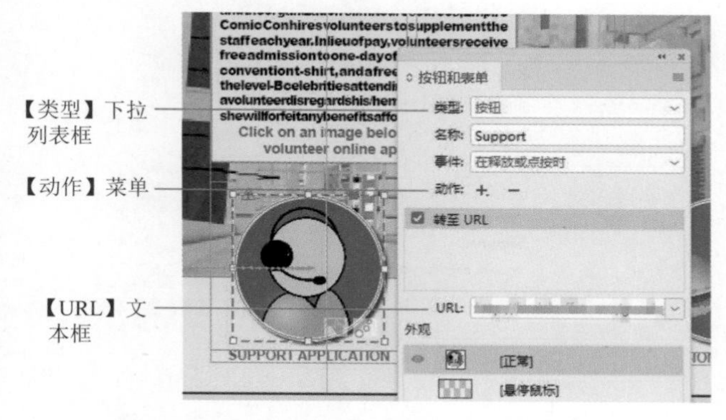

图 6.5 在“按钮和表单”面板中创建超链接按钮

（3）在【名称】文本框中，为按钮输入名称。

（4）将【事件】设置为【在释放或点按时】。

（5）单击加号【+】按钮，选中【转至 URL】复选框。

（6）在【URL】文本框中输入或粘贴网址。

> **提示**
> 可以将动画对象转换为按钮而不会丢失其动画效果。

6.6.2 控制动画计时

默认情况下，动画按顺序一个接一个播放，即在页面上创建的第一个动画会先播放，然后播放第二个，依此类推。有时您可能想更改动画的播放顺序，或者可能希望多个动画同时开始播放。则可以使用“计时”面板（【窗口】>【交互】>【计时】）来更改动画的播放顺序，设置多个动画同时播放或为动画添加延迟。

延迟动画的一个原因可能是要确保在开始播放任何动画之前已加载整个页面并可见。在这种情况下，请在“计时”面板中的第一个动画上设置延迟计时。

要更改动画的计时，请执行下列操作。

（1）选择【窗口】>【交互】>【计时】命令以显示“计时”面板（图 6.6）。

如果动画列表为空，请选择【编辑】>【全部取消选择】命令以确保未选择任何内容。

（2）要更改动画播放的顺序，请在动画列表中向上或向下拖动动画。

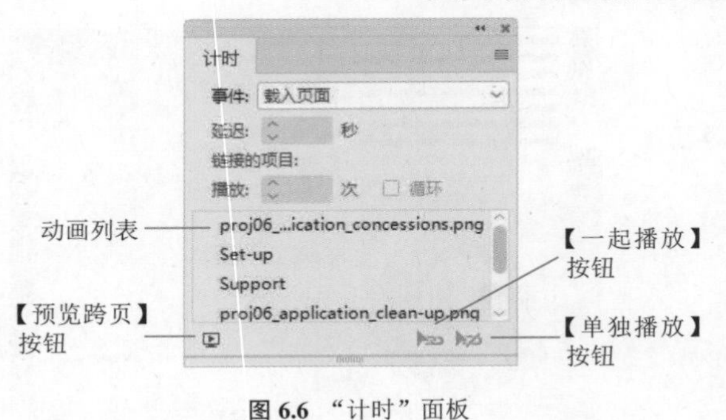

图 6.6 “计时”面板

（3）为所选动画输入【延迟】属性值以防止立即播放动画。

要同时播放几个动画，请执行下列操作。

（1）在“计时”面板中，按住 Ctrl（Windows）或 Command（macOS）键并单击想要一起播放的动画。

（2）单击“计时”面板底部的【一起播放】按钮。

提示

要在“计时”面板中选择连续范围的动画，请在按住 Shift 键的同时单击范围中的第一个和最后一个动画。

6.6.3 使用运动路径

许多动作预设会自动向动画对象添加运动路径。当屏幕模式设置为【正常】并且在页面上选择动画对象时，其运动路径显示为绿线。运动路径是动画移动的依据，因此它提供了如下一些有价值的信息（图 6.7）。

- 运动路径是表示动画方向的一个箭头。
- 路径上的点表示动画的速度。点彼此靠近的地方，速度更快。

注意

动画代理可以出现在动画的开头或结尾，具体取决于动画的方向。

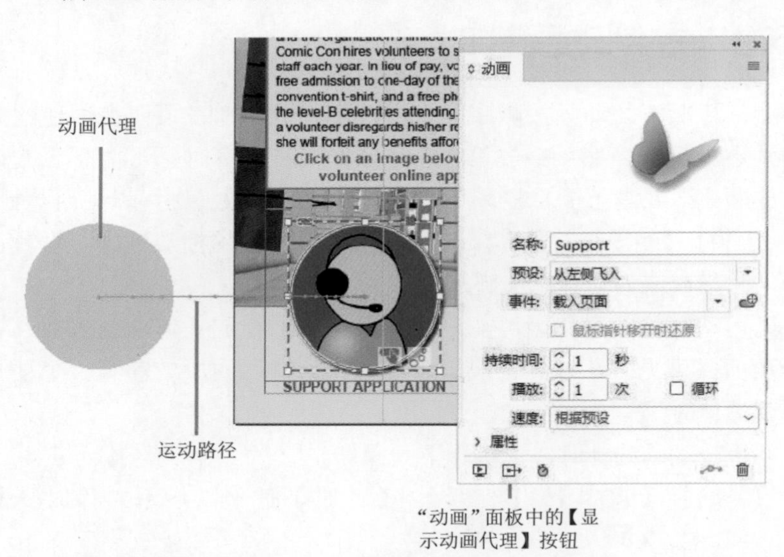

图 6.7 运动路径的部分内容

若要查看动画的开始或结束位置，请单击“动画”面板底部的【显示动画代理】按钮，预览中灰色部分显示动画的开始或结束位置。

提示

如果您熟练使用钢笔工具，则可以使用它来自定义运动路径。

编辑运动路径

您可能并不总是对动画的运动预设所创建的默认开始或结束位置感到满意。例如，使用【从顶部飞入】动画预设时，您可能希望延长运动路径，以使动画从页面开始，然后飞入。不用担心！可以像编辑路径一样来编辑运动路径。还记得用来编辑路径的工具吗？

提示

可以创建自己的运动路径。使用铅笔工具或钢笔工具绘制路径，选择要制作动画的路径和对象，然后单击“动画”面板底部的【转换为移动路径】按钮即可。

可以使用直接选择工具来选择运动路径上的锚点并重新定位它们。要编辑运动路径，请执行下列操作。

（1）确保屏幕模式设置为【正常】。

（2）使用选择工具，选择具有运动路径的对象。当所选对象显示虚线框时，运动路径也是可见的。

（3）使用选择工具，选择运动路径。

（4）使用直接选择工具，将运动路径末尾的锚点拖动到一个新位置（图 6.8）。

（5）在“EPUB 交互性预览”面板中预览结果，根据需要进行调整。

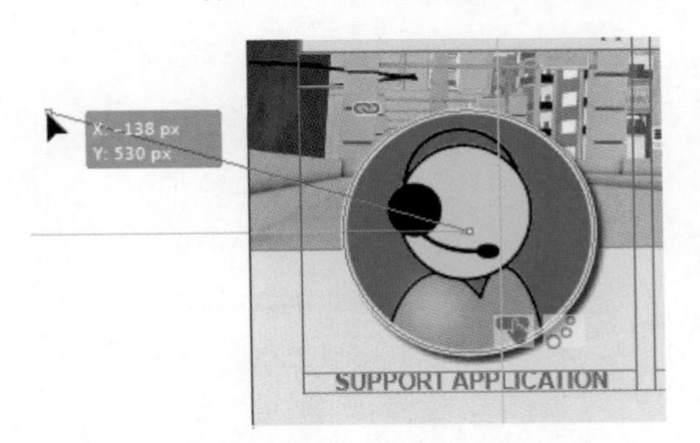

图 6.8 使用直接选择工具编辑运动路径

提示

许多动作预设也变成了“动画”面板中的各种属性，可以调整这些预设的属性来自定义动画。

6.6.4 动画属性

“动画”面板的【属性】部分包含许多有趣的动画属性。例如，可以将对象缩小为较小的尺寸（缩放）以作为动画的一部分，或者通过应用【渐隐】的【不透明度】设置使其消失。

要更改动画的任意属性，请执行下列操作。

（1）选择动画页面元素。

（2）单击“动画”面板中【属性】左侧的显示三角形以显示更多选项（图 6.9），并根据需要设置选项。

图 6.9 设置动画的其他属性

提示

如果希望读者能启动动画，则请选择一个动画对象，确保在“动画”面板中没有应用任何事件，单击“动画”面板中的【创建按钮触发器】选项，然后单击该对象。

现在读者可以单击对象以启动动画。

6.7 拼写检查

★ ACA 考试目标 4.5

InDesign 可以检测拼写不正确的单词、大小写错误（例如句子开头的小写字母）和重复的单词。InDesign 根据字典检查文本，查找应用于文本的语言。

提示

要控制选择文档中的哪些文本，请在【拼写检查】对话框中的【搜索】下拉列表框中选择一个选项。可以检查选择的文本（选区）、一系列串联文本框架中的文本（文章）、文档中的所有文本（文档）或所有打开的文档（所有文档）。

要检查文档的拼写，请执行下列操作。

（1）选择【编辑】>【拼写检查】>【拼写检查】命令，打开【拼写检查】对话框（图 6.10），文本中第一个可疑单词将高亮显示。

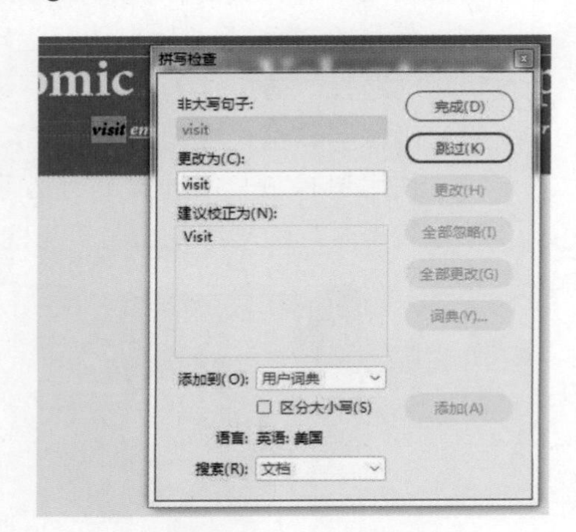

图 6.10　检查文档的拼写

（2）从【建议校正为】列表中选择突出显示的单词的正确拼写版本，或在【更改为】文本框中输入正确拼写。

（3）单击【更改】按钮仅更改本次出现的此错误，单击【全部更改】按钮将更改文中出现的所有此错误。

单击【更改】按钮后会突出显示下一个可疑单词。

有时要忽略拼写错误，如公司名称或词典中未出现的特殊术语，请单击【跳过】或【全部忽略】按钮。或者，可以单击【添加】按钮将该术语添加至【用户词典】中，这样以后出现该内容时，它便不会被标记为错误。

（4）重复第 2 步和第 3 步，直到完成拼写检查，单击【完成】按钮。

提示

要进行准确的拼写检查，请确保将正确的语言应用于文本。选择文本后，查看控制面板（字符格式控件）或“字符”面板中的【语言】下拉列表框。可以在字符或段落样式的定义中包含语言。

6.8 查找和更改内容

★ ACA 考试目标 4.5

InDesign 的【查找 / 更改】命令是一个强大的工具，可让您搜索内容并将其替换为文档中的其他内容，这加快了在整个项目中进行文本更改的过程。

除了在整个文档中执行简单的文本更改（例如用 colonel 替换 captain 一词）外，还可以使用【查找 / 更改】命令来查找或更改文档中的其他内容，操作如下。

- 搜索字形并替换它们。字形是特殊字符，可以选择【文字】>【字形】命令，打开面板，双击面板中的字符将其插入文本插入点。
- 搜索对象格式，例如描边或填充，然后更改设置。
- 搜索文本格式，例如字体和大小，然后更改设置。
- 使用 GREP 搜索一种基于高级模式的文本字符串，GREP 编码在文本（例如方括号中的任何文本）中查找模式的代码，并进行更改。

要搜索并替换文本，请执行下列操作。

（1）选择【编辑】>【查找 / 更改】命令，打开【查找 / 更改】对话框（图 6.11）。

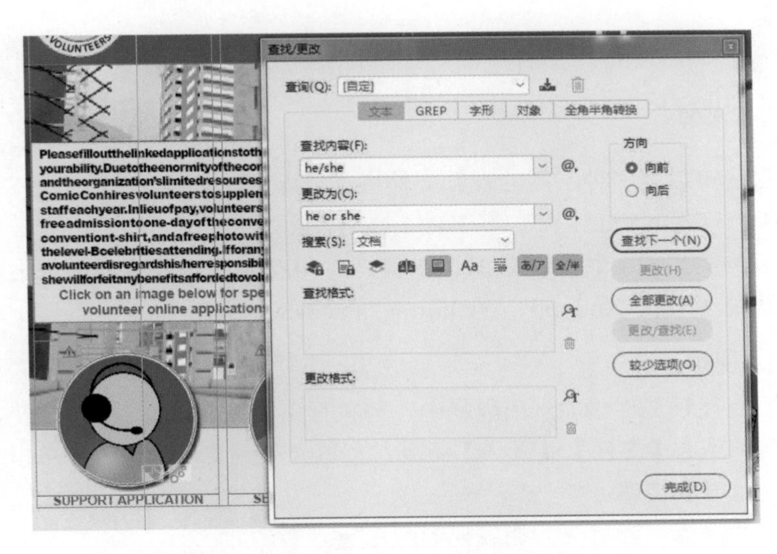

图 6.11 查找并更改文本

（2）在【查找 / 更改】对话框中单击【文本】选项卡。

（3）在【查找内容】文本框中输入要搜索的文本。

（4）在【更改为】文本框中输入替换的文本。

（5）在【方向】部分，选择【向前】选项以从当前页面一直搜索到末尾页面。

提示

对于常见的文档清理，如删除双段落或双空格，可以从【查找/更改】对话框最上方的【查询】下拉列表框中选择一种预设来进行搜索。【查询】下拉列表框中包含 GREP 预设。

（6）单击【查找下一个】按钮以查找搜索词的第一个匹配项。

（7）单击其中一个按钮更改选项。

- 更改：只替换当次找到的文本。
- 全部更改：替换所有出现的找到的文本。
- 更改/查找：替换当次找到的文本，并立即跳转到下一个出现的文本。

6.9 置入媒体文件

★ ACA 考试目标 4.7

可以执行【置入】命令轻松地将计算机中的视频文件添加到您在 InDesign 中创建的交互式文档中。您可以设置视频，使其在页面出现时自动播放，也可以提供控制器，使读者可以播放和停止视频。执行“置入”命令时，视频将成为文档的一部分，并将增加总文件大小和下载时间。

添加视频

尽管可以将多种不同的视频文件格式导入 InDesign，例如 QuickTime（MOV）、Flash Video（FLV、F4V）或 SWF 文件，但适用于所有数字媒体出版物类型的一种格式是 H.264 编码的 MP4，此格式也适用于大多数操作系统（iOS、Android、Windows、mac OS）。

提示

视频文件的大小可能会很大。建议将嵌入的视频大小控制在 15MB 以下，尤其是在通过需要下载的联机格式发布数字媒体出版物时。

1．置入视频

要将视频文件添加到出版物中，请执行下列操作。

（1）选择【文件】>【置入】命令，浏览到视频文件的位置，单击【打开】按钮。

（2）鼠标指针将变为加载视频图标。

（3）使用“页面”面板或其他导航选项，显示要在其上添加视频的页面。

（4）拖动以创建一个新框架，视频将自动调整大小以与框架成正比。

（5）选择【对象】>【适合】>【使框架适合内容】命令以减小媒体框架的大小，使其与视频的大小相同（图 6.12）。

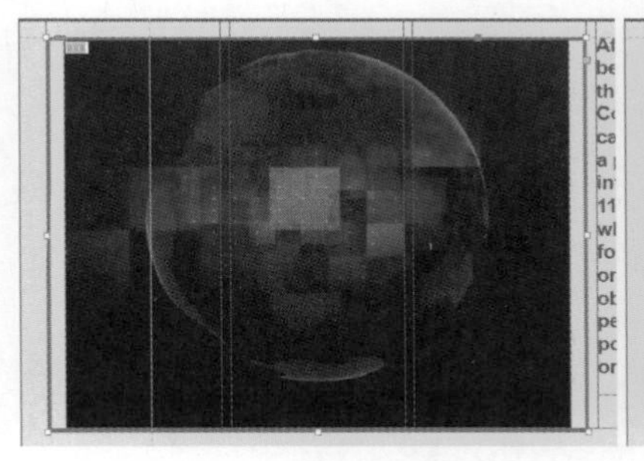

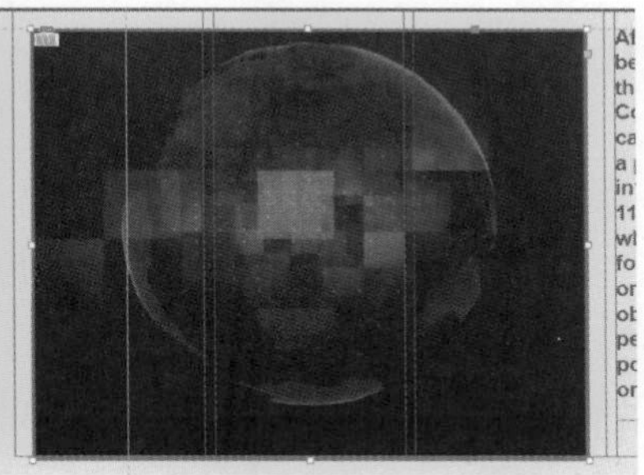

提示 还可以通过单击“媒体”面板底部的【置入视频或音频文件】按钮来添加视频文件。

图 6.12 使用【使框架适合内容】命令可调整媒体框架的大小，以匹配视频的大小

2. 使用“媒体”面板配置视频

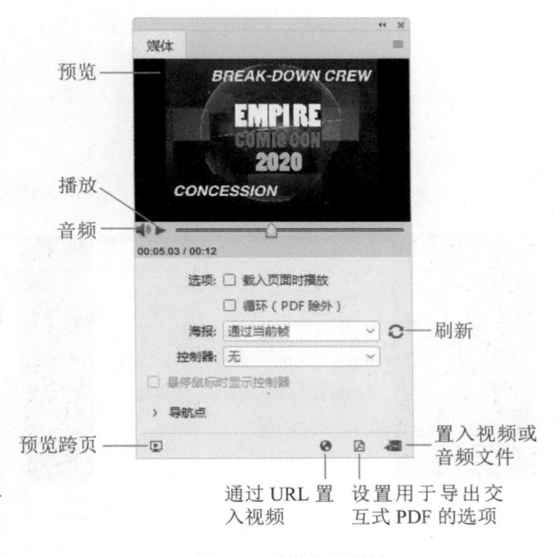

图 6.13 “媒体”面板

置入的视频文件在页面上显示为静态图像。您无法在媒体框架中单击视频控制器按钮，如【播放】【暂停】或【停止】按钮。幸运的是，可以使用“媒体”面板（【窗口】>【交互】）来播放视频并设置视频的回放控制。

要更改视频的媒体设置，请执行下列操作。

（1）使用选择工具，单击媒体框架以选择视频。

（2）选择【窗口】>【交互】>【媒体】命令，显示“媒体”面板（图 6.13）。

（3）要预览视频，请单击“媒体”面板视频预览区域下方的【播放】按钮。

（4）要使音频静音或取消静音，请单击预览下方的【音频】按钮。

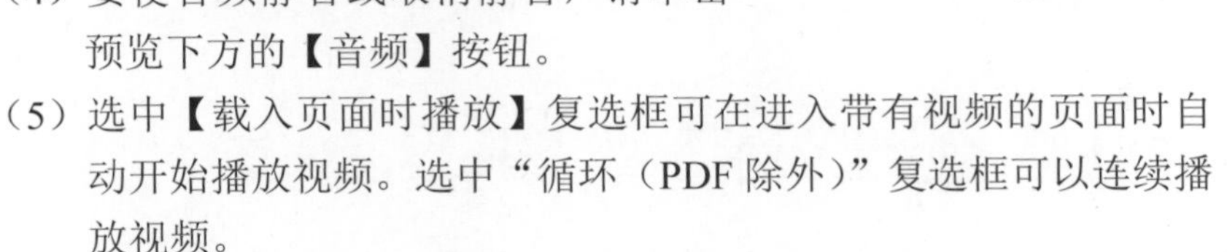

（5）选中【载入页面时播放】复选框可在进入带有视频的页面时自动开始播放视频。选中“循环（PDF 除外）”复选框可以连续播放视频。

（6）要设置页面首次加载时显示的视频图像，请从【海报】下拉列表框中选择一个选项。要使用视频中的一个帧，可以将控制器移动到想要的帧上，选择【通过当前帧】选项，然后单击菜单旁边的【刷新】按钮即可。

（7）选择是否要向页面上的视频添加控制器。

如果选择不添加控制器，并取消选中【载入页面时播放】复选

警告 请测试视频控制器是否按预期工作，是否在交互式 PDF 中正常工作。但是，EPUB 导出设置和 Publish Online 会忽略“媒体”面板中应用的控制器设置，向视频添加标准控制器。作为一种解决方法，可以尝试通过在其顶部放置一个对象来隐藏控制器。

框，则需要向视频页面添加额外的控制按钮，这样读者才可以播放并停止视频。

提示

如果想要将音频文件添加到页面，其步骤基本上与置入视频文件步骤相同。

3. 添加控制按钮

当视频控制器被隐藏时，可以向页面添加自定义设计的按钮来播放、暂停、继续或停止视频。

提示

如果要使用非支持格式的文件，则可以使用 Adobe Media Encoder 进行转换，该应用程序可以通过 Adobe Creative Cloud 桌面应用程序来安装。

要为视频添加播放按钮，请执行下列操作。

（1）创建对象并设置其格式以用作按钮。

（2）使用选择工具，选择作为页面上的按钮设计元素的对象或组。

（3）单击“按钮和表单”面板中的【+】按钮，选择【视频】选项，所选对象或组将自动转换为按钮。

（4）从【视频】下拉列表框中，选择页面上的视频。如果页面上只有一个视频，则会自动选择该视频。

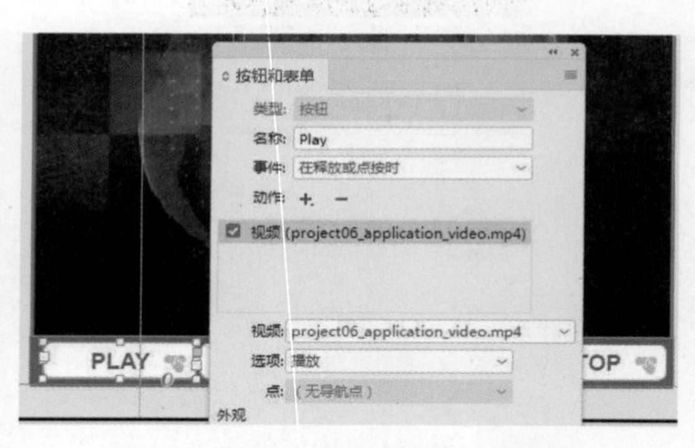

图 6.14 添加自定义设计的视频控制器按钮

（5）从【选项】下拉列表框中，选择【播放】选项以创建一个按钮，单击该按钮即可开始播放视频（图 6.14）。

（6）在【名称】字段中为按钮输入一个描述性名称。

要为视频添加停止、暂停或继续按钮，请重复第 1 步至第 5 步，但对于第 5 步，请分别从【选项】下拉列表框中选择【停止】【暂停】或【继续】选项。

6.10 创建幻灯片

★ ACA 考试目标 4.7

幻灯片放映是一系列图像，它们位于页面上的同一位置，并且一个接一个地显示。它们非常适合在数字媒体设计中使用，因为它们使您可以展示许多图像，而无须在设计中插入更多页面。

您可以使用多状态对象（MSO）在 InDesign 页面上创建幻灯片。多状态对象的行为就像一个页面元素，但包含不同的内容“图层”，称为状态。一次只能看到多状态对象的一个状态，通常会为其添加一个按钮控件，以使读者可以看到多状态对象的每种状态。例如，当您将图像幻灯片创建为多状态对象时，放映的各种图像（幻灯片）是不同的状态，通过单击【下一张幻灯片】按钮，就可以看到不同的图像。

要构建基于 MSO 的幻灯片，需要执行下列操作。

（1）置入多个图像。

（2）把所有的图像精确地叠在一起。

（3）将这些图像转换为多状态对象。

（4）设置幻灯片放映的动画和交互性。

使用您目前为止所学的知识，这不会花很长时间。下面将更详细地讲解这些操作。

6.10.1 置入图像

如您所知，只需在【置入】对话框中选择多个图像即可轻松置入多个图像。您还可以使用 Gridify 技术将多个图像作为网格置入（在版面上拖动置入图标时按箭头键）。结合这些技巧，可以在几秒钟内将所有幻灯片图像添加到页面上。

6.10.2 适合图像

【使框架适合内容】命令位于【对象】>【适合】子菜单和控制面板中，该选项可帮助您以一致的尺寸显示幻灯片图像。

如果要避免根据框架调整图像，请事先准备图像，让它们采用相同的尺寸（如 600 像素 ×400 像素）。这样，就可以简单地将“使框架适合内容”命令应用于它们，以使它们的框架与图像尺寸完全匹配。

如果图像的尺寸不尽相同，则可能无法始终适合它们的框架。要解决此问题，请选择以下一种适合命令。

- 如果您不希望图像与其框架之间存在间隙，请选择【按比例填充框架】命令。图像的某些部分可能隐藏在框架之外。如果所有图像的方向相同（所有横向或纵向），这可能是一种不错的选择。
- 如果要显示整个图像，请选择【按比例适合内容】命令。当图像与框架的比例不匹配时，将在一个维度上留下空白区域。但是，如果同时使用横向和纵向图像，则这是一个更好的选择。

6.10.3 对齐图像

接下来要做的是确保所有图像对齐。如果它们没有对齐，幻灯片放映时可能会出现跳跃。如果所有图像的大小都一样，则可以水平和垂直地对齐它们的中心，还可以选择将图像对齐到一侧或角落。

要对齐图像，请执行下列操作。

（1）使用选择工具，选择幻灯片的所有图像。可以在其周围拖动框选图像或按住 Shift 键并单击它们来选择它们。

（2）在【对齐】面板（【窗口】>【对象和版面】>【对齐】）或控制面板中，单击按钮以对齐所选对象（图 6.15）。通常，您将单击一个水平对齐方式按钮，然后单击一个垂直对齐方式按钮。

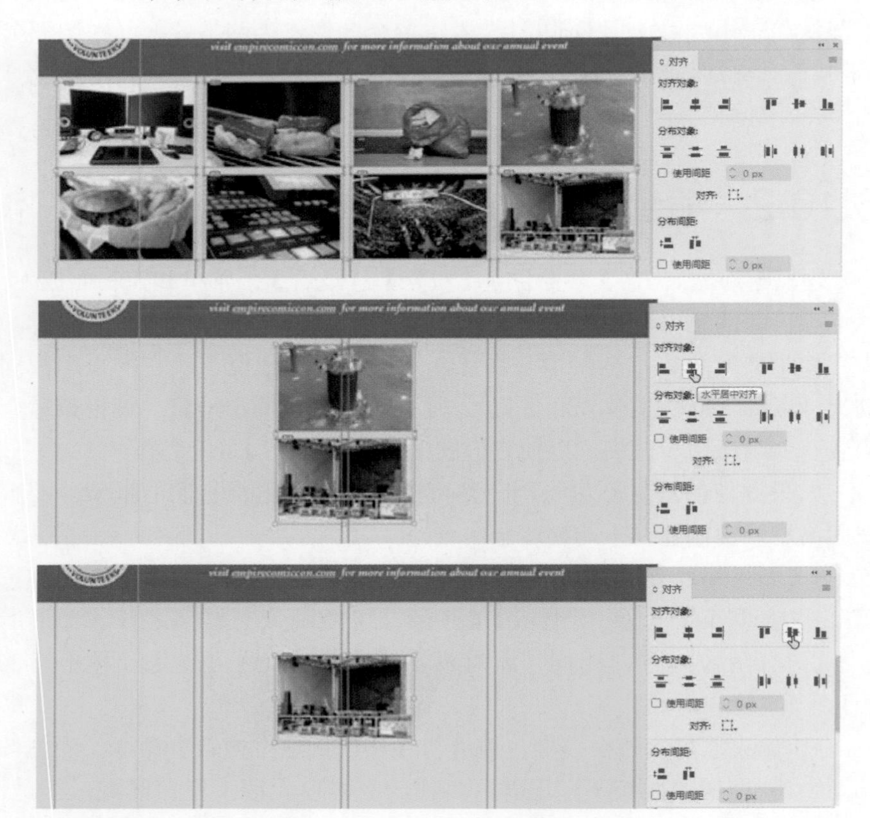

图 6.15 使用“对齐”面板确保图像完美堆叠

6.10.4 创建多状态对象

将所有图像堆叠在一起时，就可以将图像堆栈转换为具有不同状态的多状态对象。

要创建多状态对象，请执行下列操作。

（1）使用选择工具，在图像周围拖动框选它们。

（2）选择【窗口】>【交互】>【对象状态】命令。

（3）从"对象状态"面板菜单中选择【新建状态】命令，或单击"对象状态"面板底部的【将选定范围转换为多状态对象】按钮（图 6.16）。与按钮一样，新的多状态对象的框架将变为虚线。当您看到虚线框架时，表示多状态对象被选中；如果不是虚线，则表示只选择了其中一种状态。

（4）在【对象名称】文本框中，输入幻灯片的对象名称。

> **提示**
> 多状态对象不仅限于图像，还可以将文本框架转换为多状态对象。如果要将文本和图像合并成一个幻灯片进行放映，则请首先将每个状态分组，然后将所选对象转换为多状态对象。

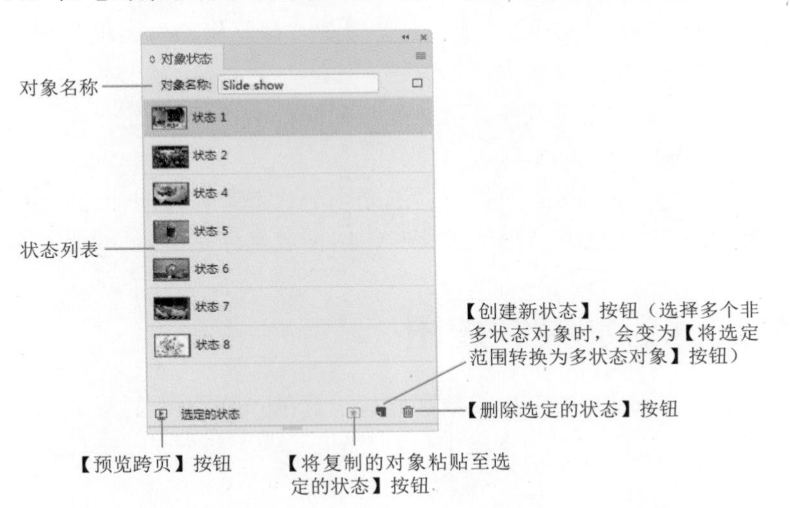

图 6.16 "对象状态"面板

图像堆栈被组合为单个对象。在"对象状态"面板中，可以单击各个状态以查看每个图像。

当同一页面上有多个多状态对象时，为幻灯片放映添加一个对象名称会很有帮助，这样您就可以在设置交互性（如播放控制器）时轻松地识别每个对象。

要编辑各个状态的内容（例如以不同方式裁剪图像），请在创建多状态对象后执行下列操作（图 6.17）。

> **提示**
> 对于更复杂的多状态对象，例如由文本和图像组成的状态，可以在不同的图层中设计每个状态。这样可以隐藏不使用的图层，并专注于每种状态的设计。

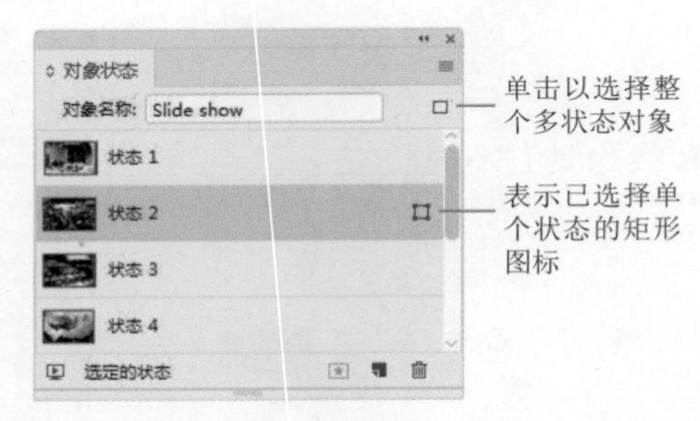

图 6.17　了解多状态对象中的选定状态

（1）在页面上选择多状态对象。

（2）在“对象状态”面板中，单击要编辑的状态。状态名称右侧会出现一个小矩形，表明已选择该状态。

（3）使用选择工具，单击内容抓取器来选择图像，并根据需要调整图像大小或重新定位图像。状态右侧的图标会更改，以表明选择了该对象状态（在本例中为框架的内容）。

（4）要再次选择多状态对象，请单击对象名称右侧的图标。

提示

若要编辑状态中的对象，请使用选择工具双击该对象。这可以隔离对象，因此可以更轻松地编辑它。

6.10.5　更改堆叠顺序

图像在幻灯片中出现的顺序由它们在“对象状态”面板中出现的顺序决定，最上面的对象首先显示。

要更改图像的显示顺序，请执行下列操作。

（1）选择页面上的多状态对象。

（2）在“对象状态”面板中，选择一个状态并将其拖动到新位置。

（3）当您看到插入点出现粗线时，请释放鼠标左键。

6.10.6　添加控制按钮

若要使固定版面 EPUB 或数字媒体设计的 Web 版本的读者看到幻灯片中的不同幻灯片，则必须添加控制按钮，以便读者可以看到多状态对象的不同状态。

准备好用于幻灯片放映的多状态对象之后，添加按钮图形。和您使用过的其他按钮图形一样，可以在 Photoshop、Illustrator 或者 InDesign 中使用绘制工具创建它们。

要添加控制器按钮以显示下一张幻灯片，请执行下列操作。

（1）使用选择工具，选择作为按钮的对象或组。

（2）选择【对象】>【交互】>【转换为按钮】命令，或在“按钮和表单”面板中从【类型】下拉列表框中选择【按钮】选项。

（3）为按钮输入名称。

（4）将【事件】设置为【在释放或点按时】。

（5）单击加号【+】按钮，选择【转至下一状态】选项。

（6）从【对象】下拉列表框中选择【多状态对象】选项。如果页面上只有一个多状态对象，则 InDesign 会自动选择它（图 6.18）。

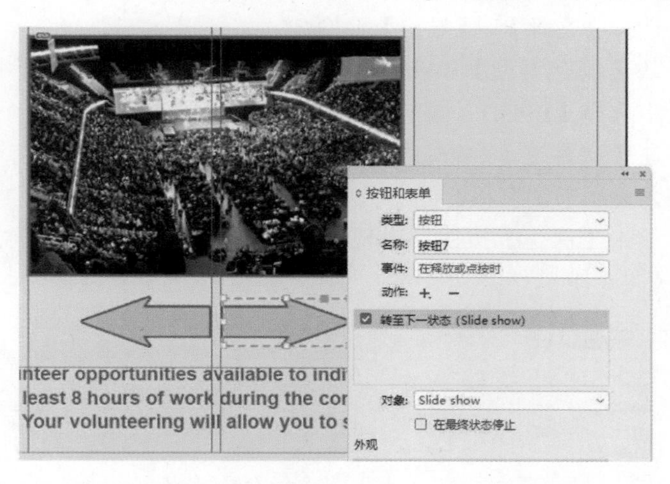

图 6.18 为幻灯片放映多状态对象设置控制器按钮

（7）如果希望在单击或点按【转至下一状态】按钮时让幻灯片放映循环到多状态对象的第一个状态，则请取消选中【在最终状态停止】复选框。

（8）单击【按钮和表单】面板底部的【预览跨页】按钮，以测试【EPUB 交互性预览】面板中的按钮。

要添加一个可导航到幻灯片放映中的上一张幻灯片的控制器按钮，请重复第 1 步至第 6 步，但是在第 5 步中，请单击加号【+】按钮，选择【转至上一状态】。

6.11 导出项目

现在来导出您的项目并在完成的设计中测试新的交互式功能。

★ ACA 考试目标 5.1

★ ACA 考试目标 5.2

可以在 InDesign 中创建两种类型的 EPUB：可重排的 EPUB 和固定版面 EPUB。只有固定版面支持交互功能，如动画和幻灯片放映。

要测试 EPUB，需要使用电子阅读器。

提示
可以将元数据添加到任意 InDesign 文档中。具体方法是选择【文件】>【文件信息】命令，【文件信息】对话框中的数据将自动用于填充 EPUB 元数据。

提示
连续的页面范围由连字符分隔，例如，【1～3】包括第 1 页、第 2 页和第 3 页。不连续的页面范围用逗号分隔，例如，【1, 4】仅包括第 1 页和第 4 页。

如果您使用 macOS X 10.9 或更高版本的系统，则可以使用 iBooks 来进行测试。Adobe 还发布了一个名为 Adobe Digital Editions 的电子阅读器。您可以从 Adobe 网站下载它，它可用于 Windows、macOS 和 iOS（iPad），它的最新版本可以显示可重排的 EPUB 和固定版面 EPUB。

要将设计导出为 EPUB，请执行下列操作。

（1）选择【文件】>【导出】命令。

（2）从【保存类型】（Windows）或【格式】（macOS）下拉列表框中选择【EPUB（固定版面）】选项。

（3）在【文件名】（Windows）或【另存为】（macOS）文本框中输入电子书的名称。

（4）单击【保存】按钮，出现【EPUB- 固定版面导出选项】对话框（图 6.19）。

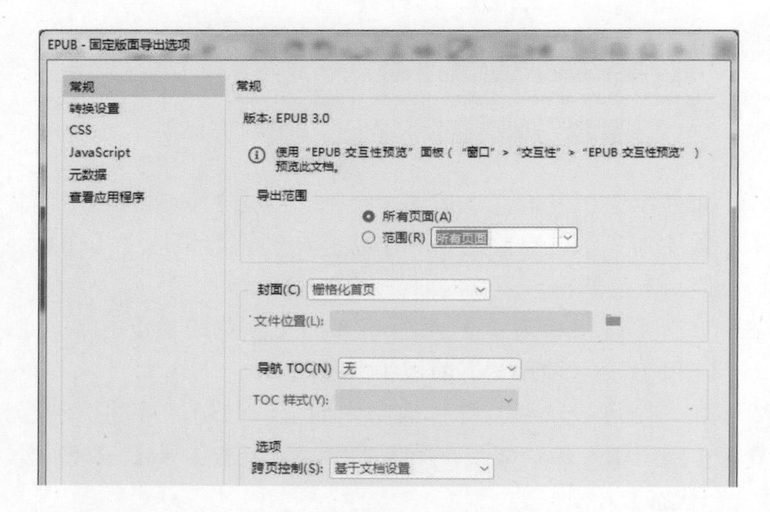

图 6.19 将数字媒体出版物导出为固定版面 EPUB

（5）在左侧单击【常规】选项卡，然后设置所需的选项（对于本练习，可以将选项保留为默认设置）。

- 导出范围：选择【所有页面】选项以导出完整的文档，也可以输入页面范围。
- 封面：选择【栅格化首页】选项以基于文档的首页添加封面图像；也可以选择【选择图像】，然后将自定义图像文件用作书籍的封面图像。
- 导航 TOC：对于简短的交互式设计，如志愿者申请表，请

注意
通过栅格化封面图像的首页，在查看电子书时，封面将出现两次：首先是栅格化版本，其次是转换后的 InDesign 页面，该页面已转换为 HTML。

选择【无】选项。对于较长的数字媒体设计，可以选择一个选项，如【多级别（TOC 样式）】，并选择在文档中创建的一个目录样式（【版面】>【目录样式】），这将构建一个类似于先前为印刷食谱创建的目录。

- 跨页控制：“跨页控制”下拉列表框允许选择在电子阅读器中将页面作为单个页面还是跨页进行显示。对于像申请表这样的文档，可以将其设置为【基于文档设置】，因为【移动设备】选项不支持跨页。

（6）根据需要在【转换设置】【CSS】【JavaScript】【元数据】和【查看应用程序】选项卡中进行设置。对于申请表文档，可以将所有这些设置保留为默认设置。

（7）单击【确定】按钮以导出并查看 EPUB。

注意

CSS 代表级联样式表，该样式表用于控制 HTML 在页面上的显示方式。在后台，InDesign EPUB 是基于 HTML 的，因此附加 CSS 可能会覆盖 InDesign 本身创建的任何 CSS 格式。

注意

JavaScript 是一种可与 HTML 和 CSS 一起使用的编程语言，它可以用来为您的出版物创建更多的交互效果。